Betriebswirtschaftliche Grundlagen für Mediziner und medizinisches Fachpersonal

Ado Ampofo

Betriebswirtschaftliche Grundlagen für Mediziner und medizinisches Fachpersonal

Ado Ampofo
Universität Koblenz-Landau
Landau
Deutschland

ISBN 978-3-658-10469-6   ISBN 978-3-658-10470-2 (eBook)
DOI 10.1007/978-3-658-10470-2

Die Deutsche Nationalbibliothek verzeichnet diese Publikation in der Deutschen Nationalbibliografie; detaillierte bibliografische Daten sind im Internet über http://dnb.d-nb.de abrufbar.

Springer Gabler

Gedruckt auf säurefreiem und chlorfrei gebleichtem Papier

Springer Fachmedien Wiesbaden ist Teil der Fachverlagsgruppe Springer Science+Business Media
(www.springer.com)

Vorwort

In Praxen und Krankenhäusern, aber auch in Pflegeeinrichtungen wird der Kostendruck immer größer. Zahlreiche Reformen innerhalb des Gesundheitssystems führen seit Jahren dazu, dass sich diese Betriebe mehr und mehr an den Bedürfnissen des Marktes orientieren müssen. Dies macht es für verwaltungsnah eingesetztes medizinisches Fachpersonal erforderlich, sich mit grundlegenden betriebswirtschaftlichen Vorgängen und Zusammenhängen auseinanderzusetzen. Für medizinische Fachkräfte, die Ärzte im Bereich der Verwaltung, Praxisorganisation, Administration und Leistungsabrechnung unterstützen, sind Grundkenntnisse im Bereich der Betriebswirtschaft hierbei unentbehrlich.

Dieses Buch richtet sich an Mediziner, Mitarbeiter in Arztpraxen, Krankenhäusern und Beschäftigte von Pflegeeinrichtungen, die kompakt Grundkenntnisse im Rahmen der Betriebswirtschaft, speziell mit dem Fokus Pflege- und Gesundheitswesen erlernen möchten.

Im beruflichen Alltag ist man aufgefordert Leistungen abzurechnen, mit Krankenkassen, Ärztekammern, Steuerberatern, Lieferanten sowie Kassen- und Privatpatienten auch über wirtschaftliche Vorgänge zu kommunizieren. Selbstverständlich kann man eine Vielzahl dieser Aufgaben delegieren, aber man sollte die Möglichkeit haben, die Ergebnisse oder angebotenen Konzepte zu überprüfen und zu bewerten. Dies ist ohne ein betriebswirtschaftliches Grundverständnis nicht möglich.

Das Buch vermittelt die Grundlagen der Betriebswirtschaft mit spezifischem Bezug zum Gesundheitswesen. Dabei ist es Ziel, die grundlegende Systematik zu erlernen. Das Buch ermöglicht allen, die im Rahmen der beruflichen Aus- oder Weiterbildung aufgefordert sind Kenntnisse im Rechnungswesen im Gesundheitsbetrieb zu erwerben, einen fundierten Einstieg und bildet eine Grundlage, um jederzeit die fachspezifischen Kenntnisse zu erweitern. Umfangreiche Übungen bieten die Möglichkeit das Erlernte zu vertiefen und geben Ihnen die Gelegenheit sich mit spezifischen interessanten Fragestellungen zu beschäftigen.

Kaiserslautern im Oktober 2015   Ado Ampofo

Inhaltsverzeichnis

Das Unternehmen – Abbild eines vitalen Organismus

Ein Unternehmen und ein Organismus haben mehr Gemeinsamkeiten, als man auf den ersten Blick denkt. Der lebende Organismus besitzt Eigenschaften, wie man sie im übertragenen Sinne auch bei einem Unternehmen wiederfinden kann. Als allgemeine Merkmale eines Organismus werden Stoffwechsel, Fortpflanzung, Bewegung, Wachstum, Homöostase (Selbstregulation, Aufrechterhaltung eines Gleichgewichts) und evolutionäre Anpassung angesehen.

Man betrachte als Lebewesen z. B. den Menschen: Er wird geboren, wächst, lernt, wird erwachsen, gründet eine Familie, altert und stirbt. Einen entsprechenden Lebenszyklus findet man im Prinzip bei allen Organismen. Unternehmen können in Anlehnung an Muster, die aus der Natur bekannt sind, als Organismus angesehen werden. In Unternehmen findet man in vielen Bereichen das Muster von Lebenszyklen. Es gibt beispielsweise einen Unternehmenslebenszyklus – Unternehmen werden gegründet, wachsen, werden aufgekauft oder scheiden irgendwann durch Liquidation oder Insolvenz aus dem Markt aus. Es gibt darüber hinaus z. B. auch Produktlebenszyklen: Am Anfang steht die Idee eines marktfähigen Produktes oder einer Dienstleistung. Dann wird durch Forschung und Entwicklung ein Prototyp entwickelt. Letztlich wird ein marktfähiges Produkt auf den Markt gebracht. Nach und nach können Konkurrenzunternehmen am Markt erscheinen, die das Produkt nachahmen. Das Management des Unternehmens muss ständig aktiv sein, um unseren Wettbewerbsvorsprung zu halten. Am Ende des Zyklus scheidet das Produkt aus dem Markt aus. Die Gründe hierfür können vielschichtig sein. Das Produkt kann beispielsweise technisch überholt oder einfach aus der Mode gekommen sein.

Der *Stoffwechsel* eines Organismus kann mit Blick auf ein Unternehmen verglichen werden mit dem Prozess der betrieblichen Leistungserstellung. Überträgt man das Bild vom lebenden Organismus auf ein Unternehmen, so übernehmen Abteilungen bzw. betriebliche Funktionsbereiche Aufgaben, wie man sie in einem Organismus den einzelnen Organen zuschreibt. In unserem Organismus übernimmt jedes Organ spezialisiert be-

© Springer Fachmedien Wiesbaden 2016
A. Ampofo, *Betriebswirtschaftliche Grundlagen für Mediziner und medizinisches Fachpersonal*, DOI 10.1007/978-3-658-10470-2_1

stimmte Funktionen. Im übertragenen Sinne geschieht dies auch in einem Betrieb. Für die Bereitstellung von ausreichend Personal ist z. B. die Personalabteilung zuständig. Mit dem Absatz von erstellten Produkten und Dienstleistungen beschäftigt sich unter anderem der Vertrieb. Die Planung, Lenkung bzw. die Steuerung des Unternehmens werden vom Management übernommen. All diese Funktionen sind in der Regel tatsächlich in Organisationseinheiten gebündelt. Diese Struktur betrachtet man in der Betriebswirtschaftslehre hauptsächlich unter dem Begriff der Aufbauorganisation.

Wachstum ist ebenfalls ein Merkmal, das sich in Unternehmen widerspiegelt. Bietet ein Unternehmen am Markt eine Leistung an, sind die Rahmenbedingungen günstig und kann es genügend Nachfrage auf sein Angebot lenken, so wird das Unternehmen wachsen. Abteilungen werden ausgebaut, erweitert. Vielleicht werden neue Güter, Produkte und Dienstleistungen entwickelt und angeboten. Umsatz und Marktanteile steigen. Irgendwann kommt in einem Unternehmen der Zeitpunkt, an dem es wiederum die Rahmenbedingungen erforderlich machen neue Standorte aufzubauen oder neue Geschäftsbereiche zu erschließen. Hierzu werden oft Tochtergesellschaften gegründet. Dies kann mit dem Bild der *Fortpflanzung* verglichen werden.

In der Biologie stellen wir fest, dass Organismen sich bewegen. *Bewegung* ist ein mehr oder weniger zielgerichteter Reflex auf Reize. Auch dieser Begriff kann auf das Bild eines Unternehmens übertragen werden. Unternehmen sind eingebettet in eine Umwelt, diese Umwelt verändert sich ständig, sei es durch eine veränderte Marktsituation, durch andere Anbieter und Wettbewerber, durch technologischen Fortschritt oder durch die Veränderung der rechtlichen Rahmenbedingungen. Das Unternehmen nimmt natürlich diese Reize auf und passt sich ständig an. In Zeiten starker Nachfrage ist es eventuell notwendig zusätzliches Personal einzustellen – mehr Material und Rohstoffe am Markt zu beziehen.

Die *evolutionäre Anpassung,* bzw. die Adaptation ist ein Merkmal eines Organismus, das für sein Überleben bzw. seine Fortpflanzungsfähigkeit vorteilhaft ist, und das durch natürliche Selektion für seinen gegenwärtigen Zweck entstanden ist. Betrachtet man Unternehmen, so kann man sehen, dass einige Unternehmen den technologischen Fortschritt und sozialen Wandel besser meistern als andere. Im Bereich von Konzernunternehmen findet man hierfür einige beeindruckende Beispiele, hier sei auf die Firmenhistorie einige der größten Gesundheitsunternehmen weltweit, wie die Bayer AG und die Fresenius SE & Co. KGaA verwiesen.

Ein wichtiger Aspekt dieses Buches ist die Beschäftigung mit dem Rechnungswesen. Das Rechnungswesen als betriebliche Funktion ermöglicht dem Unternehmen sich an eine veränderte Umwelt anzupassen. Es ermöglicht dem Unternehmen ferner Rechenschaft gegenüber Dritten abzulegen. Die Rolle des Rechnungswesens in einem Unternehmen kann mit den Aufgaben des zentralen Nervensystems beim Menschen verglichen werden. Das ZNS verarbeitet Reize, Signale, steuert den Organismus, es hilft uns sich auf unsere ständig ändernde Umwelt einzustellen, zum richtigen Zeitpunkt die richtigen Aktionen vorzunehmen. Einerseits gibt es Vorgänge, auf die der Mensch willentlich keinen Einfluss hat, die dem einzelnen Individuum gar nicht transparent bzw. bewusst sind, wie z. B. der Herzschlag oder die Funktionen wichtiger Organe. Andererseits kann der Mensch andere Vorgänge gezielt ansteuern, planen und ausführen. Der Mensch hat ein Gedächtnis, in dem Erfahrungen abgespeichert werden. Aus diesen Erfahrungen lernt er. Das Rechnungswesen bildet in einem Unternehmen analog betriebliche Vorgänge ab. Es sammelt Informationen, Daten, die nach bestimmten Regeln verrechnet werden und stellt diese verdichteten Informationen u. a. dem Management zur Verfügung, damit es am Markt die richtigen Entscheidungen treffen kann. Der Controller ermittelt beispielsweise Istkosten, Plankosten und Sollkosten. Er kalkuliert Dienstleistungen und Produkte. In Unternehmen werden Betriebsstatistiken erhoben. Das Datengerüst, welches sich mit der Zeit in einem Unternehmen aufbaut, kann jederzeit rückwirkend analysiert werden. Dies hilft dem Management aus Fehlern der Vergangenheit zu lernen bzw. das Profil des Unternehmens noch erfolgreicher zu gestalten. Rechnungswesen übernimmt eine wesentliche Rolle im Hinblick auf die Koordination der Aktivitäten der anderen betrieblichen Funktionsbereiche, wie z. B. Beschaffung, Produktion, Absatz bzw. Vertrieb sowie Forschung und Entwicklung. Es gibt Hinweise und Anhaltspunkte, ob ausreichend finanzielle Mittel verfügbar sind, um den Geschäftsbetrieb aufrecht erhalten zu können. Somit ist das Rechnungswesen zentrale Grundlage in dem täglichen Kampf des Unternehmens ums „Überleben" bzw. um das Unternehmen als solches weiterzuentwickeln.

Der Gesundheitsbetrieb als Unternehmen und seine Ziele

2

Das Gesundheitswesen, oft auch als Gesundheitssystem bezeichnet, ist ein komplexes Leistungs-, Regelungs- und Beziehungsgeflecht, an dem verschiedenste Akteure teilnehmen. Es ist differenziert gegliedert. Man unterscheidet die ambulante und stationäre Leistungserbringung durch niedergelassene Ärzte und Zahnärzte, Krankenhäuser sowie sonstige Leistungserbringer; einen eigenen Bereich bildet der Zweig der Arzneimittelversorgung. Die Finanzierung dieser Leistungen erfolgt im Wesentlichen durch die Krankenversicherungen. Hier wird weiter zwischen der gesetzlichen und privaten Krankenversicherung unterschieden. Darüber hinaus gibt es seit 1995 die Pflegeversicherung.

► Unter **Gesundheitswesen** versteht man alle Einrichtungen und Organisationen sowie das für ihre Beziehungen untereinander geltende Regelwerk, die sich mit der Erhaltung und Wiederherstellung der Gesundheit der Menschen in unserer Gesellschaft beschäftigen.

► Der Begriff **Öffentliches Gesundheitswesen** umfasst die Gesamtheit aller Einrichtungen, Organisationen, Gremien und Personen, die sich mit der Aufrechterhaltung der Gesundheit der Bevölkerung, sowie der Prophylaxe, Diagnose und Therapie von Erkrankungen beschäftigt.

► Unter dem Begriff **Gesundheitswirtschaft** werden alle Anbieter von Gütern und Dienstleistungen zusammengefasst, die der Erhaltung und Wiederherstellung der Gesundheit dienen.

Die Begriffe des Gesundheitswesens und der Gesundheitswirtschaft werden häufig synonym verwendet. Dies ist jedoch nicht ganz richtig. Die Gesundheitswirtschaft umfasst die Gemeinschaft aus Krankenversorgung im ambulanten und stationären Bereich, sowie

© Springer Fachmedien Wiesbaden 2016
A. Ampofo, *Betriebswirtschaftliche Grundlagen für Mediziner und medizinisches Fachpersonal*, DOI 10.1007/978-3-658-10470-2_2

die Fitnessbranche, den Gesundheitstourismus und die Arzneimittelproduktion. Es besteht zwar ein enger Zusammenhang, aber die Begriffsinhalte sind verschieden.

Im Mittelpunkt der weiteren Betrachtung steht das Unternehmen bzw. der Betrieb in der Gesundheitswirtschaft. Insofern ist es notwendig die Begriffe gegeneinander abzugrenzen:

▶ Ein Betrieb ist eine planvoll organisierte Wirtschaftseinheit, in der Produktionsfaktoren kombiniert werden, um Güter und Dienstleistungen herzustellen und abzusetzen (vgl. Wöhe und Döring 2013, S. 27).

▶ Als **Unternehmen** bezeichnet man einen Betrieb im marktwirtschaftlichen Wirtschaftssystem.

▶ **Gesundheitsunternehmen** produzieren oder verteilen knappe Gesundheitsgüter. Dies ist offensichtlich, wenn man z. B. die stationären Leistungen von Krankenhäusern betrachtet oder einen Blick auf das Leistungsangebot einer Arztpraxis wirft. Pharmaunternehmen sind auf die Produktion von Medikamenten und Heilmitteln spezialisiert. Apotheken übernehmen u. a. den Handel mit pharmazeutischen Produkten. Aber es gibt auch Unternehmen wie z. B. Krankenversicherungen, die sich auf die Finanzierung von Gesundheitsleistungen spezialisiert haben.

Zwischen Unternehmen, aber auch innerhalb der Unternehmen können Interessenkonflikte entstehen, die ihre Ursache in unterschiedlichen Zielsetzungen der Beteiligten haben. Solche Konflikte treten auch im Verhältnis zu den Konsumenten von Gesundheitsgütern, den Patienten auf. Beispielsweise könnte ein Pharmaunternehmen unter dem Gesichtspunkt der Gewinnmaximierung für ein Medikament von den Patienten einen zu hohen Preis verlangen. Diese Zielsetzung Gewinnmaximierung kollidiert somit mit der Zielsetzung der Versorgungsgerechtigkeit und dem Grundbestreben des Sozialstaates, jedem unabhängig von seinem Einkommen- und Vermögensverhältnis einen angemessenen Bezug von Gesundheitsleistungen zu ermöglichen. Um ein Gesundheitsunternehmen gezielt managen und am Markt ausrichten zu können, ist es notwendig Ziele, Zielkonflikte und beteiligte Interessengruppen zu analysieren und zu strukturieren.

2.1 Gewinnerzielung und Liquidität

Oberstes Ziel eines Unternehmens in einer freiheitlich organisierten Marktwirtschaft ist die Erzielung von Gewinn. **Gewinn** kann als Überschuss der Erträge über die Aufwendungen aufgefasst werden. Gewinne, die durch das Unternehmen erzielt werden können grundsätzlich auf zwei Arten verwendet werden. Einerseits kann der Gewinn ausgeschüttet werden. In diesem Fall werden primär die Interessen der Shareholder (Eigentümer) befriedigt, andererseits ist auch die Einbehaltung der Gewinne (Thesaurierung) und damit die Stärkung der

Eigenkapitalbasis des Unternehmens möglich. Hierdurch wird das Unternehmen letztlich „robuster" und kann die Mittel zum Erwerb weiterer Produktionsfaktoren oder zur Befriedigung der Interessen anderer Anspruchsgruppen, wie beispielsweise: Mitarbeiter, Lieferanten, Gläubiger oder Kunden einsetzen. Der Gewinn ist quasi das *„Lebenselixier"* eines Unternehmens. Gerät ein Unternehmen in die Verlustzone und gelingt es ihm nicht aus dieser mittelfristig herauszukommen, ist letztlich das Ausscheiden des Unternehmens aus dem Markt die Folge. Dies kann auf unterschiedliche Weise erfolgen. Klassische Wege sind die Liquidation oder Insolvenz. Zwar liegt das Hauptaugenmerk im Unternehmen auf der Gewinnerzielung, jedoch ist das Einhalten einer weiteren Rahmenbedingung für das Überleben der Unternehmen notwendig: die Sicherung der Liquidität. Unter **Liquidität** wird die Zahlungsfähigkeit eines Unternehmens verstanden. Das Management eines Unternehmens ist also aufgefordert so zu handeln, dass immer in ausreichendem Maße Zahlungsmittel zur Begleichung fälliger Zahlungsverpflichtungen vorhanden sind. Diese Forderung wird auch als „Prinzip der Aufrechterhaltung des finanziellen Gleichgewichts" bezeichnet.

▶   Oberstes Ziel eines Unternehmens ist die Gewinnmaximierung unter Aufrecht-
    erhaltung der Liquidität.

Das Ziel der Gewinnmaximierung wird durch Einhaltung des ökonomischen Prinzips realisiert. In Unternehmen stehen regelmäßig verschiedene Handlungsalternativen zur Erstellung der betrieblichen Leistung zur Auswahl. Zur Beurteilung betriebswirtschaftlicher Handlungsalternativen ist das ökonomische Prinzip, nach dem die Schaffung einer bestimmten Menge von Gütern bzw. Dienstleistungen immer mit dem geringstmöglichen Einsatz an Produktionsfaktoren zu erfolgen hat, das entscheidende Auswahlprinzip (siehe Wöhe 2013, S. 33). Das **ökonomische Prinzip** (Abb. 2.1) verlangt, das Verhältnis aus Produktionsergebnis (Output bzw. Ertrag) und den Produktionseinsatz (Input bzw. Aufwand) zu optimieren.

   Die **Effizienz**, das Verhältnis von wertmäßigem Output zu wertmäßigem Input, ist für den Ökonomen der allein gültige Maßstab zur Beurteilung betrieblicher Handlungsalternativen (siehe Abb. 2.2). Der Begriff der Effizienz ist abzugrenzen vom Begriff der Effektivität, der auch sehr häufig im Management verwendet wird. Die **Effektivität** ist ein Maß für die Zielerreichung. Häufig wird auch vom Zielerreichungsgrad gesprochen. Im Hinblick auf die Effektivität wird nur die Wirksamkeit der betrachteten Maßnahmen beleuchtet. Die Frage, wie hoch der Aufwand hierzu ist, spielt keine Rolle. Mit einfachen Worten kann der Unterschied zwischen Effizienz und Effektivität wie folgt ausgedrückt werden:

▶   Effizienz ist gleichbedeutend mit der Aussage, die Dinge richtig tun.

▶   Effektivität ist gleichbedeutend mit der Aussage, die richtigen Dinge tun.

Prinzipiell spielen, aus ökonomischer Sicht, bei jedem Geschäftsablauf im Gesundheitswesen, die Aspekte Effizienz und Effektivität eine Rolle. Hier einige Beispiele:

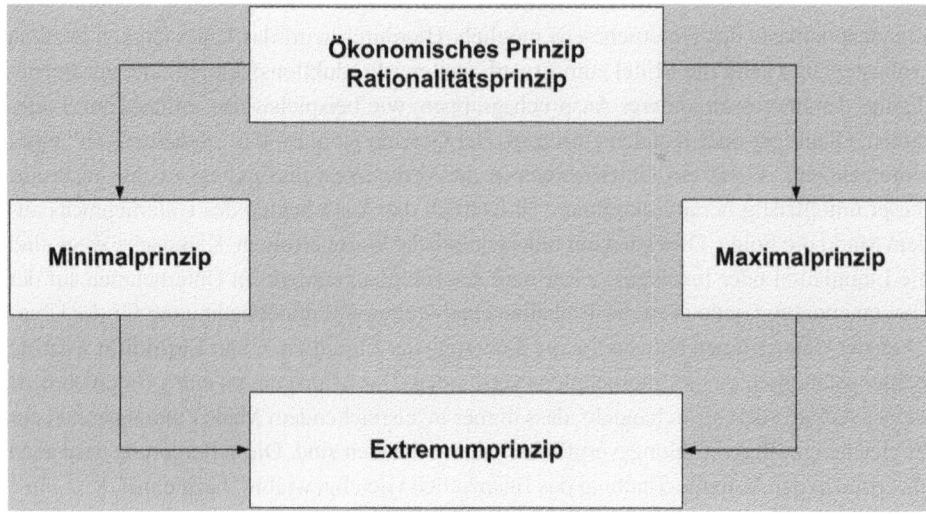

Abb. 2.1 Ökonomisches Prinzip

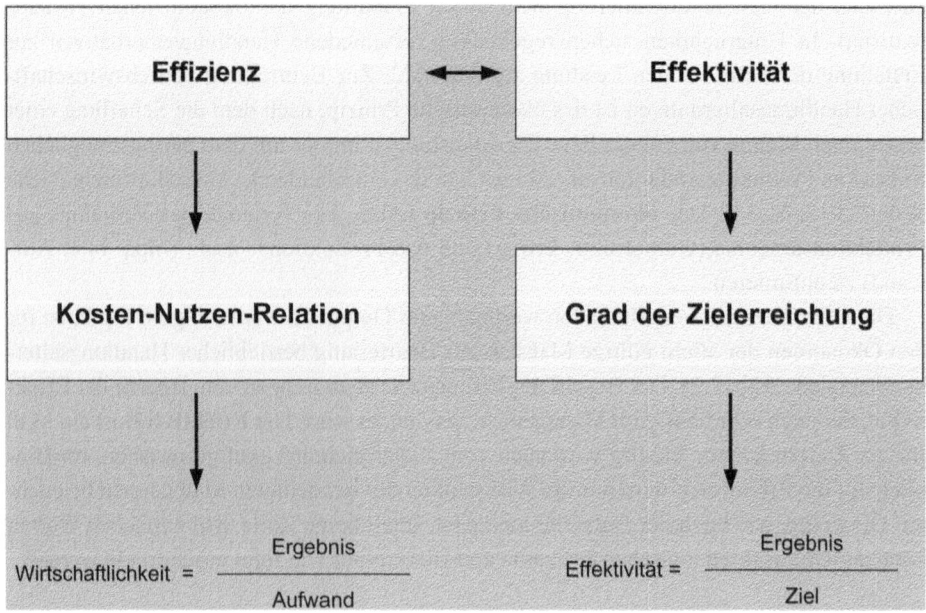

Abb. 2.2 Effizienz und Effektivität

Beispiele

Man betrachte die Verwaltungstätigkeiten im Rahmen der Falldokumentation, der stationären Aufnahme eines Patienten in einem Krankenhaus oder beispielsweise das Erstellen eines Verordnungsplans. Man stelle sich vor, man müsste all diese Vorgänge heute noch manuell – von Hand, ohne die Hilfe moderner Computersysteme abwickeln. Dies wäre sehr schwer und nur unter hohem Zeit- und Personaleinsatz möglich. Der Einsatz von Krankenhausinformationssystemen (KIS), Praxisinformationssystemen (PIS) und Pflegeinformationssystemen (PfIS) zur informatorischen Unterstützung der betrieblichen Prozesse, stellt im Kern eine Effizienzsteigerung dar. Ihr Einsatz entlastet das Personal und verringert die Kosten. Als Beispiele hierfür können u. a. die Systemlösungen ORBIS oder SAP-ERP dienen.

Im Bereich konkreter Gesundheitsbehandlungen sei auf das Fallpauschalensystem (DRG) für die Inanspruchnahme von Krankenhausleistungen verwiesen. Das DRG-System hat u. a. zum Ziel mehr Effizienz in der stationären Behandlung zu erreichen. Dies wird dadurch erzielt, dass einem bestimmten Krankheitsbild, das nach ICD-10-GM klassifiziert wird, ein bestimmtes Budget – die Fallpauschale – zur Behandlung zur Verfügung steht. Bzgl. der durchgeführten Behandlung wird nun das Krankenhaus also eigenverantwortlich dem Effizienz und Effektivitätskriterium folgend, die angemessenen Behandlungen bzw. Therapien wählen. Im ambulanten Bereich wird durch die Gebührenordnungen, wie z. B. EBM und GoÄ eine ähnliche Verhaltenssteuerung bewirkt.

Ein weiteres Beispiel für Anwendung des Effizienz- und Effektivitätskriteriums liefert die Organisation der Pflege auf einer Station. Der Pflegedienst in einem Krankenhaus sollte so organisiert sein, dass die Mitarbeiter zur Steigerung der Patientenzufriedenheit weitgehend von berufsfremden Tätigkeiten entlastet werden. Ausreichend Zeit für die Betreuung der Patienten hebt die Pflegequalität, die Pflege wird damit noch effektiver. Eine hohe Qualität der Pflege wird in der Regel ein Ziel eines Krankenhauses sein. Die Entlastung des eigentlichen Pflegepersonals von berufsfremden Tätigkeiten kann durch die Schaffung einer Serviceassistenz und eines Pflegebegleitservices erzielt werden. Die Serviceassistenz übernimmt verschiedenste Dienstleistungen für die Patienten, wie beispielsweise die Unterstützung bei der Verteilung und dem Abräumen von Speisen und die Unterstützung der Patienten durch sonstige Hilfestellungen bei der Aufnahme oder Entlassung. Dem Patientenbegleitservice obliegt der Transport von Patienten aus Anlass von Verlegungen und zu diagnostischen und therapeutischen Untersuchungen. Wie dieses Beispiel zeigt, ist Arbeitsteilung und Spezialisierung häufig eine Möglichkeit, um die Effizienz zu steigern.

Effizienz und Effektivität sind nicht die einzigen Ziele in einem Unternehmen, vielmehr scheint es weitere Zielgrößen, wie z. B. die Behandlungsqualität zu geben. Ganz offensichtlich haben die Zielsetzungen auch einen Einfluss auf die betriebliche Organisation. Somit ist es sinnvoll sich mit den Zielsetzungen eines Unternehmens im Gesundheitswesen näher auseinander zu setzen.

2.2   Weitere Ziele im Gesundheitsunternehmen

Während man in vielen Branchen von der uneingeschränkten Gültigkeit dieses Oberziels der Gewinnmaximierung ausgehen kann, gibt es fast für alle Unternehmen bzw. Betriebe im Gesundheitswesen eine Besonderheit.

Magisches Viereck der Gesundheitsökonomie – Gesundheitsleistungen werden nicht allein nach betriebswirtschaftlichen Gesichtspunkten erbracht. Vielmehr gibt es drei weitere Aspekte, die im Rahmen der Gesundheitsversorgung zu berücksichtigen. Neben dem Effizienzkriterium zählen **Behandlungs- bzw. Versorgungsqualität**, die **Effektivität der Leistungen**, die Realisierung von **Behandlungs- bzw. Versorgungsgerechtigkeit** zu zentralen Zielen, die durch ein Gesundheitssystem verwirklicht werden sollen und damit auch die betriebswirtschaftliche Ausrichtung von Gesundheitsbetrieben bestimmen. In der Gesundheitsökonomie wird die wechselseitige Abhängigkeit dieser Ziele oft unter dem Begriff: **„Magisches Viereck der Gesundheitsökonomie"** beschrieben. Ein genauer Blick auf diese Zielbeziehungen zeigt aber, dass hier wenig „Magie" im Spiel ist; es sich vielmehr im Kern um ein handfestes „Dilemma" handelt. Im Regelfall liegen bzgl. des Vierecks bei der Erbringung von Gesundheitsleistungen konkurrierende Zielbeziehungen vor. Gesundheitsgüter sind knappe Güter, deren Erstellung Kosten verursacht. Die Wirksamkeit von Gesundheitsgütern und Behandlungen kann im Vorfeld nicht garantiert werden. Einkommen und Vermögen sind in der Bevölkerung ungleichmäßig verteilt. Eine Abwägung bei der Zuteilung von Gesundheitsgütern allein nach diesen monetären Größen im Hinblick auf die Versorgungsgerechtigkeit scheidet demnach in einer sozial verfassten Marktwirtschaft ebenfalls aus (Abb. 2.3).

Im Gesundheitswesen treffen zwei gegensätzliche Zielvorstellungen aufeinander, wie man dies in kaum einem anderen Markt feststellen kann. Als erste Zielvorstellung des Gesundheits- und Pflegewesens ist die Verwirklichung der grundlegenden Werte der medizinischen Ethik anzusehen. Das Handeln des Mediziners wird bestimmt durch die Absicht das Wohlergehen des Menschen zu fördern. Es besteht das Verbot dem Menschen zu schaden (Primum non nocere) und das Recht auf Selbstbestimmung des Patienten (Prinzip der Autonomie). Darüber hinaus ist das allgemeine Prinzip der Menschwürde zu achten.

Abb. 2.3 Potenzielle Zielkonflikte im Gesundheitswesen

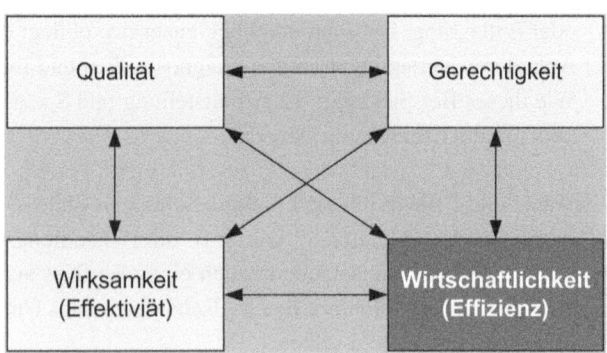

Diese Prinzipien lassen sich durch das Vier-Prinzipen-Modell von Beauchamp und Childress – „nonmaleficence, beneficence, respect of autonomy, justice" gut beschreiben.

Unabhängig von der Frage, inwieweit es im Einzelfall zu Konflikten zwischen diesen vier Zielsetzungen kommen kann, wird das Konfliktpotenzial dadurch verstärkt, dass die Ressourcen knapp sind. Die Anbieter gesundheitsmedizinischer Leistungen – Hausärzte, Krankenhäuser, Pharmaunternehmen, Hersteller medizinischer Geräte, Pflegedienste usw. – stehen in einem Wettbewerb und unterliegen den ökonomischen Prinzipien. Dem Problem der Knappheit von Gesundheitsgütern zollt bereits unsere Sozialgesetzgebung Rechnung, in dem der Gesetzgeber in § 12 Abs. 1 SGB V für die gesetzliche Krankenversicherung bzgl. der Verteilung (Inanspruchnahme von Leistungen) festlegt:

Die Leistungen müssen ausreichend, zweckmäßig und wirtschaftlich sein; sie dürfen das Maß des Notwendigen nicht überschreiten. Leistungen, die nicht notwendig oder unwirtschaftlich sind, können Versicherte nicht beanspruchen, dürfen die Leistungserbringer nicht bewirken und die Krankenkassen nicht bewilligen.

Für den Bereich der Pflege hat der Gesetzgerber in § 29 SGB IX Entsprechendes geregelt. Nach § 29 Abs. 1 SGB XI gilt:

Die Leistungen müssen wirksam und wirtschaftlich sein; sie dürfen das Maß des Notwendigen nicht übersteigen. Leistungen, die diese Voraussetzungen nicht erfüllen, können Pflegebedürftige nicht beanspruchen, dürfen die Pflegekassen nicht bewilligen und dürfen die Leistungserbringer nicht zu Lasten der sozialen Pflegeversicherung bewirken.

Dieses Abwägungsproblem zwischen Effektivität, Effizienz, Gerechtigkeit und Qualität ist aber in erster Linie volkswirtschaftlicher Natur. Der Gesetzgeber hat zahlreiche Normen für das Gesundheitssystem erlassen und somit grundlegende Entscheidungen bzgl. des Umgangs mit den potenziellen Zielkonflikten getroffen. Im Betrieb selbst ist daher oft eine Fokussierung auf das Wirtschaftlichkeitskriterium ausreichend. Dennoch ist es für das Management eines Unternehmens notwendig, Ziele und Zielbeziehungen strukturieren zu können.

Formalziele – Gewinnerzielung und Aufrechterhaltung der Liquidität zählen neben anderen zu den **ökonomischen Zielen** eines Unternehmens. Sie werden häufig auch als **Formaloder Wertziele** bezeichnet. Diese Ziele sind dadurch gekennzeichnet, dass sie den Erfolg des unternehmerischen Handelns widerspiegeln. Formalziele werden oft durch betriebswirtschaftliche Kennzahlen ausgedrückt. Sie sind deshalb gut messbar und ermöglichen den Vergleich verschiedener Unternehmen. Die wichtigsten Formalziele eines Unternehmens sind der Gewinn und die Liquidität, da diese allgemein als zwingende Voraussetzung für das Bestehen von Wirtschaftsunternehmen angesehen werden. Es gibt darüber hinaus noch viele weitere verschiedene Erfolgskenngrößen. Man kann sich u. a. an der

Produktivität, Wirtschaftlichkeit, Umsatzrentabilität oder Return on Investment orientie-ren. Formalziele sind auf das Erreichen „erwünschter geldwerter Zustände" ausgerichtet.

Sachziele oder Leistungsziele sind Ziele, die sich auf das konkrete Handeln eines Betrie-bes oder einer öffentlichen Einrichtung bei der Leistungserstellung beziehen, d. h. auf die Art, Menge, Qualität, den Ort und die Zeit der zu produzierenden Güter oder einer zu er-bringenden Dienstleistung. Sachziele richten sich meist nach den Formalzielen. Beispiele für Sachziele im Bereich von Gesundheitsbetrieben sind die Durchführung aller Tätigkei-ten zur medizinischen Versorgung des Patienten – Diagnostik, Therapien, Untersuchungen oder u. a. die Einhaltung bestimmter Hygienestandards. Sachziele sind auf das Erreichen „erwünschter naturaler Zustände" ausgerichtet.

Sozialziele, Humanziele, ökologische Ziele beschreiben das angestrebte Verhalten gegenüber Mitarbeitern, Lieferanten, Kunden bzw. Patienten, Staat und der Öffentlichkeit. Es findet eine Orientierung an den sozialen und ökologischen Interessen der Stakeholder statt. Da diese inhaltliche Dimension nicht direkt für das wirtschaftliche Überleben eines Unternehmens notwendig ist bzw. nicht unmittelbare Erfolge generiert, wird sie oft als zweitrangig angesehen. Häufig ist die Umsetzung gewisser sozialer und ökologischer Ziele aber auch gesetzlich verankert. Man denke an die Regelung von Arbeitszeiten oder an die Einhaltung von Umweltschutzauflagen. In Gesundheitsbetrieben kommen insbesondere den sozialen und ethischen Zielen eines große Bedeutung zu. Dies lässt sich bereits aus dem „magischen Viereck der Gesundheitsökonomie" ableiten. Hier wird ausdrücklich auf Gleichheit und Gerechtigkeit der medizinischen Versorgung als wesentliche Merkmale Bezug genommen. Auch tragen viele Standards im Bereich des Qualitätsmanagements und Umweltmanagements (z. B. ISO 90001 und 14001) zur Umsetzung und Einhaltung sozialer und ökologischer Ziele bei. Im Bereich sozialer und ökologischer Ziele kommt dem Grundgedanken der Nachhaltigkeit hohe Bedeutung zu.

Zielhierarchie – Mit Hinblick auf die Hierarchie zwischen den Zielen kann zwischen **Oberzielen**, **Zwischenzielen** und **Unterzielen** unterschieden werden. Während Formal-ziele oft Oberziele sind, dienen Sachziele meist als Zwischen- oder Unterziele, um die angestrebten Formalziele zu erreichen. So kann beispielsweise das Oberziel einer Qua-litätssteigerung von Heilbehandlungen durch das Zwischenziel (bzw. Unterziel) der Einführung eines Qualitätsmanagementsystems erreicht werden. Das Oberziel einer Umsatzsteigerung in einer Arztpraxis kann durch das Unterziel des Angebotes von iGeL-Leistungen umgesetzt werden. Das Oberziel der Steigerung der Mitarbeiterzufriedenheit ist beispielsweise durch das Unterziel, des Einrichtens eines firmeneigenen Kindergartens erreichbar.

Zielbeziehungen – Ein erfolgreiches betriebliches Management setzt den Umgang mit vielen unterschiedlichen Interessengruppen und deren verschiedenen Zielsetzungen vor-aus. Deshalb ist es notwendig, sich grundlegend mit den auftretenden Zielbeziehungen

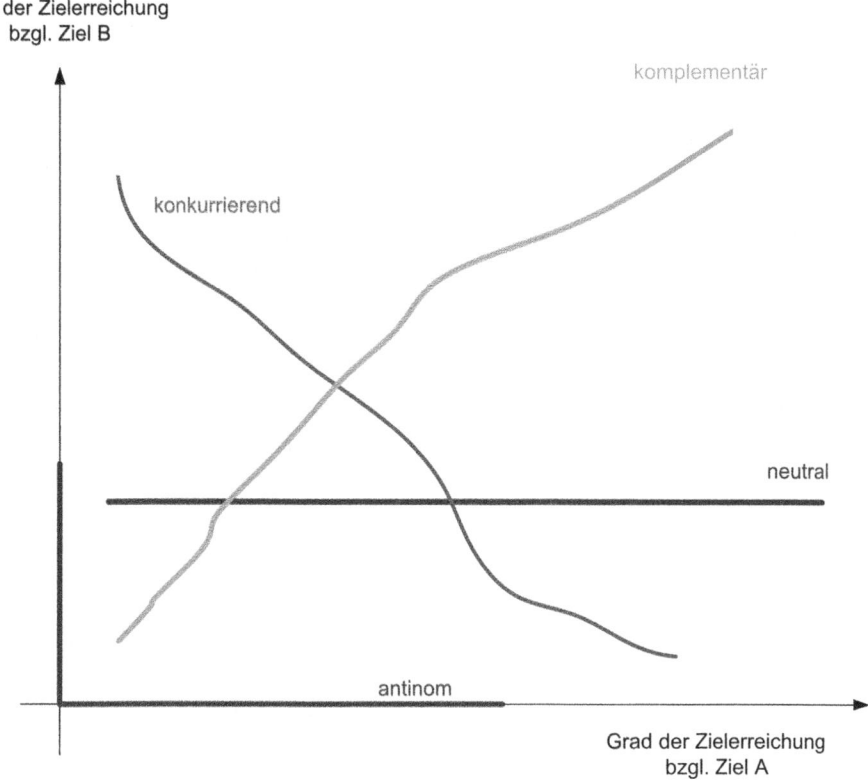

Abb. 2.4 Zielbeziehungen

auseinander zu setzen. Ein Manager wird, dem ökonomischen Prinzip folgend, versuchen für das Unternehmen einen effizienten Interessenausgleich vorzunehmen (Abb. 2.4).

Mit Blick auf die Beziehung einzelner Ziele untereinander können Ziele eingeteilt werden in: komplementäre, konkurrierende, antinome und indifferente Zielsetzungen. **Komplementäre Ziele** sind durch eine synergetische Zielbeziehung gekennzeichnet. Was zur Erfüllung des einen Ziels beiträgt, fördert auch das Erreichen des anderen Ziels. Komplementäre Zielbeziehungen stehen im Gegensatz zu konkurrierenden Zielbeziehungen. **Konkurrierende Zielbeziehungen** sind dadurch gekennzeichnet, dass jeder Schritt in Richtung der Umsetzung des einen Ziels dazu führt, dass man sich von der Realisierung des anderen Ziels entfernt. Die Umsetzung eines Ziels geht zu Lasten der Verwirklichung des anderen Ziels. Bei **antinomen Zielsetzungen** schließt sich die gleichzeitige Verwirklichung der Ziele aus. Es muss letztlich eine Entweder-oder-Entscheidung getroffen werden. **Neutrale bzw. indifferente Zielbeziehungen** sind dadurch kennzeichnet, dass die Verwirklichung der Ziele vollkommen unabhängig voneinander erfolgen kann. Die Verfolgung des einen Ziels hat keinen Einfluss auf das andere Ziel.

2.3   Funktionale Gliederung – betriebliche Kernfunktionen

Die zentrale Funktion von Betrieben ist es, Leistungen zu erstellen und diese an Wirtschafts-subjekte abzusetzen. Der Leistungserstellungsprozess wird auch als **Transformationspro-zess** bezeichnet. Der Betrieb bzw. das Unternehmen, eingebettet in Beschaffungs- und Absatzmärkte, nimmt hierbei Produktionsfaktoren, z. B. Rohstoffe, Mitarbeiter, Betriebs-mittel und Hilfsstoffe auf und erstellt in einem mehr oder weniger komplexen Produktions-prozess Güter, die es über den Absatzmarkt an nachfragende Wirtschaftssubjekte absetzt. **Güter** können in materielle Güter und immaterielle Güter unterteilt werden. Materielle Güter werden auch als Sachgüter bezeichnet. Zu den immateriellen Gütern zählen: Dienst-leistungen, Rechte und Informationen. Die Wirtschaftssubjekte, an die Güter abgesetzt werden, können selbst wieder Unternehmen, staatliche Organisationseinheiten, Betriebe oder aber Konsumenten (Patienten) in der Rolle des Endverbrauchers sein. In diesem be-trieblichen Transformationsprozess, der Produktionsfaktoren (Input) in absatzfähige Güter (Output) wandelt, findet die eigentliche Wertschöpfung statt. Ein Transformationsprozess, in dem aus Produktionsfaktoren ein Output erzeugt wird, findet sich in allen Betrieben im Gesundheitswesen. In einem Krankenhaus oder einer Arztpraxis werden arbeitsteilig Leistungen zum Erkennen, Heilen, Bessern oder Lindern von Krankheiten, Leiden oder Körperschäden erbracht. Krankenhäuser und Arztpraxen stellen also ein Produktionssys-tem dar, deren eigentlicher Output, die angestrebte positive Veränderung des Krankheits-status eines Patienten ist. Hierbei werden komplexe Güter (Input) aus Einzelleistungen, wie Diagnosen, Therapien und Pflegeleistungen miteinander kombiniert.

Bei allen Unternehmen lassen sich, unabhängig von der Branche, in der sie platziert sind, grundsätzliche betriebliche Grundfunktionen identifizieren. Diese kann man unter-teilen in Beschaffung, Produktion, Absatz sowie das Finanzwesen, die Unternehmens-führung bzw. das Management. Der eigentliche betriebliche Leistungserstellungsprozess besteht aus Beschaffung, Produktion, Absatz (Abb. 2.5).

Ziel der **Beschaffung** ist es, Produktionsfaktoren in notwendiger Menge und Qualität zu erwerben, so dass sie zum richtigen Zeitpunkt, d. h. bedarfsgerecht, im Betrieb zur Verfügung stehen. Der Bereich der Beschaffung umfasst dabei alle Tätigkeiten, die zur Bereitstellung von Sachgütern, Rechten und Dienstleistungen zum Zwecke der weiteren Verarbeitung im Betrieb dienen. Kernkompetenz von Praxen, Krankenhäusern und Pfle-gedienste besteht regelmäßig in dem Angebot unterschiedlichster Gesundheitsdienstleis-tungen. Damit die Versorgung der Patienten sichergestellt ist bzw. die Behandlungs- oder Pflegeleistung erbracht werden kann, müssen eine Vielzahl von Sachgütern, wie z. B. Me-dikamente, Verbandsmaterial, Prothesen in richtiger Menge und Güte aber auch gut aus-gebildetes und geschultes Personal zur Verfügung stehen. Nicht zuletzt hängt das Angebot einer Dienstleistung oft von rechtlichen Voraussetzungen ab. Die notwendigen Zulassun-gen bzw. Rechte müssen ebenfalls erworben werden. In Krankenhäusern können Verzö-gerungen und Fehllieferungen zu Stillstands- und Wartezeiten im OP- und Stationsablauf führen. Hoher Beschaffungsaufwand, hohes Obsolenzrisiko, überhöhte Lagerbestände, fehlende Bestands- und Bestellmengen, intransparente Kostenzuordnungen, Belastung

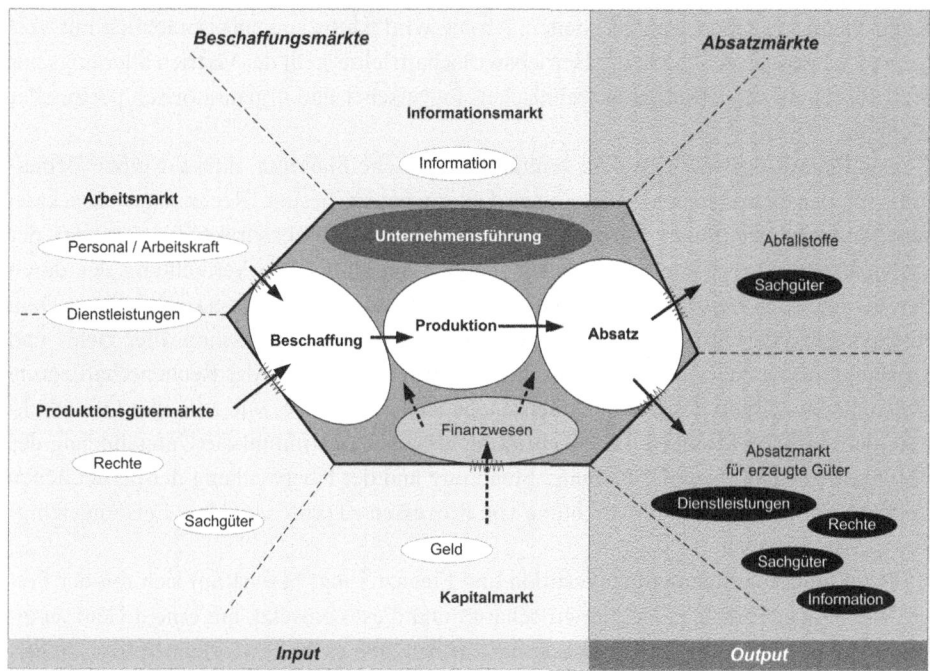

Abb. 2.5 Funktionale Gliederung eines Betriebes

der Pflege durch artfremde Tätigkeiten und chaotische Materiallagerung stellen hier Risiken dar. Typische betriebswirtschaftliche Herausforderungen im Bereich der Beschaffung sind u. a. Optimierung der internen Logistik, Senkung der Prozesskosten sowie die Senkung der Kapitalbindung.

Unter **Produktion** wird die effiziente Herstellung von Gütern und Leistungen durch die Kombination von Produktionsfaktoren verstanden. Die Produktion ist der Kern des eigentlichen unternehmerischen Leistungserstellungsprozess. Produkte in der Gesundheitswirtschaft sind vielschichtig. Man betrachte z. B. Medikamente, die von Pharmaunternehmen hergestellt werden, die konkret erbrachten therapeutischen oder diagnostischen Leistungen an einem Patienten oder durchgeführte Laboruntersuchungen.

Der **Absatz** als Funktionsbereich in einem Unternehmen bildet den Abschluss des eigentlichen betrieblichen Leistungserstellungsprozesses. Der Absatz überführt das Leistungsangebot aus dem Unternehmen an den Nutzer. Rechtlich gesehen zielt der Absatz meist auf den Abschluss schuldrechtlicher Verträge in Form von Kauf-, Miet-, Pacht-, Dienst- oder Werksverträgen ab. Im Bereich der ambulanten und stationären Versorgung spielen Behandlungsverträge (§ 630a BGB) eine bedeutende Rolle. Jede unternehmerische Tätigkeit ist letztlich auf Absatz fokussiert. Der Absatz ist damit Zielobjekt auch für die anderen betrieblichen Funktionen. Hieraus hat sich letztlich der Teilbereich des Marketings entwickelt. Die Absatzaktivitäten im Sinne einer Unternehmensfunktion umfassen zahlreiche Aufgaben, die in Absatzpolitik, Absatzplanung sowie seine Organisation und

Kontrolle untergliedert werden können. Absatz wird häufig umgangssprachlich mit Vertrieb gleichgesetzt. Aus Sicht der Betriebswirtschaftslehre stellt der Vertrieb allerdings nur die Umsetzung des Absatzes in technischer, logistischer und organisatorisch personeller Sicht dar.

Das **Rechnungswesen** ist eine zentrale betriebliche Funktion, die sehr große Bedeutung für den betrieblichen Erfolg eines Unternehmens besitzt. Rechnungswesen kann sehr weitgehend definiert werden als Teilgebiet der Betriebswirtschaftslehre, das der systematischen Erfassung, Überwachung und informatorischen Verdichtung der durch den betrieblichen Leistungsprozess entstehenden Geld- und Leistungsströme dient. Dem Rechnungswesen wird die systematische Überwachung und Erfassung aller Geld- und Leistungsströme zu Teil. Dabei dient das Financial Accounting der Rechenschaftlegung gegenüber außerhalb des Unternehmens stehenden Adressaten, wie z. B. der Öffentlichkeit, dem Staat und Banken. Das Controlling hingegen übernimmt die Unterstützung des Managements und dient der Planung, Steuerung und der Überwachung der betrieblichen Teilbereiche. Ziel ist es die Ausrichtung von Prozessen zu prüfen und ihre Leistungsfähigkeit sicher zu stellen.

Das **Finanzmanagement** (Investition und Finanzierung) beschäftigt sich mit der Frage, wie ein Unternehmen Geld erwirtschaftet und dieses einsetzt, um erneut Geld zu erwirtschaften. Die Liquiditätssicherung hat zur Aufgabe es zu gewährleisten bzw. sicherzustellen, dass zu jedem Zeitpunkt der Unternehmung ausreichend Finanzmittel zur Verfügung stehen. Der Teilbereich Treasury zielt darauf ab, die finanziellen Risiken im Falle einer Krise abzumildern. Hierzu werden Sicherheiten aufgebaut.

Management soll im Kontext dieses Buches als Unternehmensführung verstanden werden. Die Führung des Unternehmens ist eine wesentliche betriebliche Teilfunktion. Management kann als ein zyklischer Prozess aufgefasst werden. Das Lösen einer Managementaufgabe beginnt mit dem Identifizieren und dem Setzen von Zielen. Um diese Ziele später umsetzen zu können, muss eine Planung erstellt werden. Die Planung bzw. einzelne Pläne sind in dieser Phase häufig genau aufeinander abzustimmen. Nach der Planungsphase wird eine Entscheidung über die Realisierung der Pläne getroffen. In der anschließenden Realisierungsphase erfolgt eine Umsetzung der Pläne. Im Anschluss daran muss die Realisierung der gesetzten Ziele überprüft, analysiert und kontrolliert werden. Häufig sind Abweichungen festzustellen. Das Ergebnis findet wiederum Eingang in einen neuen Zyklus und wird bei der erneuten Zielsetzung berücksichtigt (Abb. 2.6).

Mit Hinblick auf den zeitlichen Horizont der Managementtätigkeiten muss zwischen der strategischen Unternehmensführung und der operativen Unternehmensführung differenziert werden. Die **strategische Unternehmensführung** umfasst die langfristige Ausrichtung und Positionierung des Unternehmens im relevanten Wettbewerbsumfeld mit dem primären Ziel, die Existenz des Unternehmens langfristig zu sichern. Die langfristige Unternehmensplanung zielt darauf ab Erfolgspotenziale zu erkennen und aufzubauen. Eine weitere Aufgabe der strategischen Unternehmensführung ist der Aufbau eines zukunftsgerichteten Informationssystems. Hierbei ist vor allem in größeren Unternehmen in dynamischen Märkten die Nutzung strategischer Analyse- und Verfahrenstechniken von

Abb. 2.6 Managementprozess

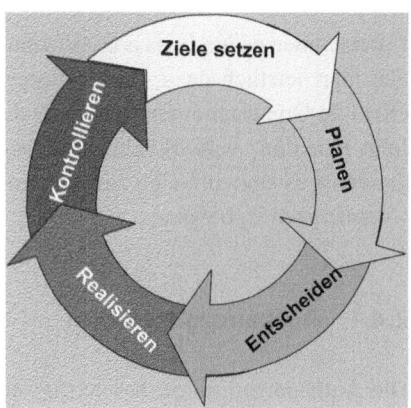

Bedeutung. Im Gegensatz hierzu umfasst die **operative Unternehmensführung** die kurz-
bis mittelfristige Steuerung des Unternehmens und der Unternehmensressourcen mit dem
primären Ziel, die Liquidität und den Erfolg des Unternehmens zu sichern. Im Rahmen der
operativen Unternehmensführung stehen der Aufbau und die Anwendung eines Planungs-
und Kontrollsystems, die Durchführung von Wirtschaftlichkeitsanalysen und die Nutzung
betriebswirtschaftlicher Analyse und Verfahrenstechniken im Vordergrund.

Häufig werden in der Betrachtung die Funktionsbereiche feiner untergliedert. Dies
eröffnet ggf. die Möglichkeit einer detaillierten Analyse und ist unternehmensspezifi-
schen Erfordernissen geschuldet. Eine wirkliche einheitliche Darstellung und Bezeichnung findet sich nicht. So wird in einigen Darstellungen gesondert eine Personalfunktion
(Personalverwaltung) ausgewiesen. Wiederum andere Darstellungen sprechen von einem
Funktionsbereich Logistik. Entscheidend für das funktionale Verständnis einer Organisation ist, dass in diesen Funktionsbereichen sich dann häufig Bestandteile mehrerer Kernfunktionen wiederfinden. So umfasst z. B. die Personalfunktion (Verwaltung) regelmäßig,
die Beschaffung, Weiterbildung, Administration, Abrechnung und Management rund um
das Personal eines Unternehmens – damit werden die betrieblichen Kernfunktionen hier
spezifisch mit Blick auf den Produktionsfaktor Arbeit in einem eigenen Funktionsbereich
zusammengefasst.

Die Funktionsbereiche müssen aufeinander abgestimmt werden, damit sie reibungslos
zusammenarbeiten können. Das kann eine effiziente und effektive Organisationsstruktur
erreichen. Es ist folglich notwendig sich mit den Grundlagen der Ablauf- und Aufbauorganisation vertraut zu machen.

2.4 Der Betrieb als Organisationsstruktur

Unternehmen: Krankenhäuser, Praxen, Pflegeeinrichtungen sind wirtschaftliche, organisatorische Gebilde. Ein zentrales Ziel eines Unternehmens ist es sein Unternehmens-
potenzial zu sichern. Die Aufrechterhaltung des Unternehmungspotenzials erreicht das

Unternehmen dadurch, dass es Gewinn erwirtschaftet und Liquidität besitzt. Dieses Oberziel führt letztlich dazu, dass Unternehmen danach streben sollten, eine effiziente und effektive Organisationsstruktur aufzubauen. In der Regel findet sich das Prinzip „Form folgt Funktion" verwirklicht. Um also die Organisationsstruktur eines Betriebes zu erfassen ist es sinnvoll, sich zunächst mit der Funktion und der eigentlichen Aufgabe von Unternehmen zu befassen.

2.4.1   Aufbauorganisation

Die Aufbauorganisation beschäftigt sich mit dem hierarchischen Aufbau eines Unternehmens. Sie stellt den äußeren Rahmen, die Form, unter der Menschen, Sachmittel zur Erfüllung von Aufgaben, deren Ziel die betriebliche Leistungserstellung ist, zusammenarbeiten. Sie bildet das Gegenstück zur Ablauforganisation, die sich mit den Prozessen im Unternehmen beschäftigt.

Ausgangspunkt für das Errichten der Aufbauorganisation sind die im Unternehmen zu verrichtende Aufgaben. Unter **Aufgabe** wird die Verpflichtung verstanden, eine vorgegebene Handlung vorzunehmen. Eine Aufgabe ist einerseits durch Aufgabenträger und andererseits durch die Aufgabenmerkmale determiniert. Zu den Aufgabenmerkmalen zählen die zu verrichtenden Tätigkeit (Verrichtung), das Objekt, an dem die Verrichtung vorgenommen wird, der Raum und die Zeit an dem die Aufgabe durchgeführt wird. Als Aufgabenträger sind die Subjekte zu verstehen, die die Aufgabe durchführen. Dies können Menschen oder Sachmittel, wie z. B. Maschinen, sein. Diese allgemeine Struktur liegt jeder Aufgabe zugrunde. Man denke beispielsweise an eine medizinische Therapie, die Terminvergabe an einen Patienten oder die Beschaffung des Sprechstundenbedarfs (Abb. 2.7).

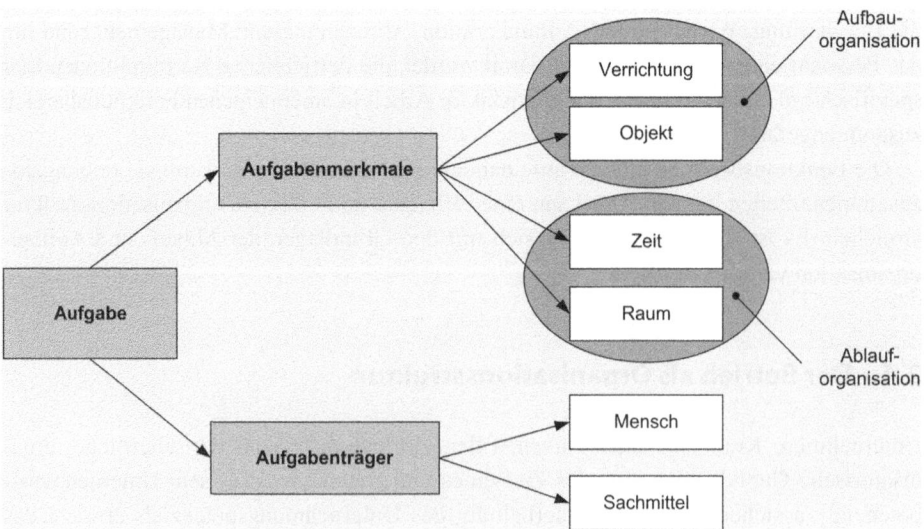

Abb. 2.7 Aufgabe – Aufgabenmerkmale und Aufgabenträger

Aufgaben können komplex sein, d. h. sie lassen sich wiederum in einzelne Teilaufgaben zerlegen oder sie sind einfach und lassen sich nicht weiter sinnvoll zerlegen. Beispiele für eine einfache Aufgabe sind das Anfertigen einer Kopie, das Ausstellen eines Rezeptes, die Annahme eines Angebotes etc. Eine Therapie hingegen ist eine komplexe Aufgabe. Hier sind einzelne Behandlungsschritte (Teilaufgaben) durchzuführen, die wiederum von unterschiedlichen Personen ausgeführt werden, die sich verschiedenster Sachmittel bedienen. Damit ein Unternehmen zu einer effizienten Aufbauorganisation gelangen kann, ist eine Auseinandersetzung mit der Struktur der einzelnen Aufgaben im Betrieb notwendig. Dies geschieht regelmäßig in zwei Schritten – der Aufgabenanalyse und der Aufgabensynthese. Die Aufgabenanalyse zerlegt die Aufgabe in ihre Teilaufgaben. Nachdem die betrieblichen Aufgaben so zergliedert sind, werden in der Phase der Aufgabensynthese gleichartige Teilaufgaben zu Stellen zusammengefasst und somit gebündelt. Dies hat den Vorteil, dass Aufgaben kosten- und zeitsparend (effizient) abgewickelt werden können. Als Stelle wird die kleinste Einheit innerhalb der Organisationslehre verstanden, der Begriff Arbeitsplatz kann hier synonym verwendet werden. Ihre Merkmale werden durch eine Stellenbeschreibung für die Mitarbeiter definiert. Die Stellenbeschreibung dient für den Stelleninhaber als zentraler Orientierungspunkt für seine Tätigkeiten. Mit Hinblick auf eine effiziente Erfüllung der Gesamtaufgabe werden Stellen zu Abteilungen gebündelt (Abb. 2.8).

Die sich ergebende Struktur aus betrieblichen Organisationseinheiten werden häufig in einem Organigramm abgebildet. Dies spiegelt die hierarchische Struktur des Unternehmens wieder und dient als Orientierungspunkt für die Mitarbeiter und als Ausgangspunkt für die betriebliche Planung, Steuerung und Kontrolle.

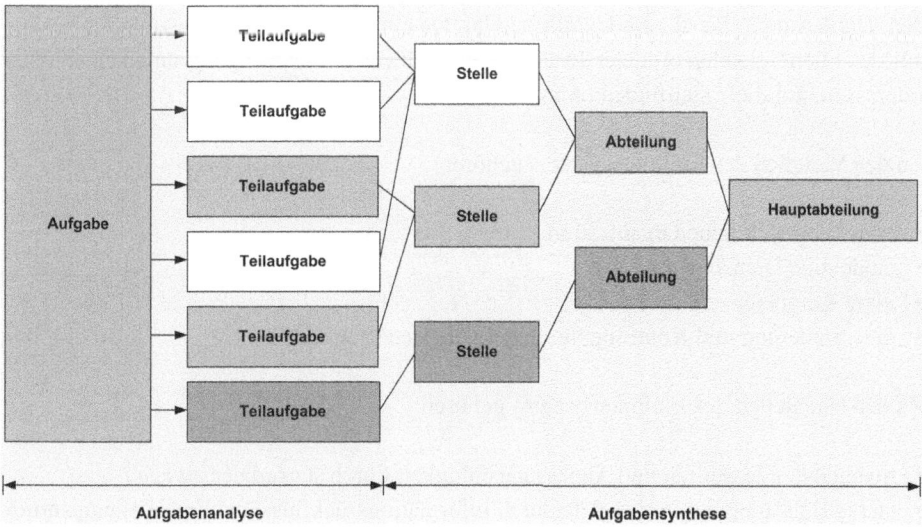

Abb. 2.8 Aufgabenanalyse und Aufgabensynthese

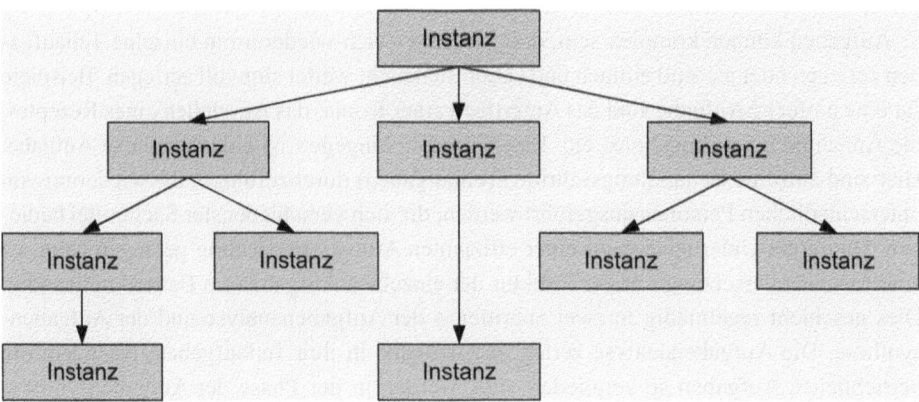

Abb. 2.9 Einliniensystem

Bzgl. sich ergebenden Hierarchien können zwei Grundtypen unterschieden werden. Das Einliniensystem und das Mehrliniensystem. Zentrale Begrifflichkeit in diesem System ist die Instanz. Eine Instanz ist eine Stelle mit Leitungs- und Weisungsbefugnis. Das Einliniensystem ist dadurch gekennzeichnet, dass jede Instanz (bis auf die oberste Instanz) genau eine vorgesetzte, direkt übergeordnete, Instanz besitzt. Aus diesem Strukturprinzip ergibt sich eine von oben nach unten immer stärker verzweigende hierarchische Struktur. Der Vorteil eines solchen Unternehmensaufbaus besteht in der Klarheit und Einheitlichkeit der Auftragserteilung – die Vertikalität der Auftragserteilung. Die strukturelle Schwäche liegt hauptsächlich im Problem des Behandelns und Abarbeiten von Informationsrückflüssen von den unteren Instanzen in Richtung der Unternehmensführung. Die Struktur führt schnell zur Überlastung oberer Instanzen. Hier muss eine Informationsselektion stattfinden. Die Kriterien hierfür sind häufig unklar. Da eine horizontale Vernetzung fehlt, kann auf der Ebene gleichgeordneter Instanzen nur schwer eine Abwägung unterschiedlicher Interessen und Ziele stattfinden (Abb. 2.9).

Zu den Vorteilen des Einliniensystems gehören:

- klare, übersichtliche Organisation
- eindeutige Dienstwege
- klare Kompetenzen
- gute Steuerung und Kontrolle durch die vorgesetzte Instanz

Zu den Nachteilen des Einliniensystems gehören:

- mangelnde Flexibilität und Anpassungsfähigkeit durch starre Dienstwege
- starke Belastung der Vorgesetzte durch Informationsrückfluss und Entscheidungsdruck – Überlastung
- Gefahr der Überorganisation – Bürokratie
- Motivationsverlust der Mitarbeiter

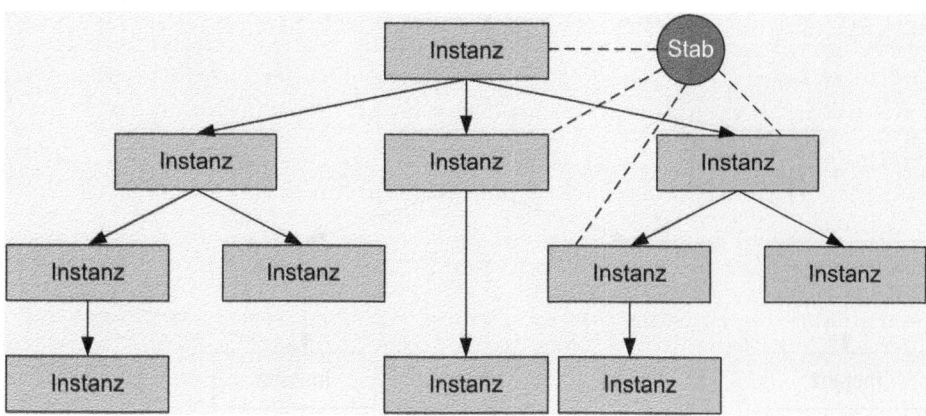

Abb. 2.10 Einliniensystem mit Stabstelle

Das Problem der Überlastung einzelner Instanzen bei der Entscheidungsfindung kann durch Einführung von Stabsstellen gemildert werden. Stabstellen haben beratende Funktion und sind Stellen ohne Weisungsbefugnis. Ihre Aufgabe besteht im Beschaffen und Auswerten von Informationen und im Vorbereiten einer Entscheidungsgrundlage für Instanzen. Stabstellen mindern damit das Problem der Überlastung von Instanzen bzgl. der Entscheidungsfindung. Sie schaffen aber ein neues Problem. Stabstellen haften in der Regel nicht für die Entscheidung, die auf Basis ihrer Informationen getroffen werden, sondern das Haftungsrisiko trifft primär die Instanz, da sie die Verantwortung und Weisungsbefugnis trägt. Diese Herausforderung wird dadurch verschärft, dass Stäbe die Möglichkeit der Informationsselektion besitzen und damit aktiv ihren Eigennutzen durch Filtern und Bewerten der Informationen maximieren können. Sie maximieren im Rahmen der Möglichkeiten ihren Eigennutzen und dieser kann sich vom Nutzen der Instanz bzw. der Organisation unterscheiden (Abb. 2.10).

Weitere mögliche Organisationsstrukturen bieten Mehrliniensysteme. Bei einem Mehrliniensystem hat eine Instanz in der Regel mehrere übergeordnete Instanzen (Vorgesetzte). Dies bietet die Möglichkeit, die Vorgesetzten nach fachlichen Gesichtspunkten nachgelagerten Stellen zuzuordnen (Abb. 2.11).

Zu den Vorteilen von Mehrliniensystemen zählen:

- direkte Kommunikationswege
- bessere Mitarbeiterkontrolle durch erhöhte Anzahl von Vorgesetzten
- Fachwissen der Vorgesetzten

Zu den Nachteilen des Mehrliniensystem gehören:

- Kommunikationskonflikte und Mehrfachunterstellung
- keine klare Zuständigkeiten, unklare Kompetenzverteilung
- schwierige Fehlerzuweisung

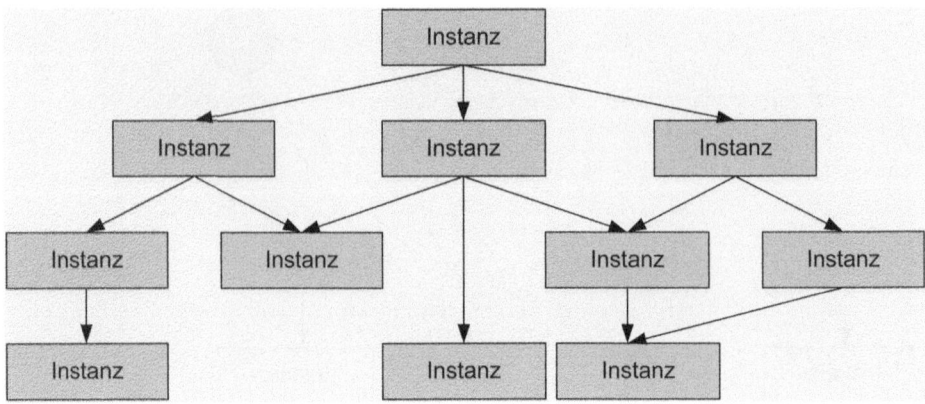

Abb. 2.11 Mehrliniensystem

Einliniensysteme in Reinform finden sich lediglich in kleinen Unternehmen. Trotz der Nachteile von Mehrliniensystemen findet man in mittleren und großen Unternehmen hauptsächlich Mehrliniensysteme verwirklicht. Dies hat hauptsächlich die Ursache in der Notwendigkeit nach Flexibilität und der Komplexität der zu lösenden Aufgaben, die eine Spezialisierung der Instanzen erfordert. Spezielle Mehrliniensysteme sind die Matrixorganisation und Tensororganisation.

2.4.2 Ablauforganisation

Die Ablauforganisation betrachtet die Prozesse, die in einer Organisation ablaufen. Die zeitliche und räumliche Dimension der im Unternehmen zu erfüllenden Aufgaben ist hierbei das entscheidende Analysekriterium. Ziel der Ablauforganisation ist es, effiziente und effektive Arbeitsabläufe zu erzeugen, etablieren bzw. aufrecht zu erhalten. Hierbei werden Handlungsträger, Aufgaben, Sachmittel etc. hinsichtlich des zeitlichen und des räumlichen Ablaufs so gestaltet, dass alle Arbeitsgänge lückenlos aufeinander abgestimmt sind. Ein wesentliches Kernelement der Ablauforganisation bilden Prozesse. In einem **Prozess** wird ein Objekt von einem Anfangs- bzw. Ausgangszustand durch Verfahrensschritte, welche in einer bestimmten Reihenfolge zu durchlaufen sind, in einen Endzustand überführt. Diese allgemeinen Elemente kennzeichnen jeden Prozess. Würde man in der Betriebswirtschaft grundsätzlich einen Betrieb unter dieser Definition beleuchten, so würde man sehr schnell feststellen, dass es unüberschaubar viele Abläufe in einem Unternehmen gibt. Alle diese Prozesse zu betrachten, zu analysieren und zu steuern ist unmöglich. Deshalb konzentriert sich die Organisationslehre hauptsächlich auf einen ausgewählten Bereich von Prozessen, nämlich die Arbeitsabläufe und Geschäftsprozesse. Ein **Arbeitsablauf** ist eine definierte Abfolge von Aktivitäten in einem Arbeitssystem einer Organisation. Arbeitsabläufe werden heute häufig mit dem englischen Begriff „workflow" bezeichnet. Von diesem Oberbegriff werden auch Arbeitsaufträge und

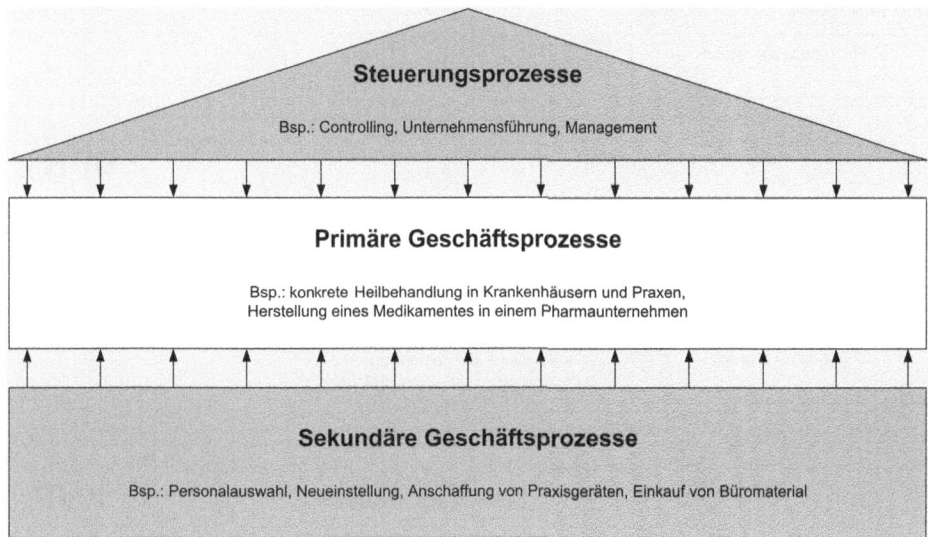

Abb. 2.12 Mögliche Einteilung von Prozessen

Arbeitsschritte eingeschlossen. Ein **Geschäftsprozess** ist eine Menge logisch verknüpfter Einzeltätigkeiten (z. B. Aufgaben), die ausgeführt werden, um ein bestimmtes geschäftliches oder betriebliches Ziel zu erreichen. Er wird durch ein definiertes Ereignis ausgelöst und transformiert Produktionsfaktoren – „Input" unter Beachtung bestimmter Regeln zu einem Erzeugnis -„Output". Häufig wird für die Analyse und Organisation von Prozessen eine Einteilung in Kernprozesse, Management- und Unterstützungsprozesse. Eine andere gängige Gliederung ist die Einteilung in Primär-, Sekundär- und Tertiärprozesse. In Primärprozessen (direkten Prozessen) findet die eigentliche Wertschöpfung des Unternehmens statt. Sekundäre Prozesse (indirekte Prozesse) unterstützen die Primärprozesse durch Bereitstellung von Leistungen innerhalb des Unternehmens. Tertiärprozesse umfassen Steuerungs- und Regelungsprozesse. Ihre Aufgabe ist es die Primärprozesse zu steuern (Abb. 2.12).

Die Entwicklung von zur Organisation passenden Geschäftsprozessen und Arbeitsabläufen ist aufgrund der sich ständig ändernden Rahmenbedingungen in einem Unternehmen prinzipiell selbst ein immerwährender Prozess. Man denke beispielsweise an die sich häufig ändernden rechtlichen Rahmenbedingen, aber auch an den technologischen Fortschritt. So stehen beispielsweise heute in der Diagnostik modernste Geräte wie MRT und CRT zur Verfügung. Auch führen die Entwicklungen in der IT und insbesondere im Internet zu einer immer weiter fortschreitenden Vernetzung, die es erforderlich macht, Arbeitsabläufe zu überdenken und erneut anzupassen.

Um diese Anpassung vorzunehmen wurden verschiedenste Managementkonzepte entwickelt. Die Bandbreite wird durch zwei grundlegend verschiedene Ansätze bestimmt, dem „Business Process Reengineering" (BPR) und dem „Kontinuierlichen Verbesserungsprozess" (KVP) (Abb. 2.13).

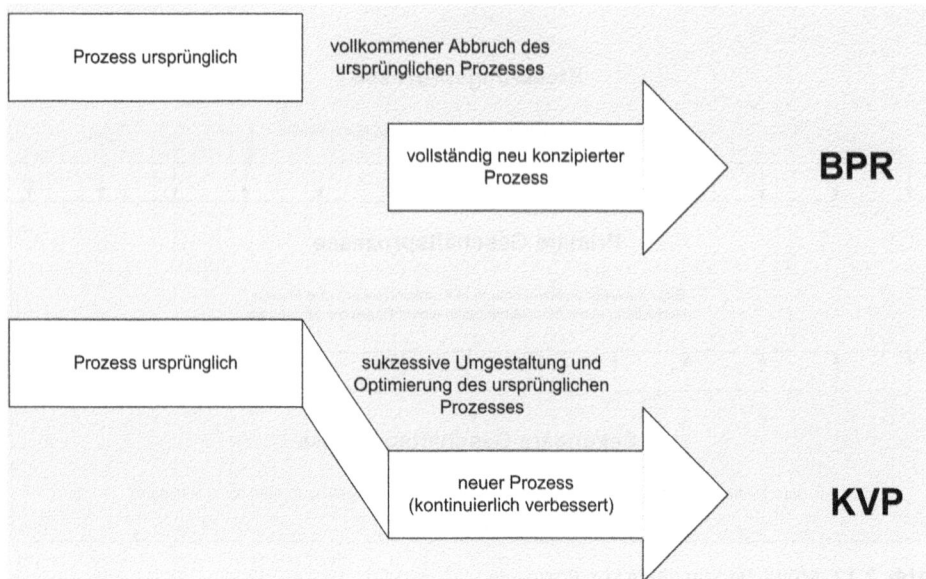

Abb. 2.13 Kontinuierliche Verbesserung im Vergleich zu Business-Process-Reengineering

Das **Business Process Reengineering** verfolgt die radikale Neugestaltung von Unternehmensprozessen. Vorhandene Geschäftsprozesse werden weder analysiert noch sukzessive verbessert. Zur Erfüllung der Unternehmensstrategie werden die erfolgskritischen Prozesse grundlegend neu entwickelt. Bei diesem Ansatz werden von der übergeordneten Strategie die darunter liegenden Prozesse entwickelt. Diese Sicht- bzw. Vorgehensweise wird oft als Top-down-Ansatz bezeichnet.

Im kompletten Gegensatz hierzu steht der Ansatz des **Kontinuierlichen Verbesserungsprozesses**. Der Grundgedanke ist dem japanischen Kaizen entlehnt, was so viel bedeutet wie „Veränderung zum Besseren". Das Ziel ist hier, einen kontinuierlichen Verbesserungsprozess der betrieblichen Leistungserstellung durch stetige, schrittweise Optimierung der Prozesse herbeizuführen. KVP setzt darauf, dass die einzelnen Mitarbeiter direkt am Verbesserungsprozess teilnehmen. Hauptaugenmerk liegt auf der lokalen Veränderung einzelner Prozesse, die in ihrer Summe zu einer Veränderung des Ganzen führen. Dieser Ansatz, der von unten aus hauptsächlich aus den Unternehmensmitgliedern selbst erfolgt und auf ihre Einbindung, Engagement und Initiative abstellt, wird als Bottom-up-Ansatz bezeichnet.

Welcher der beiden Ansätze in einer Optimierungssituation zur Anwendung gelangt, hängt von den Umständen des Einzelfalles ab. In Situationen, in denen es um das „Überleben" des Unternehmens geht und eventuell schnell gehandelt und umgesetzt werden muss, weißt das BPR Vorteile gegenüber dem KVP auf, da hier die Einbindung der Basis in die Entscheidungsfindung verzichtet wird und aufwendige Abstimmungsvorgänge entfallen. In einem funktionierenden Betrieb bietet sich der Ansatz des KVP an. KVP als menschenorientierter Ansatz erfordert längerfristige Disziplin von allen Beteiligten.

Weiterführende Literatur

1. Bühner, R. (2004). *Betriebswirtschaftliche Organisationslehre* (10. Aufl.). München: Oldenbourg.
2. Bea, F. X., & Göbel, E. (2010). *Organisation: Theorie und Gestaltung* (4. Aufl.). Stuttgart: UTB.
3. Bleicher, K. (2011). *Das Konzept Integriertes Management: Visionen – Missionen – Programme* (8. Aufl.). Frankfurt a. M.: Campus.
4. Laux, H., & Liermann, F. (2005). *Grundlagen der Organisation: Die Steuerung von Entscheidungen als Grundproblem der Betriebswirtschaftslehre* (6. Aufl.). Berlin: Springer.
5. Wöhe, G., & Döring, U. (2013). *Einführung in die Allgemeine Betriebswirtschaftslehre* (25. Aufl.). Lüneburg: Vahlen.

Marketing

3

Gesundheitsbetriebe erstellen eine Vielzahl von Leistungen und müssen sich an den Bedürfnissen des Marktes orientieren. Nur dies gewährt langfristig den Erfolg eines Unternehmens.
Insofern ist es unerlässlich sich mit den Grundlagen des Marketings vertraut zu machen.

Unter **Marketing** versteht man die Ausrichtung des Unternehmens auf die Bedürfnisse
des Marktes. Marketing ist eine unternehmerische Denkhaltung. Einfach formuliert können folgende Aussagen als **Marketingmaximen** angesehen werden:

▶ Versuche nicht zu verkaufen, was du schon produziert hast, sondern produziere
nur, was sich verkaufen lässt.

▶ Warte nicht darauf, dass der Kunde seinen Bedarf anmeldet, sondern wecke
Bedürfnisse, die der Kunde unbewusst in sich trägt.

Um das Unternehmen im Sinne des Marketings richtig auszurichten, müssen alle Maßnahmen aus der Perspektive des Marktes betrachtet werden. Wenn man vom Markt im
Rahmen des Gesundheitswesens spricht, fällt der Blick sofort auf den Patienten. Er ist es,
der die Behandlungsleistungen nachfragt und dessen Bedürfnisse primär befriedigt werden müssen. Dieses Kapitel wird allerdings zeigen, dass Marketing viel umfassender ist
und dass es eine Vielzahl von Akteuren und Interessengruppen gibt, deren Bedürfnisse berücksichtigt werden müssen, um betriebswirtschaftlich den maximalen Erfolg mit seinem
Unternehmen zu erzielen.

Als **Markt** bezeichnet man in der Ökonomie das Zusammentreffen von Angebot
und Nachfrage in funktioneller Hinsicht unter Preisbildung im Falle eines Tausches.
Mindestvoraussetzung für das Entstehen eines Marktes ist neben dem Vorhandenseins
eines Tauschmittels, in der Regel Geld, eine potenzielle Tauschbeziehung, bei der mindestens ein Tauschobjekt (knappes Gut), ein Anbieter und ein Nachfrager vorhanden sind.

© Springer Fachmedien Wiesbaden 2016

A. Ampofo, *Betriebswirtschaftliche Grundlagen für Mediziner
und medizinisches Fachpersonal,* DOI 10.1007/978-3-658-10470-2_3

Wie viel eines Gutes nachgefragt oder angeboten wird, hängt im Wesentlichen vom Preis ab. Aber wie entstehen Angebot und Nachfrage? Im Kern haben Menschen Bedürfnisse, die einen Bedarf an Gütern auslösen. Diese Güter müssen durch Unternehmen hergestellt werden und werden in der Regel an einem Markt angeboten. Zur Befriedigung ihrer Bedürfnisse fragen nun Konsumenten diese Güter nach. Die Menge, die ein Mensch konsumiert, wird durch seine Präferenzen, aber auch durch seine finanziellen Möglichkeiten (Einkommen oder Vermögen) bestimmt.

Um Marketing als Teil des unternehmerischen Gesamtprozesses zu verstehen, ist es sinnvoll, sich den Grundbausteinen dieser Disziplin zu widmen. Erst darauf aufbauend ist es zielführend, sich mit speziellen Konzepten und den Besonderheiten des Marketings im Gesundheitswesen zu beschäftigten. Um ein Unternehmen am Markt ausrichten zu können, ist notwendig zu verstehen, wie Bedürfnisse entstehen und eingeteilt werden können, wie man die einzelnen Marktakteure auch im Hinblick auf ihre Interessenlage enteilen kann und abschließend diese Elemente speziell im Gesundheitsmarkt zu untersuchen.

3.1   Bedürfnisse – Bedarf – Nachfrage

Der eigentliche „Motor" für menschliches Handeln sind Bedürfnisse. Als **Bedürfnis** wird das Verlangen oder der Wunsch einem tatsächlichen oder empfundenen Mangel Abhilfe zu schaffen verstanden. Auf diesem Element setzt eine wesentliche Grundannahme in den Wirtschaftswissenschaften auf. Menschen werden hier oft als „**homo oeconomicus**" abstrahiert. Dieses Konzept geht davon aus, dass Menschen rational handeln und Güter zur Befriedigung ihrer Bedürfnisse konsumieren. Dabei versuchen Sie stets ihren eigenen Nutzen zu maximieren. Dabei unterscheiden sich die Individuen regelmäßig in ihren Präferenzen (Vorlieben).

> **Beispiel**
>
> Mit Hinblick auf den Konsum von Gesundheitsgütern lässt sich dies, wie folgt, beispielhaft darstellen. Betrachten wir zwei Patienten, die sich beispielsweise für eine Schönheitsoperation interessieren. Dieses Interesse hat seine Ursache jeweils in den Bedürfnissen der beiden Patienten. Jedoch kann der zugrundeliegende Mangel tatsächlicher oder empfundener Natur sein. Nehmen wir an, Patient A klagt über eine zu große Nase (ästhetische Chirurgie). Patient B hingegen habe bei einem Brand eine schwere Entstellung seines linken Armes erlitten (rekonstruktive Chirurgie). Als objektiver Dritter wird man im Fall B von einem tatsächlichen Mangelzustand ausgehen; im Fall A hingegen eher einen subjektiv empfundenen Mangel annehmen. Wie stark nun das Verlangen (Präferenz) nach einem Eingriff ist, hängt von den Patienten selbst ab. Wie kann man die Präferenz nun aufdecken? Indem man den Patienten zwischen mehreren Güter eine Auswahl treffen lässt oder die Zahlungsbereitschaft misst. Diese Wahl wird in der Regel bei Patienten unterschiedlich ausfallen. Es sind beispielsweise Fälle

denkbar, in denen der innere „Leidensdruck" des Patienten A, obwohl es sich um einen empfunden Mangel handelt, größer ist als das Verlangen nach einem Eingriffs des Patienten B. Auch wird es Patienten in der Situation A geben, die bereit sind, einen sehr hohen Preis für eine „Nasenkorrektur" zu zahlen, weil sie es sich „leisten" können und wiederum andere werden in Anbetracht der Kosten auf solch einen Eingriff verzichten.

Wie man anhand dieses Beispiels leicht erkennen kann, erzeugen Bedürfnisse Bedarfe. **Bedarfe** sind mit Kaufkraft (Geld) verbundene Bedürfnisse. Unternehmen bzw. Betriebe erzeugen nun Güter (Sachgüter, Dienstleistungen, Informationen und Rechte) um diese Bedarfe zu decken. Aus den Bedarfen der einzelnen Individuen aggregiert sich die Gesamtnachfrage in einem Markt. Folgt man dieser Argumentationskette, so wird klar, dass Marketing – als Ausrichtung des Unternehmens am Markt – sich an den Bedürfnissen der Individuen in der Zielgruppe ausrichten muss. Daher ist es sinnvoll, die Bedeutung und die Rangordnung von Bedürfnissen zu beleuchten.

Abraham Harold Maslow (1908–1970) gilt als Gründervater der humanistischen Psychologie und hat basierend auf seinem Menschenbild ein Stufenmodell bzgl. der Motivation für menschliches Handeln entwickelt. Dieses Stufenmodell bildet die Grundlage für jegliche Form von Marketing. In der nach ihm benannten Bedürfnispyramide wird zwischen Grund- und Existenzbedürfnissen (Stufe 1), Sicherheitsbedürfnissen (Stufe 2), Sozialbedürfnissen bzw. dem Bedürfnis nach Zugehörigkeit (Stufe 3), dem Bedürfnissen nach Anerkennung und Wertschätzung (Stufe 4) und dem Bedürfnis nach Selbstverwirklichung auf der obersten Ebene (Stufe 5) unterschieden.

Maslow unterscheidet hierbei funktional weiter zwischen Defizitbedürfnissen (niedrigen Bedürfnisse) und Wachstumsbedürfnissen (höheren Bedürfnissen). Bei den Defizitbedürfnissen ist der Handlungsdruck groß. Hier muss der Mensch tätig werden, um seine Existenz zu sichern. Ihre Befriedigung ist notwendig, damit Zufriedenheit entstehen kann, die zusätzliche Erfüllung der Wachstumsbedürfnisse bedeutet über Zufriedenheit hinausführendes Glück.

Der Mensch wird also zunächst danach streben, Nahrungsmittel, Wasser, Kleidung und Wohnraum zu konsumieren. Auf dieser Ebene der Existenzsicherung erlangen Gesundheitsgüter eine wichtige Bedeutung. Sollten hier seine Bedürfnisse rein funktional befriedigt sein, wird er versuchen, sein Sicherheitsbedürfnis zu befriedigen. In der modernen Gesellschaft werden viele Güter angeboten, die Sicherheit stiften bzw. stiften sollen. Man denke an die Kranken-, Renten-, Arbeitslosen- und Haftpflichtversicherungen oder aber an Sicherheitsgurte, Sicherheitsdienste usw. Der Mensch als soziales Wesen hat auch ein gewisses Bedürfnis nach Zugehörigkeit. So ist es für den Menschen notwendig, ein Mindestmaß an sozialen Kontakten, sei es Familie, Freundschaften oder Bekanntschaften zu haben. Auf der höchsten Stufe stehen Bedürfnisse, deren Befriedigung für das Individuum Glück bedeutet. Es handelt sich um die Bedürfnisse nach Wertschätzung und Selbstverwirklichung (Abb. 3.1).

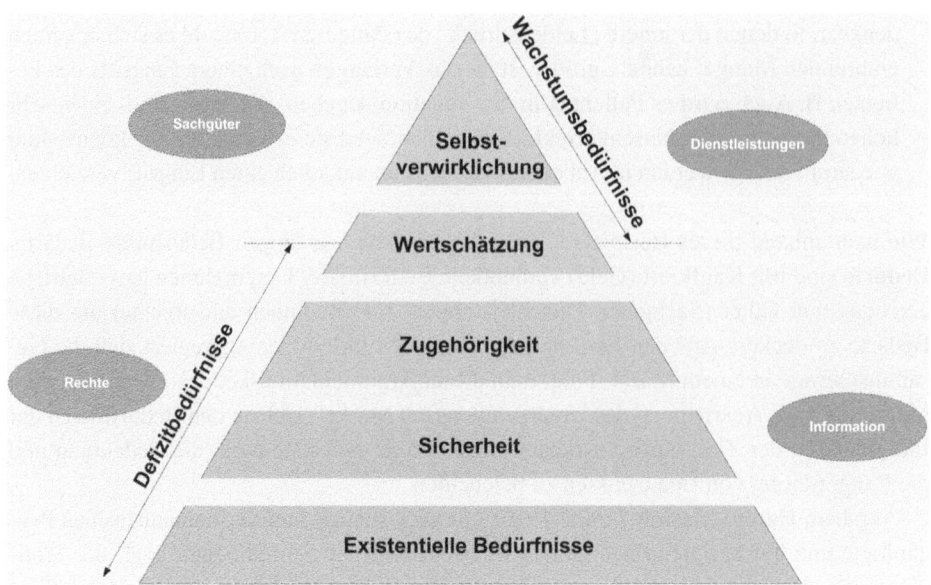

Abb. 3.1 Bedürfnishierarchie nach Abrahm Maslow

3.2 Marktakteure – funktionale Einteilung

Die Analyse der Bedürfnisse der einzelnen Individuen alleine ist für ein erfolgreiches Marketing noch nicht ausreichend. Sicherlich sind Situationen denkbar, z. B. in dem direkten Kontakt mit den Kunden bzw. Patienten, bei denen man die Bedürfnisse des Gegenüber erforscht und sein Angebot gezielt auf dieses anpasst. Allerdings ist dies noch nicht ausreichend, um das gesamte Unternehmen richtig auszurichten. Für die Analyse und das Management ist es sinnvoll, die einzelnen Individuen, mit denen das Unternehmen konfrontiert ist, in mehr oder weniger homogenen Gruppen zusammenzufassen. Dies hilft dem Management bei der Ausrichtung des Unternehmens am Markt. Ein genauerer Blick auf den Gesundheitsmarkt zeigt, dass es einen einheitlichen Markt eigentlich nicht gibt. Vielmehr zerfällt der Markt in viele Teilmärkte. So beziehen z. B. Krankenhäuser und Praxen Medikamente vom Pharmamarkt, Personal und gut ausgebildete Fachkräfte vom Arbeitsmarkt. Darüber hinaus gibt es viele verschiedene Firmen, die Dienstleistungen für Gesundheitsbetriebe anbieten, z. B. Lieferservice und Kranktransportunternehmen. Nicht zuletzt brauchen Gesundheitsbetriebe Zugang zu liquiden Mitteln (Geld) und unterhalten Bankverbindungen bei Kreditinstituten. Es besteht also auch eine Verknüpfung zum Finanzmarkt. In all diesen Bereichen steht das Unternehmen mit Wirtschaftssubjekten in Verbindung, die dem Konzept des „homo oeconomicus" folgen und ihren eigenen Nutzen maximieren. Es scheint damit zielführend die Akteure nach Interessengruppen zusammenzufassen. In der Betriebswirtschaft unterscheidet man unterschiedliche Anspruchsgruppen, diese werden als **Stakeholder** bezeichnet. Stakeholder lassen sich in interne und externe Stakeholder untergliedern (Abb. 3.2).

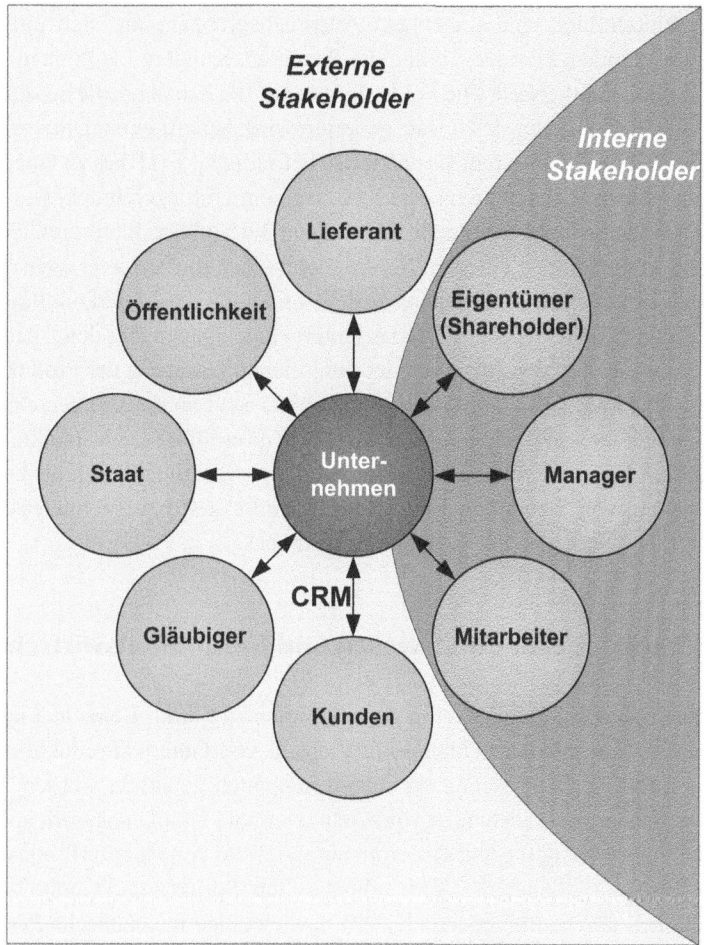

Abb. 3.2 Stakeholder eines Unternehmens

Interne Stakeholder sind solche, die sich innerhalb des Unternehmens befinden. Hierzu gehören der Eigentümer, das Management und die Mitarbeiter. Der Eigentümer wird auch oft, ob seiner herausragenden Stellung als **Shareholder** bezeichnet. Interne Stakeholder können in einer Gruppe zusammengefasst werden, da sie alle das Interesse an einem funktionieren, florierenden Unternehmen haben und gemeinsam dieses Zielvorstellung teilen. Die Eigeninteressen der Gruppen können hierbei durchaus divergieren. Ureigenes Interesse des Shareholders ist es, Gewinne zu maximieren. Das Management führt diese Zielsetzung strategisch, taktisch und operativ aus. Mitarbeiter haben beispielsweise ihre Eigeninteressen im Hinblick auf die Entlohnung, Arbeitszeiten und Arbeitsbedingungen. Dass innerhalb der internen Stakeholder oft auch konkurrierende bzw. antinomie Zielsetzungen vorhanden sind, zeigt sich nicht zuletzt häufig im „Arbeitskampf" bzw. Streiks.

Externe Stakeholder sind diejenigen Anspruchsgruppen, die sich außerhalb des Unternehmens befinden. Hierunter fallen die Patienten, Kunden, Lieferanten, Gläubiger, der Staat und die Öffentlichkeit. Die Fokussierung auf die Kundenbedürfnisse hat vorrangige Bedeutung, da nur durch sie Umsatz generiert wird. Schafft es ein Unternehmen nicht die Bedürfnisse des Kundenstammes adäquat zu befriedigen, wird dies zu einer Abwanderung (Erosion) führen. Letztendlich kommt es zu einem Umsatzeinbruch. Die Kosten des Unternehmens können nicht mehr gedeckt werden. Die Verluste führen im „Worst Case" dazu, dass das Unternehmen aus dem Markt ausscheiden muss. Lieferanten haben bzgl. des belieferten Unternehmens das Interesse der Einhaltung der Lieferkonditionen, pünktlichen Zahlungen etc. Im Gegenzug hat das Unternehmen gegenüber den Lieferanten und Zulieferern grundsätzlich den Anspruch der pünktlichen Lieferung der Produktionsfaktoren in der vereinbarten Güte und Qualität. Gläubiger sind an der fristgerechten Tilgung und Zinszahlung interessiert. Hier spielen vorrangig monetäre Gesichtspunkte eine Rolle. Der Staat hat ein Hauptinteresse an der Einhaltung der rechtlichen Rahmenbedingungen und der Erzielung von Steuereinnahmen. Die Öffentlichkeit hat ein Interesse an einem „sozialkonformen" Verhalten des Gesamtunternehmens.

3.3   Der Markt – Gesundheitswesen und Gesundheitswirtschaft

Gesundheitsbetriebe sind eingebettet in einen komplexen Markt. Betrachtet man den Gesundheitsmarkt, kann man tatsächlich eine Vielzahl von Gütern (Produkte und Dienstleistungen) erkennen, die zwischen Wirtschaftssubjekten getauscht werden. So werden den Patienten Behandlungsleistungen von Arztpraxen und Krankenhäusern angeboten. In diese Behandlungsleistung fließen wiederum eine Vielzahl von Gütern (Produktionsfaktoren) ein. Es werden Medikamente, Verbandmaterialen, Spritzen und Geräte benötigt, um die Behandlungen durchzuführen. Auch stellt das jeweilige medizinische Personal seine Arbeitskraft zur Verfügung. All diese eingesetzten Güter (Ressourcen) sind nur beschränkt vorhanden und damit knapp. Es ist letztendlich die Knappheit, die dazu führt, dass für jedes Produkt und jede Dienstleistung, die im Gesundheitsmarkt angeboten wird, ein Preis verlangt wird. Die Höhe des Preises bestimmt das Angebot und die Nachfrage nach einzelnen Behandlungsleistungen.

3.3.1   Staatliche Akteure

Der institutionelle Rahmen des Gesundheitssystems und die rechtlichen Rahmenbedingungen werden vor allem durch die staatlichen Akteure geprägt. Zu den staatlichen Akteuren zählen u. a. das Bundesministerium für Gesundheit (BMG). Es führt im Rahmen des Grundgesetzes die gesetzgeberischen und verwaltungsmäßigen Aufgaben auf dem Gebiet der Gesundheitspolitik durch und ist auf der Bundesebene das maßgebende Fachministerium für die Fragen der Kranken- und Pflegeversicherung. Zur Umsetzung seiner Aufgaben unterhält das BMG als nachgeordnete Behörde die Bundeszentrale für gesundheitliche Aufklärung (BZgA) in Köln, das Bundesinstitut für Arzneimittel und Medizinprodukte (BfArM) in Bonn, das Paul-Ehrlich-Institut (PEI, Bundesamt für Sera und Impfstoffe) in Langen/Hessen, das Deutsche Institut für medizinische Dokumentation und Information (DIMDI) in Köln sowie das Robert Koch-Institut (RKI) in Berlin (Abb. 3.3).

Die Landesministerien sind für die Gesetzgebung auf Landesebene von Bedeutung. Sie bereiten die Grundlagen der Gesetze auf Landesebene vor. Eine weitere wichtige Funktion nehmen die Landesministerien bei der Beaufsichtigung von Institutionen und Akteuren im Gesundheitswesen wahr. Sie führen die Aufsicht über die Krankenhäuser und die Gesundheitsämter in ihrem Zuständigkeitsbereich. Sie üben die Aufsicht über die landesunmittelbaren Institutionen und Akteure der gesetzlichen Krankenversicherung (GKV), also über die gemeinsame Selbstverwaltung auf Landesebene (Kassenärztliche Vereinigungen,

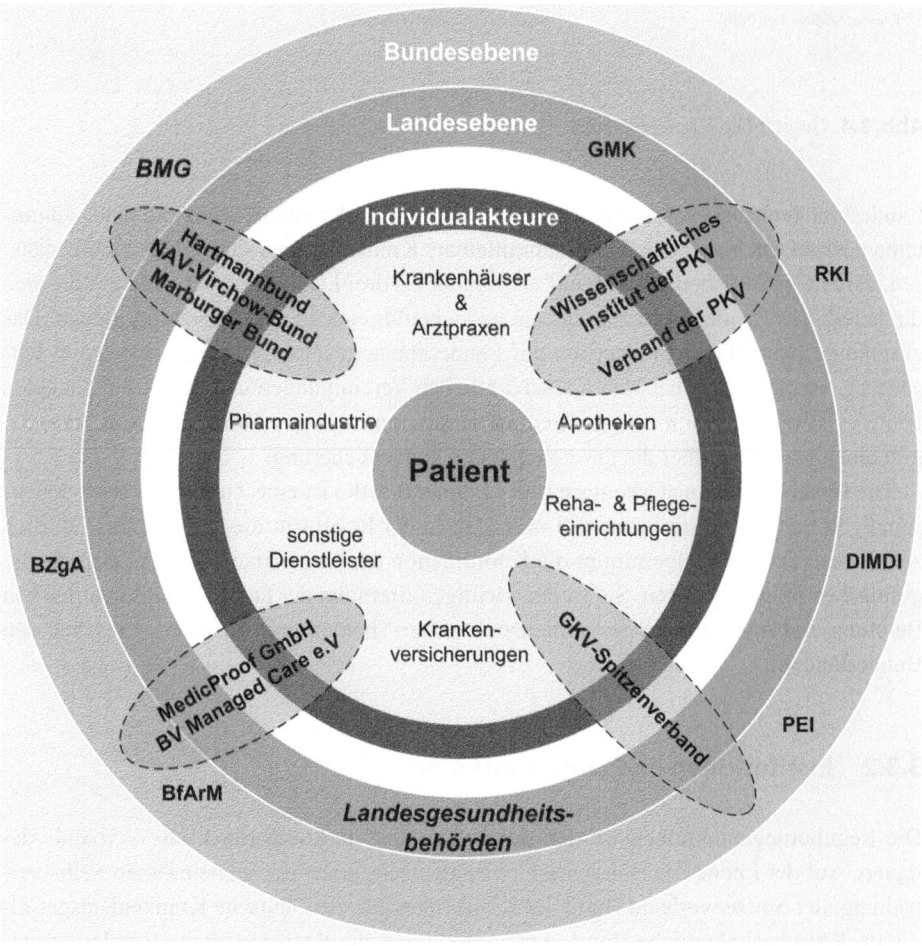

Abb. 3.3 Akteure der Gesundheitswirtschaft

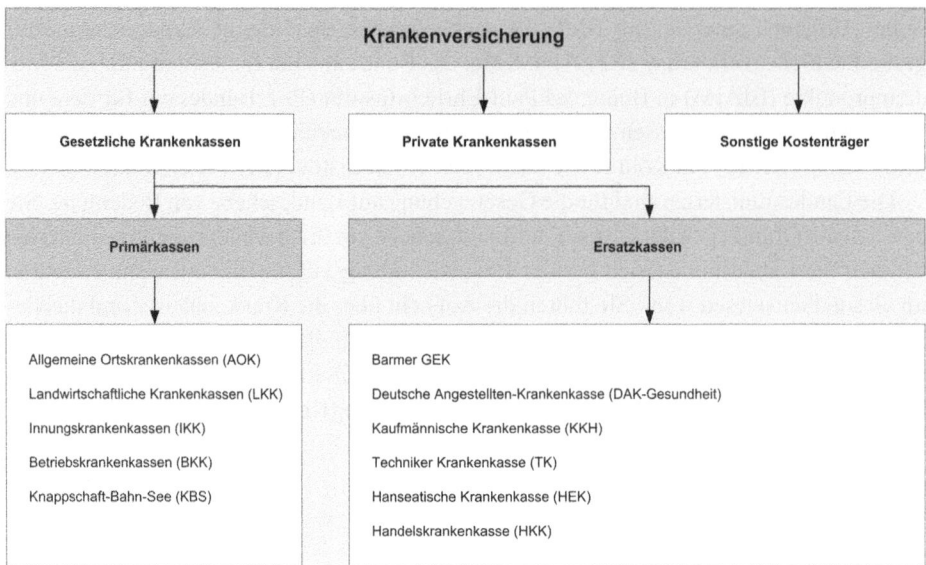

Abb. 3.4 Gesetzliche Krankenkassen

Landeskrankenhausgesellschaften, Landesverbände der Krankenkassen und landesunmittelbare Krankenkassen) aus. Landesunmittelbare Krankenkassen sind solche Krankenkassen, deren Geschäftsbereich sich auf nicht mehr als drei Länder erstreckt und auf die sich die beteiligten Länder in Bezug auf ein aufsichtsführendes Land verständigt haben. Das zuständige Gesundheitsministerium auf Landesebene genehmigt also zum Beispiel Versorgungsverträge zwischen den Kassenärztlichen Vereinigungen und den Krankenkassen oder die Erhöhung von Beitragssätzen der landesunmittelbaren Krankenkassen. Abb. 3.4 gibt einen Überblick über die gesetzliche Krankenversicherung.

Die Gesundheitsministerkonferenz der Länder (GMK) ist eine Zusammenkunft der zuständigen Landesministerinnen und -minister. In der Regel tritt die GMK einmal jährlich zusammen. Die GMK übernimmt die Koordination der Länderinteressen in gesundheitspolitischen Fragestellungen. Sie ist ein wichtiges Gremium der fachlichen und politischen Beratung und Abstimmung gesundheitspolitischer Themen und Aufgaben zwischen den Bundesländern.

3.3.2 Institutionen und Organisationen

Die Regulierungsfunktionen werden durch den Staat an komparatistische Verbände delegiert. Auf der Ebene des Bundes zählen zu den Mitglieder der gemeinsamen Selbstverwaltung: der Spitzenverband Bund der Krankenkassen, die Deutsche Krankenhausgesellschaft, Kassenzahnärztliche Bundesvereinigung und die Kassenärztliche Bundesvereinigung. Der Spitzenverband Bund der Krankenkassen hat am 1. Juli 2008 nach den Bestimmungen des GKV-Wettbewerbsstärkungsgesetzes die bis dahin existierenden sieben Spitzenverbände der gesetzlichen Krankenkassen abgelöst.

Die Selbstverwaltungsgremien sind stets paritätisch aus Vertreterinnen und Vertretern der Finanzierungsträger und Leistungserbringer zusammengesetzt. Hier werden zur Regulierung der Individualakteure untergesetzliche Normen verabschiedet, insbesondere der Leistungskatalog inklusive Negativliste für Arzneimittel, Richtlinien, Rahmenvereinbarungen, Gebührenordnungen und Honorarverträge in Form von Bundesmantelverträgen. Die wichtigsten Gremien sind der Gemeinsame Bundesausschuss (G-BA) und der Bewertungsausschuss. Die Bundesärztekammer, die selbst kein Mitglied dieser Verhandlungssysteme ist, reguliert ebenfalls das Verhalten ihrer Mitglieder.

Der neue GKV-Spitzenverband vertritt seit 1. Juli 2008 die Krankenkassen allein auf Bundesebene und nimmt dabei unter anderem folgende Aufgaben wahr:

- die Vereinbarung von Grundsätzen für die Vergütung in der vertragsärztlichen beziehungsweise vertragszahnärztlichen Versorgung,
- den Abschluss von Vergütungsvereinbarungen für den stationären Sektor und die Weiterentwicklung des Systems der diagnoseorientierten Fallpauschalen,
- die Bedarfsplanung für Vertragsärztinnen und -ärzte,
- die Festsetzung der Festbeträge für Arzneimittel, Heil- und Hilfsmittel,
- die Vereinbarungen von Rahmenvorgaben für Verträge auf Landesebene,
- die Definition von Grundsätzen der Prävention und Rehabilitation,
- die Vertretung der Krankenkassen im Gemeinsamen Bundesausschuss,
- die Ausgestaltung des morbiditätsorientierten Risikostrukturausgleichs.

Darüber hinaus gibt es noch weitere freie Organisationen und Institutionen, wie z. B. den Verband der Privaten Krankenversicherung, die Medicproof GmbH, das Wissenschaftliche Institut der PKV, den Bundesverband Managed Care e. V. (BMC), den Marburger Bund, den Hartmannbund und den NAV-Virchow-Bund.

3.3.3 Individualakteure

Die Mitglieder der komparatistischen und freien Verbände sind die Individualakteure. Sie sind diejenigen, die Gesundheitsleistungen beziehungsweise -güter nachfragen, anbieten oder finanzieren. Das Spektrum der einzelwirtschaftlichen Akteure ist denkbar breit. Als grobe Kategorien können Leistungserbringende, Versicherungen und Versicherte beziehungsweise Patienten unterschieden werden.

Unter den Leistungserbringenden sind Ärzte und Pflegekräfte von besonderer Bedeutung. Die Beziehungen zwischen den Gesundheitsberufen sind durch eine ausgeprägte Dominanz der Ärzteschaft gekennzeichnet. Sie kommt zum Ausdruck im ärztlichen Definitions- und Behandlungsmonopol und der darauf gründenden Weisungsbefugnis von Ärzten, insbesondere gegenüber dem Pflegepersonal.

Im Krankenhaus sind Ärzte und Pflegekräfte überwiegend als Angestellte tätig. Als abhängig Beschäftigte haben sie dabei durchaus eigenständige Interessen gegenüber ihrem
Arbeitgeber, dem Krankenhausträger. Demgegenüber sind Ärzte als Niedergelassene in
der Praxis selbst kleine Unternehmerinnen und Unternehmer. Ärzte spielen nicht nur in
der gesundheitlichen Versorgung eine herausgehobene Rolle, sondern haben auch einen
großen Einfluss auf die Gesundheitspolitik. Dieser gründet auf ihrer Schlüsselstellung im
Versorgungsprozess, auf ihrer Fähigkeit, durch den täglichen Kontakt mit dem Patienten
die öffentliche Meinung zu beeinflussen und auf ihren lobbyistischen Verbindungen mit
politischen Entscheidungsträgern.

Daneben sind auch andere Gruppen außerordentlich einflussreich. Hervorzuheben sind
insbesondere Arzneimittelhersteller, Krankenversicherungen und Krankenhauskonzerne. Der weltweit größte Pharmahersteller, der natürlich auch auf dem deutschen Markt
aktiv ist, war 2013 das amerikanische Unternehmen Pfizer Inc. mit einem Umsatz von
US-$ 51,6 Mrd. Die größten Hersteller aus Deutschland sind Boehringer Ingelheim Phar-
ma GmbH & Co. KG (14,69 Mrd. €, 2012), Bayer HealthCare AG (18,92 Mrd. €, 2013),
Merck KGaA (10,7 Mrd. €, 2013). Die größte gesetzliche Krankenkasse war im Jahr 2013
die Barmer GEK mit Erträgen in Höhe von 25,8 Mrd. €. Die größten Beitragseinnahmen bei den privaten Krankenversicherungen hatten die Debeka (9,6 Mrd. €, 2013), die
DKV Deutsche Krankenversicherung AG (4,84 Mrd. €, 2013), die Allianz (3,28 Mrd. €,
2013) und die Signal (2,77 Mrd. €, 2012). Die größten Krankenhauskonzerne sind die
Helios Kliniken GmbH (3,4 Mrd. €, 2013), Rhön-Klinikum AG (3,02 Mrd. €, 2013), As-
klepios Kliniken GmbH (2,84 Mrd. €, 2013) und Sana Kliniken AG (2,01 Mrd. €, 2013)
(Abb. 3.5).

3.4   Ausrichtung am Markt durch Corporate Identity

Nachdem aufgezeigt wurde, dass Bedürfnisse die Individuen antreiben, am Markt Güter nachzufragen und die einzelnen Stakeholder im Gesundheitsmarkt betrachtet wurden,
stellt sich nun die Frage, wie man gezielt möglichst effizient auf diese Gruppen einwirken
bzw. das Unternehmen an ihren Bedürfnissen ausrichten kann. Hierzu ist die Entwicklung
einer Corporate Identity im Unternehmen sehr hilfreich. Die **Corporate Identity** ist ein
strategisches Konzept im Rahmen der Kommunikationspolitik, das auf die Positionierung
einer Unternehmensidentität abzielt. Die Corporate Identity ist dabei die Gesamtheit der
Merkmale, die ein Unternehmen prägen und kennzeichnen und es von anderen Unternehmen unterscheiden. Sie bezeichnet dabei ein von innen nach außen heraustretendes Selbstverständnis des Unternehmens. Die Corporate Identity entwickelt sich u. a. auf Basis eines
sichtbar gelebten Wertesystem bzw. einer Unternehmenskultur. Sie ist nicht statisch, sondern ist als ein Prozess zu verstehen. Die Corporate Identity wird oft in weitere Bereiche
untergliedert. So finden sich z. B. als Teilbereiche Corporate Behavior, Corporate Communication, Corporate Culture, Corporate Design, Corporate Language und Corporate
Philosophy.

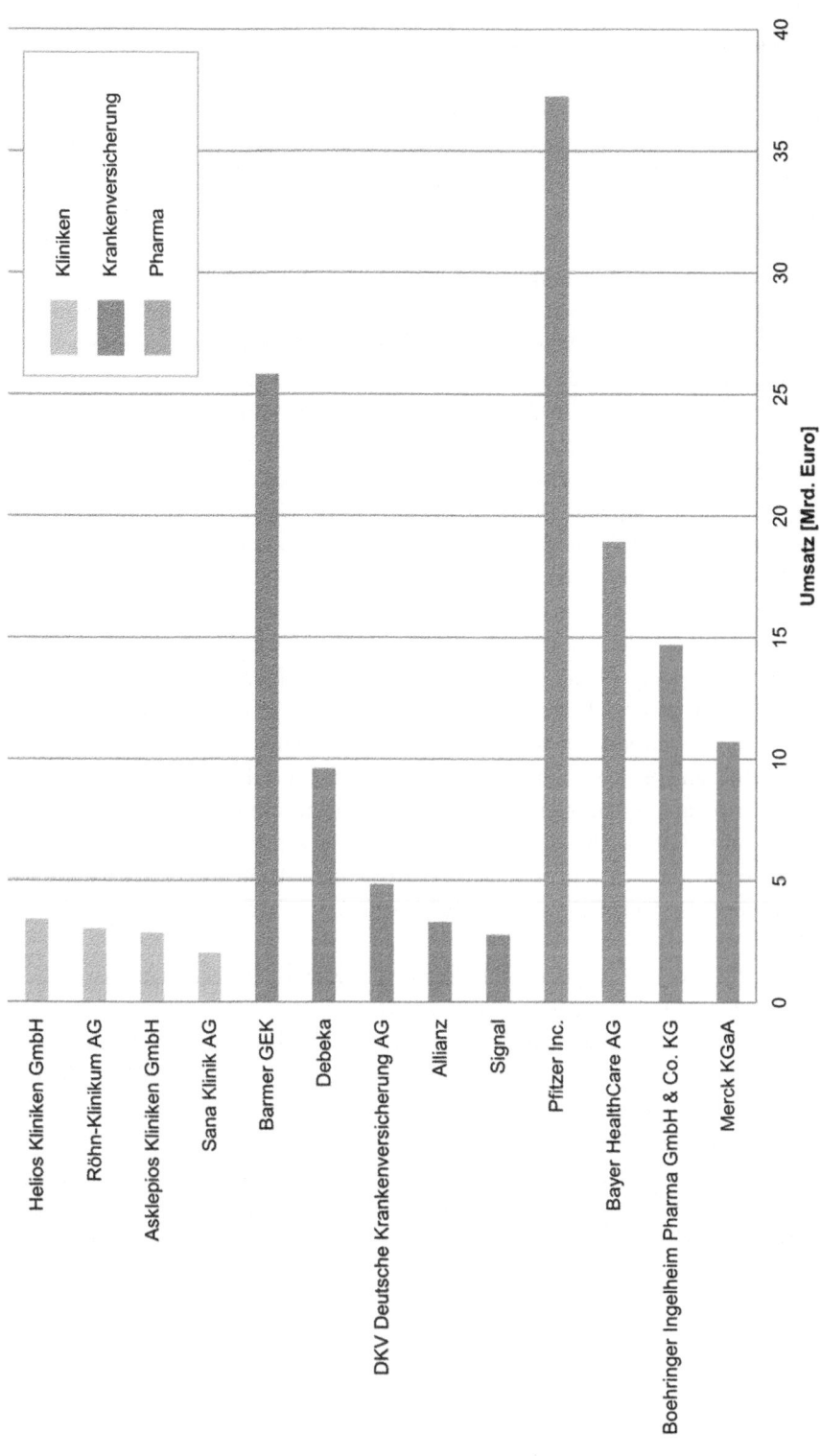

Abb. 3.5 Bedeutende Gesundheitsunternehmen nach Umsatz (2012/2013)

Corporate Behavior (CB) beschreibt das Verhalten gegenüber der Öffentlichkeit und den Stakeholdern – Patienten, Kunden, Lieferanten, Partnern und Mitarbeiter. Corporate Behavior zeigt sich unter anderem im monetären – finanziellen – Gebaren des Unternehmens, sowie in nicht monetären Verhaltensweisen, z. B. der Führung der Mitarbeiter, im realen Umgangston und in der Reaktion auf Kritik. Corporate Behavior ist die Beschreibung des Verhaltens eines Unternehmens von außen. Oft gibt es eine Diskrepanz zwischen der Eigensichtweise, den Leitlinien eines Unternehmens und den realen Handlungsweisen. **Corporate Communication** (CC) umfasst die gesamte Unternehmenskommunikation – sowohl nach innen als auch nach außen. Corporate Communication findet Anwendung bei Werbemaßnahmen, in der Öffentlichkeitsarbeit und bei unternehmensinterner Kommunikation. Durch sie soll ein einheitliches Erscheinungsbild vermittelt und das damit verbundene Image verstärkt werden. **Corporate Culture** beschreibt die Objekt- und Verhaltensebene des Unternehmens und bildet damit eine Konkretisierung der Unternehmensphilosophie. Unter **Corporate Design** (CD) wird die visuelle Identität des Unternehmens verstanden. Corporate Design findet u. a. bei der Gestaltung von Firmenzeichen, Unternehmenslogos und Firmensignets, Arbeitskleidung, Briefbögen, Visitenkarten, Onlineauftritten, der **Corporate Architecture** der Betriebsgebäude und der Farbgebung Anwendung. Das Corporate Design erfährt zunehmend eine Ausweitung auf weitere sinnlich wahrnehmbare Merkmale, wie dem akustischen Auftritt – man spricht hier von Audio-Branding oder Corporate Sound. Häufig sind auch der olfaktorischen Auftritt (Corporate Smell) oder aber haptische Produktmerkmale von Bedeutung. Die **Corporate Language** (CL) bezeichnet die gezielte Sprachebene, die im Unternehmen genutzt wird. So ist es in manchen Betrieben üblich, sich mit „Du" anzusprechen, in anderen Unternehmen ist dies unüblich oder sogar verpönt, hier bleibt man lieber beim förmlichen „Sie". Die **Corporate Philosophy** (CP) beinhaltet das Selbstverständnis des Unternehmensgründers und spiegelt seine ursprünglichen Intentionen wider. Sie bildet damit eine grundlegende Sinn- und Werteebene des Unternehmens mit Informationen zu Werten, Normen und Rollen (Abb. 3.6).

Der Begriff Corporate Image, der fälschlicherweise häufig in der Umgangssprache mit dem Begriff der Corporate Identity gleich gesetzt wird, ist von dieser klar zu unterscheiden. Das Corporate Image ist letztlich das Unternehmensbild (Unternehmensimage), wie es am Markt durch interne als auch externe Stakeholder, Patienten, Kunden, Lieferanten, Gläubiger etc. wahrgenommen wird. Es stellt das subjektive Bild des Unternehmens dar, das Dritte vom Unternehmen besitzen. Die Corporate Identity kann als Gesamtheit aller Bemühungen gesehen werden, um ein möglichst positives Corporate Image zu erzeugen.

Ausgangspunkt für die Entwicklung einer Corporate-Identity-Strategie bildet häufig das Unternehmensleitbild. Das Unternehmensleitbild soll Orientierungspunkt für alle Stakeholder bilden. Es soll die Vision, Mission und Werte des Unternehmens beinhalten.

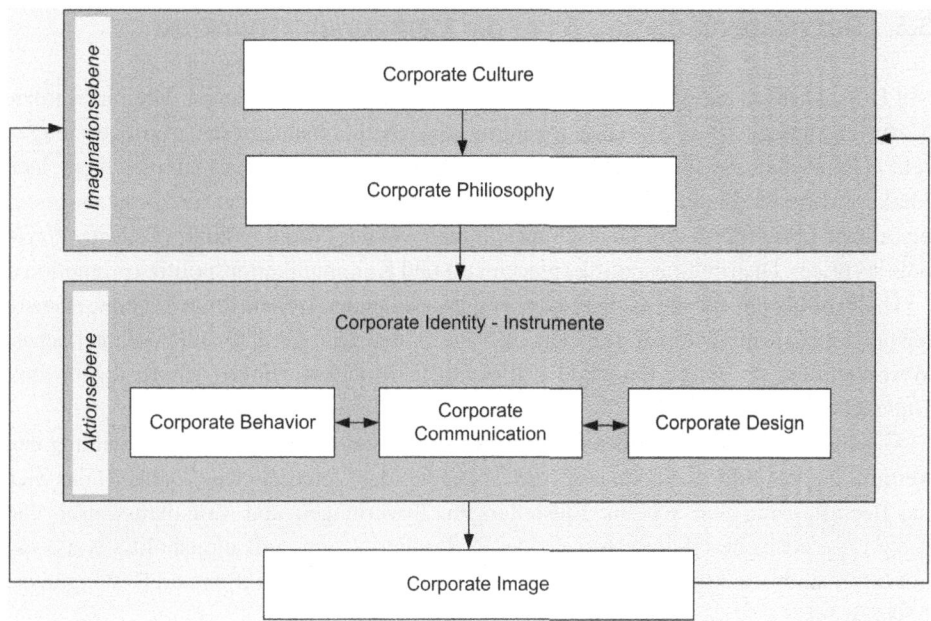

Abb. 3.6 Corporate Identity

Die Vision eines Unternehmens kann sich praktisch und zielführend durch folgende Fragen erschlossen werden:

• Was wollen wir erreichen?
• Wo stehen wir in der Zukunft?
• Wie sehen wir uns?

Welche Mission ein Unternehmen verfolgt, wird deutlich, wenn man folgende Fragen beantwortet:

• Wozu gibt es uns?
• Womit verdienen wir unser Geld?
• Was ist unsere Aufgabe?
• Wie wollen wir am Markt gesehen werden?

Die Werte des Unternehmens werden durch die Beantwortung folgender Fragen aufgedeckt:

• Worauf können sich alle Partner verlassen?
• Was prägt unser tägliches Handeln?
• Welche Grundlage bestimmt unseren Umgang?

3.5   Der richte Marketing-Mix – die Marketinginstrumente

Mit Hilfe der Marketinginstrumente wird der Marketing-Mix aufgebaut. Hiermit werden Marketingstrategien und Marketingpläne in konkrete Maßnahmen und Aktionen umgesetzt. Grundkenntnisse sind für das Management eines Unternehmens unverzichtbar. Der Markting-Mix wird häufig als die „vier Ps" bezeichnet. P steht dabei für „product, price, placement, promotion". Auf Deutsch spricht man von der Produktpolitik (product), Preispolitik (price), Distributionspolitik (placement) und Kommunikationspolitik (promotion).

Die **Produktpolitik** setzt sich mit der Frage auseinander, welche Produkte bzw. Dienstleistungen ein Unternehmen anbieten soll. Sie bilden den Kern der unternehmerischen Wertschöpfung ab. Ohne die Wahl des richtigen Produktportfolios ist der Erfolg des Unternehmens gefährdet.

Gegenstand der **Kommunikationspolitik** ist die planmäßige bewusste Gestaltung der Vermittlung von Informationen bzgl. des Angebotes des Unternehmens. Dabei ist das Ziel die Beeinflussung von Wissen, Einstellungen, Erwartungen und Verhaltensweisen der Zielgruppe oder eines Adressaten aus der Zielgruppe. Kommunikationspolitik weist somit Informationsfunktion, Aktualitätsfunktion, Beeinflussungsfunktion und Bestätigungsfunktion auf.

Die **Distributionspolitik** gestaltet innerhalb des Marketings alle Entscheidungen und Vertriebsaktivitäten auf dem Weg eines Produktes oder einer Dienstleistung vom Anbieter zum Kunden oder Anwender. Dabei unterscheidet man zwischen dem logistischen und dem akquisitorischen Vertrieb. Der logistische Vertrieb ist auf den Transport und die Lagerhaltung ausgerichtet. Beim akquisitorischen Vertrieb steht die Gestaltung der Vertriebsstrategie und des Vertriebsprozesses im Vordergrund.

Die **Preispolitik** verfolgt als Verkaufspreispolitik hauptsächlich das absatzpolitische Ziel, mit Hilfe der Verkaufspreisgestaltung Kaufanreize zu setzen. Ein wichtiges Entscheidungsproblem ist die Festlegung der Preisuntergrenze. Die Preisobergrenze dagegen wird durch die Nachfrage festgelegt. Sie liegt grundsätzlich dort, wo der vom Kunden wahrgenommene Preis mit seiner Wertschätzung des Produktes übereinstimmt.

Im Hinblick auf die Marketinginstrumente in der Gesundheitswirtschaft sind einige Besonderheiten zu berücksichtigen. So ist die Preispolitik in der Regel starken Einschränkungen unterlegen. Die Preisbildung für Heilbehandlungen ist nicht frei. Im der kassenärztlichen Versorgung bilden EBM und GOÄ oder UV-GOÄ Preisobergrenzen ab. Im stationären Bereich übernehmen die DRG diese Funktion. Diese Regelwerke führen letztlich dazu, dass die Preissetzung nur in geringem Maße durch das Unternehmen bestimmt werden kann (Abb. 3.7).

Ebenso verhält es sich z. B. in Bereichen der Kommunikationspolitik, während in vielen Branchen die Kommunikationspolitik nur an die Grenzen des UWG stößt. Gibt es gerade im Gesundheitswesen durch das Arztwerberecht entscheidende weitere Einschränkungen. Neben dem UWG sind hier die Heilmittelwerbegesetz (HWG) und die Berufsordnungen der Landesärztekammern bzw. Landeszahnärztekammern maßgeblich. Die Werbeeinschränkungen von Ärzten begründen die Berufsordnungen mit der Gewähr-

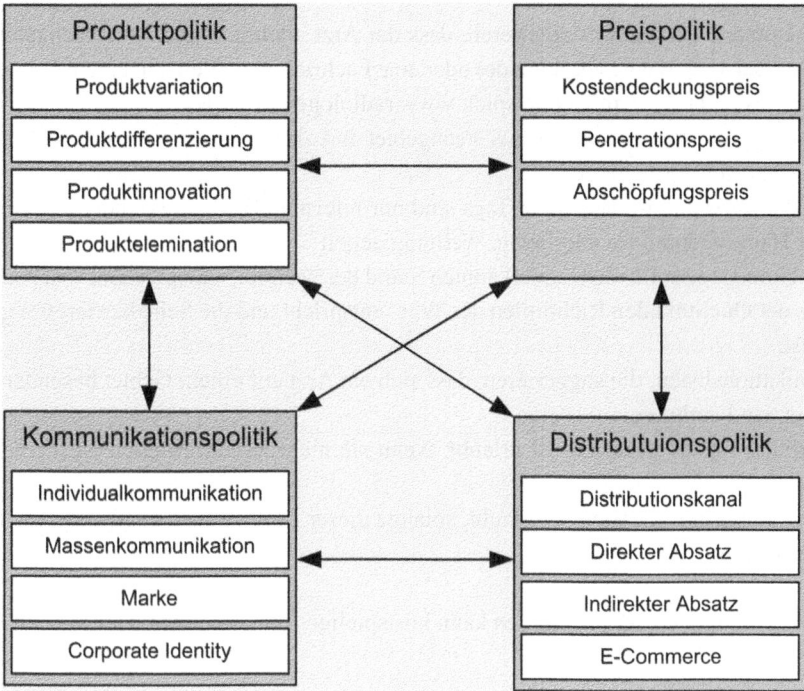

Abb. 3.7 Marketinginstrumente

leistung des Patientenschutzes durch sachgerechte und angemessene Information an sowie die Vermeidung einer dem Selbstverständnis des Arztes zuwiderlaufende Kommerzialisierung des Arztberufs.

Ärzte dürfen eine Internetpräsenz haben. Die Bundesärztekammer und die einzelnen Landesärztekammern haben unterschiedlich ausführliche Richtlinien dazu herausgegeben. Daneben müssen bei der Gestaltung der Homepage bzw. des Internetauftritts und des Impressums die Forderungen des Telemediengesetzes beachtet werden. Im Hinblick auf die Gestaltung des Internetauftritts einer Arztpraxis sind folgende Aspekte zu beachten:

- Die Aussagen müssen sachlich sein und sich auf die Erbringung ärztlicher Leistungen beziehen
- Organisatorische Informationen zur Praxis sind erlaubt: Lage, Öffnungszeiten, Parkmöglichkeit, Hinweise für Behinderte, Telefonnummer. Mailadresse und Faxnummer müssen sogar zwingend angegeben werden.
- Pflichtangaben sind unter anderem die Berufsbezeichnung, der Staat, in dem sie erworben wurde, die zuständige Aufsichtsbehörde, die bestehende Haftpflichtversicherung und deren räumlicher Geltungsbereich usw.
- Gästebücher und Foren sollten wegen der Möglichkeit von anpreisender Werbung nur eingeschränkt benutzt werden.

- Die Domäne darf nicht suggerieren, dass der Arzt allein ein gewisses Fachgebiet abdeckt (Beispiel: www.onkologe.de) oder eine Fachrichtung alleine in einem Ort vertritt, wenn das nicht der Fall ist (Beispiel: www.radiologe-berlin.de).
- Erlaubt sind Kombinationen aus Fachgebiet mit dem Namen des Arztes (Beispiel: www.hno-mustermann.de).
- Bei der Verwendung von Meta-Tags sind nur relevante Begriffe erlaubt, eine übermäßige Häufung kann als unerlaubte Werbung gelten
- Die Homepage sollte dem „anerkannten Stand der Technik" entsprechen, was bedeutet, dass der Quelltext den Richtlinien des W3C entspricht und die Seite barrierefrei gestaltet ist.
- Publikationslisten, die suggerieren, dass sich ein Arzt auf einem Gebiet besonders auskennt, sind verboten.
- Werbung für die Webseite ist erlaubt, wenn sie nicht zu aufdringlich ist (keine Popups).
- Der Eintrag in Linklisten ist erlaubt, solange dieser Eintrag auch allen anderen Ärzten offensteht.

Eine Missachtung dieser Richtlinien kann kostspielige Abmahnungen nach sich ziehen.

3.6   SWOT-Analyse: Sich und den Markt erkennen

Ein guter Ausgangspunkt, um Marketingkonzepte zu entwickeln, ist die SWOT-Analyse. In dieser Analyse werden die Stärken (Strength), Schwächen (Weaknesses), Chancen (Opportunities) und Risiken (Threats) eines Unternehmens analysiert. Es ist ein Instrument im Rahmen der strategischen Unternehmensplanung. Die SWOT-Analyse bildet zwei Perspektiven auf das Geschäftsmodell, eine interne und eine externe Perspektive (Abb. 3.8). In der **internen Perspektive** werden die Stärken und Schwächen des Geschäftsmodells untersucht. Diese Perspektive ist also in das Unternehmen gerichtet – nach innen zentriert. Die **externe Perspektive** untersucht, welchen Chancen und Risiken ein Unternehmen ausgesetzt ist. Hier wird also der Blick auf den Markt gerichtet. Im Rahmen einer solchen Analyse ist es wichtig, Chancen nicht mit Stärken und Risiken nicht mit Schwächen zu verwechseln. Konkrete Fragestellungen, über die sich u. a. in Gesundheitsbetrieben eine SWOT-Analyse durchführen lässt, sind:

1. Welche Chancen und Risiken bietet der Gesundheitsmarkt heute und in Zukunft?
2. Welche Stärken und Schwächen haben die Kollegen und welche Chancen ergeben sich hieraus für unser Unternehmen?
3. Welche Stärken oder Schwächen haben wir bei selbstkritischer Betrachtung?
4. Wie treu sind unsere Kunden, Patienten und Mitarbeiter - wie stark ist unsere Bindung zu diesen Stakeholdern?
5. Wie treu sind die Kunden, Patienten und Mitarbeiter der Konkurrenzunternehmen?

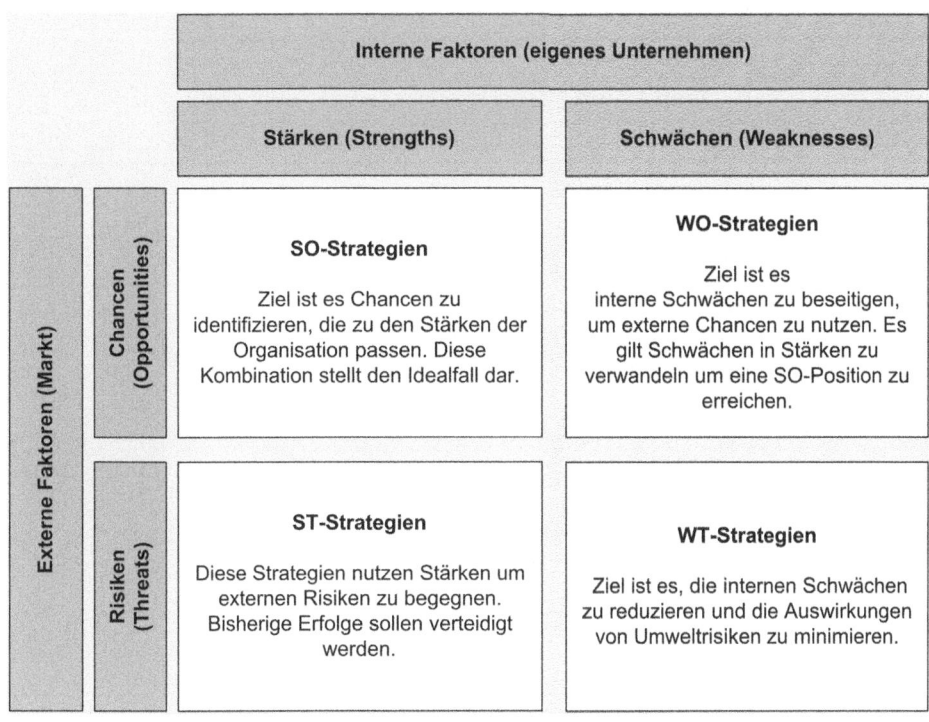

Abb. 3.8 SWOT – Analyse

6. Welche Stärken sollten wir weiter ausbauen? Wo liegen unsere größten Prioritäten? Was sind unsere Kernkompetenzen?
7. An welchen unserer Schwächen müssen wir arbeiten, um die Chancen des Marktes zu nutzen?
8. Auf welche Aktivitäten sollten wir in Zukunft wegen zu hoher Risiken verzichten?

Weiterführende Literatur

1. Beske, F., & Halluaer, J. F. (2001). *Das Gesundheitswesen in Deutschland. Struktur – Leistung – Weiterentwicklung.* Köln: Deutscher Ärzte-Verlag.
2. Birkner, B. (2008). *Sozial- und Gesundheitswesen.* Stuttgart: Verlag, W. Kohlhammer.
3. Hajen, L., Paetow, H., & Schumacher, H. (2009). *Gesundheitsökonomie. Strukturen – Methoden – Praxisbeispiele.* Stuttgart: Verlag W. Kohlhammer.
4. Bruhn, M. (2012). *Marketing, Grundlagen für Studium und Praxis* (11. Aufl.). Wiesbaden: Springer.
5. Bruhn, M. (2011). *Marketing für Nonprofit-Organisationen, Grundlagen – Konzepte – Instrumente* (2. Aufl.). Wiesbaden: Springer.

Grundlagen des Rechnungswesens

Unternehmen müssen Investoren, Teilhabern und auch Fremdkapitalgebern, wie Banken und Lieferanten in gewissen Rahmen Auskunft über die Geschäftsentwicklung gegeben. Diese Stakeholder sind oft Gläubiger und genießen als solche einen besonderen Schutz. Je nach Unternehmen und Rechtsform kann man gezwungen sein, Bilanzen im Bundesanzeiger zu veröffentlichen. Finanzämter benötigen Jahresabschlüsse im Zuge der steuerlichen Veranlagung. Der Unternehmer selbst braucht für eigene Zwecke eine Übersicht über die offenen Posten, kurzfristige Zahlungsverpflichtungen und kurzfristig realisierbare Forderungen. Das Rechnungswesen dient der Erfüllung dieser Aufgaben. Daher ist es für Manager unabdingbar sich mit den Grundlagen des Rechnungswesens auseinanderzusetzen.

4.1 Definition Rechnungswesen

Unter Rechnungswesen wird ganz allgemein die zahlenmäßige Abbildung der betrieblichen Vorgänge verstanden. Dieser Ansatz hat das Rechnungswesen ab 1937 stark geprägt. Er geht auf das Reichwirtschaftsministerium zurück.

Etwas genauer definiert ist **Rechnungswesen** ein Teilgebiet der Betriebswirtschaftslehre und dient der systematischen Erfassung, Überwachung und informatorischen Verdichtung der durch den betrieblichen Leistungsprozess entstehenden Geld- und Leistungsströme.

Allein ein Blick auf diese beiden Definitionsansätze zeigt, dass fast jeder betriebliche Vorgang unter den Gesichtspunkten des Rechnungswesens erfasst werden kann. In Praxen, Kliniken, Pflegeeinrichtungen laufen täglich eine unüberschaubare Vielzahl geschäftlicher Vorgänge und Prozesse ab. Patienten werden behandelt und gepflegt. Die Mitarbeiter wenden hierzu Arbeitszeit auf. Es werden verschiedenste Materialien, wie z. B. Medikamente, Verbandsmaterial, Desinfektionsmittel usw. eingesetzt. Untersuchungen

© Springer Fachmedien Wiesbaden 2016
A. Ampofo, *Betriebswirtschaftliche Grundlagen für Mediziner
und medizinisches Fachpersonal*, DOI 10.1007/978-3-658-10470-2_4

und Operationen werden mit Geräten durchgeführt. Diese müssen angeschafft werden. Der Betrieb eines Gerätes verursacht eine gewisse Abnutzung bzw. ein Verschleiß desselbigen. Irgendwann muss das Gerät erneuert oder repariert werden. Die Betriebsführung – das Management – muss darauf achten, dass zu jedem Zeitpunkt ausreichend finanzielle (liquide) Mittel vorhanden sind, um den Geschäftsbetrieb am Laufen zu halten. Hierzu sind Planungen notwendig. Dieses Ziel wird das Management auch nur dann erreichen, wenn das Unternehmen Gewinn erwirtschaftet. Erzielt der Geschäftsbetrieb über einen gewissen Zeitraum Verluste, so wird das Unternehmen irgendwann aus dem Markt ausscheiden. Gewinnerzielung und Liquiditätssicherung sind grundlegende Zielsetzungen, die jedes Unternehmen, ganz gleich welcher Branche es angehört, verwirklichen muss. Nur dies garantiert langfristig das Überleben des Unternehmens. Jede Unternehmung muss deshalb darauf abzielen, ihr Unternehmenspotential zu erhalten. All diese Vorgänge besitzen die Eigenschaft, dass man sie betriebswirtschaftlich in Zahlen abbilden kann. Verbräuche und Leistungen werden dokumentiert, Informationen damit persistent verfügbar gemacht. Sie können als Grundlage zur Planung herangezogen werden.

Diese sehr weiten Inhalte und Aufgaben des Rechnungswesens legen es nahe, den Begriff weiter zu strukturieren. Hierzu muss man sich mit den Funktionen und den Adressaten des Rechnungswesens auseinandersetzten.

4.2   Funktionen des Rechnungswesens

Wirft man einen genauen Blick auf Vorgänge des Rechnungswesens, so fällt auf, dass diese einerseits auf die Unterstützung innerbetrieblicher Vorgänge gerichtet sein können, andererseits aber auch Vorgänge darauf abzielen, einen außerhalb des Unternehmen stehenden Personenkreisen Informationen zu liefern.

Der Teil des Rechnungswesens, der darauf abzielt, das Management mit Informationen über betriebliche Prozesse zu versorgen, damit es gezielt das Unternehmen planen, steuern und kontrollieren kann, wird als **internes Rechnungswesen** bezeichnet. Adressat des internen Rechnungswesens ist nicht jeder Mitarbeiter, sondern nur die Personengruppen im Unternehmen, die den Betrieb führen oder Teilbereiche verantwortlich leiten. Adressaten des internen Rechnungswesens sind somit die Betriebsführung, Geschäftsführer, Prokuristen oder die Abteilungsleitung – im allgemeinen Manager. Zu dem Bereich des internen Rechnungswesens zählen die Kosten- und Leistungsrechnung und die Kalkulation.

Sobald ein Unternehmen eine bestimmte Größe übersteigt, ist es der Geschäftsleitung nicht mehr möglich, alle Auswirkungen der Geschäftsvorfälle am Ort des Geschehens unmittelbar zu kontrollieren. Die **Kosten- und Leistungsrechnung** erleichtert die **Betriebskontrolle**. Die Geschäftsleitung greift auf die Daten und Informationen aus dem Controlling zu. Dabei kann sie erkennen, ob z. B. die Kosten in einer Abteilung gestiegen sind, oder die Umsätze bei einer bestimmten Dienstleistung oder einem Produkt nicht den Erwartungen entsprechen. Das Management kann so die Ursachen ergründen und z. B. Abweichungen zu den Planwerten ermitteln und ggf. erforderliche Maßnahmen ergreifen.

Die **Kalkulation** ermittelt die Herstellkosten bzw. Selbstkosten und die Verkaufspreise für die Produkte. Voraussetzung hierfür ist, dass alle Kosten des Unternehmens vorliegen. Im Gesundheitswesen ist es allerdings häufig so, dass die Preise der Gesundheitsleistungen durch zahlreiche Vergütungssysteme, wie z. B. DRGs, EBM und GoÄ mehr oder weniger fest vorgegeben sind. Der Gesundheitsbetrieb ist also aufgefordert, hauptsächlich seine Kosten gezielt zu steuern. Auf der Umsatzseite fehlen im Gesundheitsweisen oft diese Möglichkeiten. In der Buchführung wurden bereits Werteveränderungen im Betrieb erfasst, die Kalkulation kann hierauf zurückgreifen.

Im Normalfall ist Art und Umfang des internen Rechnungswesens in das Ermessen des Unternehmens gestellt, d. h. je nach den eigenen betrieblichen Bedürfnissen bzw. Anforderungen kann der Unternehmer bzw. das Management den Umfang des internen Rechnungswesens selbst bestimmen. Für Krankenhäuser und Pflegebetriebe gibt es jedoch Ausnahmen, sofern sie der Krankenhausbuchführungsverordnung (KHBV) oder der Pflegebuchführungsverordnung (PBV) unterliegen. Für diesen Fall kann es sein, dass gesetzlich zwingend eine Leistungs- und Kostenrechnung vorgesehen ist.

Der zweite Bereich des Rechnungswesens wird als **externes Rechnungswesen** bezeichnet. Die Bezeichnung leitet sich aus der Aufgabe dieses Teilgebietes ab, Externen – also außerhalb des Unternehmens stehenden Personen oder Gruppen – Informationen über die betriebliche Aktivität zu liefern. Hierbei ist entscheidend, dass das externe Rechnungswesen im Gegensatz zum internen Rechnungswesen immer auf einer gesetzlichen Grundlage basiert. Hier ist es gerade entscheidend, dass verbindliche Standards eingehalten werden, um die Vergleichbarkeit der gelieferten Daten und Informationen für Dritte sicherzustellen. Wesentliche rechtliche Grundlagen für diesen Aufgabenbereich bilden das Handelsgesetzbuch (HGB), die Abgabenordnung (AO), zahlreiche Steuergesetze (EStG, KStG, GewStG usw.) aber auch beispielsweise die Krankenhausbuchführungsverordnung (KHBV), die Abgrenzungsverordnung (AbgrV) und die Pflegebuchführungsverordnung (PBV).

Das externe Rechnungswesen zielt hauptsächlich auf eine periodengerechte **Vermögens- und Schuldenermittlung** sowie eine **Erfolgsermittlung** ab. Beides kann mithilfe der Buchführung erreicht werden, da sie alle Wertveränderungen erfasst. Allerdings sind der Zeitbezug der Erfolgsermittlung und der Vermögens- und Schuldenermittlung unterschiedlich. Die Vermögens- und Schuldenrechnung bezieht sich auf einen bestimmten Zeitpunkt, die Ergebnisermittlung auf einen bestimmten Zeitraum.

Das externe Rechnungswesen erfüllt eine **Legitimations- und Informationsfunktion** für verschiedenste Anspruchsgruppen (Stakeholder). Die Buchführung liefert die Grundlagen zur Steuerveranlagung durch die Finanzämter. Hier wird für die Berechnung bestimmter Steuern (z. B. Einkommensteuer, Umsatzsteuer, Gewerbesteuer) das Zahlenmaterial der Buchführung zugrunde gelegt. Banken können bei Kreditgewährungen durch die Vorlage bestimmter Zahlen der Buchführung ihr Risiko besser abschätzen. Die Kapitalgeber (z. B. Mitinhaber, Gläubiger) besitzen ein Recht auf Information. Dieses Recht kann mithilfe der Buchführungsergebnisse befriedigt werden. Die Mitarbeiter haben ein Recht auf Unterrichtung über die wirtschaftliche und soziale Lage ihres Unternehmens (§ 43 I, II

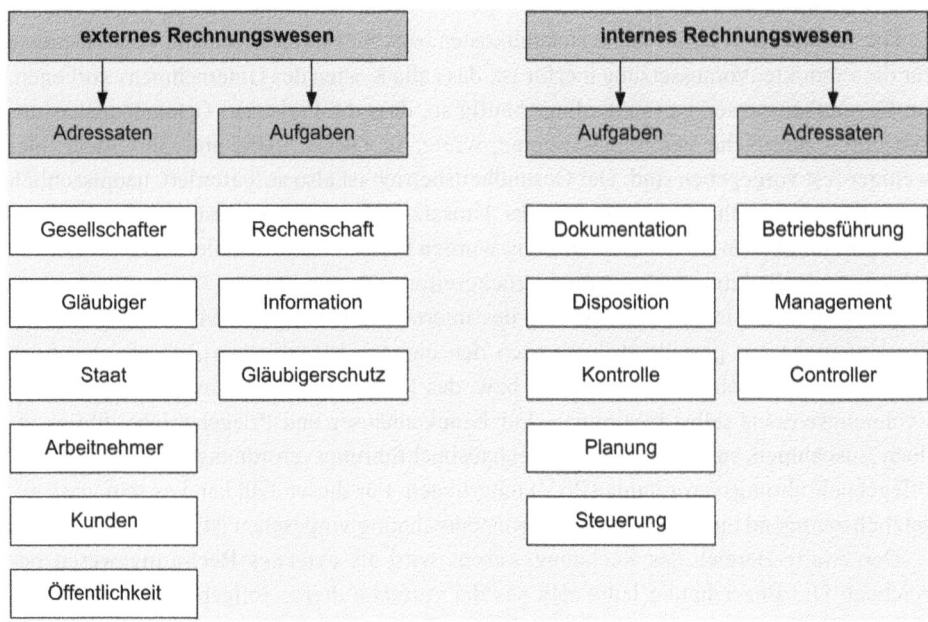

Abb. 4.1 Aufgaben und Adressaten des Rechnungswesens

BetrVG). Die Gerichte stellen bei Vermögensstreitigkeiten im Zweifel auf die Richtigkeit der Zahlen der Buchführung ab.

Externes und internes Rechnungswesen unterscheiden sich folglich hauptsächlich im Hinblick auf deren Adressaten und die zu verwirklichenden Aufgaben (Abb. 4.1). Während der Adressat des internen Rechnungswesens die Betriebsführung bzw. das Management ist, hat das externe Rechnungswesen zahlreiche Adressaten. Es sind insbesondere der Staat – insbesondere der Fiskus – Gläubiger, Mitarbeiter und die Öffentlichkeit zu nennen. Das interne Rechnungswesen zielt in erster Linie darauf ab, für den Geschäftsbetrieb wesentliche Informationen für den Unternehmer bereitzustellen. Er erhält damit die Möglichkeit seinen Betrieb zukunftsgerichtet zu führen. Das externe Rechnungswesen erfüllt die Funktion Dritten, als externen Personengruppen, Informationen über die Führung des Unternehmen zu liefern.

4.3   Teilgebiete des Rechnungswesens

Das externe Rechnungswesen umfasst hauptsächlich die **Finanzbuchhaltung** und wird häufig auch **Financial Accounting** bezeichnet. Die Finanzbuchhaltung umfasst die Buchführung, in der fortlaufend die Geschäftsvorfälle nach einer bestimmten Systematik erfasst werden. Da die Buchführung allerdings nur reale Vorgänge abbildet und in der Regel der Buchhalter keine Überprüfung der faktischen Richtigkeit der Angaben auf den Belegen durchführen kann, ist von Zeit zur Zeit die tatsächliche Bestandsaufnahme von

Vermögenswerten und Schulden notwendig. Dieser Vorgang wird als Inventur bezeichnet. Der tatsächliche Bestand an Vermögenswerten und Schulden in einem Unternehmen bildet das Inventar. Auf Grundlage der Buchführung erstellen Unternehmen am Ende des Geschäftsjahres einen Jahresabschluss, der u. a. die Bilanz und Gewinn- und Verlustrechnung enthält. Konzerne müssen die Einzelabschlüsse aller Konzernunternehmen (Mutter- und Tochtergesellschaften) in einem Konzernabschluss zusammenfassen. Im Bereich von Personengesellschaften kann zur adäquaten Abbildung steuerrelevanter Sachverhalte das Erstellen von Sonderbilanzen notwendig sein. Während Buchführung, das Aufstellen des Inventars und das Erstellen des Jahresabschlusses in jedem Unternehmen erfolgt, das die doppelte Buchführung betreibt, sind Konzernabschlüsse und Sonderbilanzen lediglich in einem speziellen Kontext notwendig.

Der zentrale Bestandteil des internen Rechnungswesens ist die Kosten- und Leistungsrechnung. Das interne Rechnungswesen wird als **Management Accounting** bezeichnet. Die Kostenrechnung kann in vier wesentliche Bestandteile untergliedert werden: die Kostenarten-, Kostenstellen-, Prozesskosten- und Kostenträgerrechnung. Ziel dieser Unterteilung ist es hier möglichst zeit- und kostensparend die Kosten der Dienstleistung oder Produkte des Gesundheitsbetriebes zu kalkulieren, hierbei sollen über die Zwischenschritte der Kostenstellen- und Prozesskostenrechnung die Kosten möglichst verursachungsgerecht zugeordnet werden.

Um einen möglichst effizienten Ablauf des Rechnungswesens zu gewährleisten, sind externes Rechnungswesen – im Wesentlichen die Finanzbuchhaltung – und das interne Rechnungswesen – im Wesentlichen die Kosten- und Leistungsrechnung – miteinander verzahnt (Abb. 4.2). Zunächst werden in der Finanzbuchhaltung Aufwand und Erträge er-

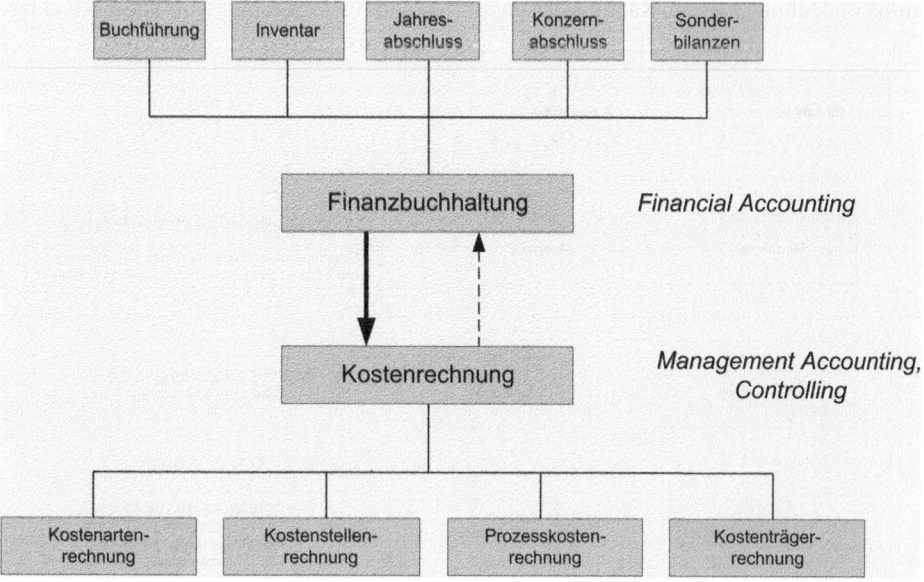

Abb. 4.2 Grobgliederung Rechnungswesen

fasst. Diese Datengrundlage dient als Ausgangsbasis der Kosten- und Leistungsrechnung zur Ermittlung der Leistungen und Kosten.

4.4 Grundbegriffe des Rechnungswesens

Bevor man sich eingehender mit der Systematik des Rechnungswesens beschäftigt, ist die Kenntnis einiger Grundbegriffe unentbehrlich. Damit man verlässlich über die betrieblichen Vorgänge kommunizieren kann und die zahlenmäßige Abbildung betriebliche Vorgänge vergleichbar wird, haben sich im Rechnungswesen bestimmte Systematiken und Terminologien entwickelt. Die dort verwendeten Begrifflichkeiten weichen oft von unserem alltäglichen Verständnis ab. So wird landläufig bereits der einfache Begriff der „Auszahlung" mit dem der „Ausgabe" verwechselt. Für Personen, die im Bereich des Rechnungswesen selbst oder in angrenzenden Gebieten wie dem Abrechnungs- und Praxismanagement tätig sind, ist es besonders im Austausch mit Kollegen, Buchhaltern, Steuerberatern und Wirtschaftsprüfern wichtig, sattelfest in den Grundbegrifflichkeiten zu sein und die grundlegenden Zusammenhänge zu verstehen.

Die Kenntnis der Begriffspaare Einzahlung und Auszahlung, Einnahmen und Ausgabe, Ertrag und Aufwand sowie Leistung und Kosten gehört zu dem Fundament des Rechnungswesens (Abb. 4.3). Im Rechnungswesen ist man konfrontiert mit der Einnahme-Überschussrechnung (einfachen Buchführung), der Bilanz und der Gewinn- und Verlustrechnung (doppelten Buchführung) und diversen Kostenrechnungssystemen. All diese Systeme bauen auf dem Verständnis dieser Grundbegriffe auf. Aber auch noch über das Rechnungswesen hinaus besitzt die Kenntnis der Begriffe im Rahmen der Betriebswirtschaftslehre große Bedeutung, z. B. im Rahmen der Investition und Finanzierung. Beim Vergleich unter-

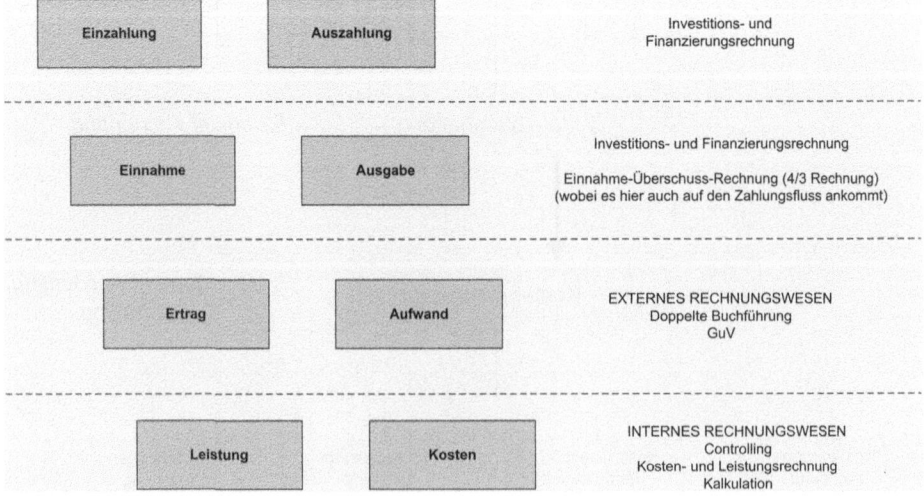

Abb. 4.3 Grundbegriffe des Rechnungswesens

schiedlicher Finanzierungsalternativen werden Bar- oder Kapitalwerte von Einzahlungen bzw. Auszahlungsreihen berechnet und auf Basis der Werte Entscheidungen getroffen.

Nachfolgend werden die einzelnen Begriffspaare untersucht und abgegrenzt. Zuerst betrachtet man den Zugang und Abgang liquider Mittel. Einzahlung und Auszahlungen sind wie folgt definiert:

▶ Eine **Einzahlung** ist der Zugang liquider Mittel. Sie führt zu einer Erhöhung des Zahlungsmittelbestandes.

▶ Eine **Auszahlung** ist der Abgang liquider Mittel. Der Zahlungsmittelbestand wird durch sie verringert.

Mit den Begriffen ist man in der Regel allgemein vertraut. Liquide Mittel stellen Zahlungsmittel dar. Es handelt sich hierbei meistens um Giralgeld (Sichtguthaben) oder Bargeld.

Die Bezahlung, z. B. die eingekauften Verbandsmaterialien per Überweisung vom Geschäftsgirokonto oder der Einkauf von Büromaterial gegen Barzahlung, stellen Auszahlungen dar. Die Liquidation der Rechnung eines Privatpatienten durch Überweisung auf das Girokonto einer Praxis stellt eine Einzahlung dar. Auch die noch bis vor kurzem bar eingezahlten Praxisgebühren sind Einzahlungen. Einzahlungen und Auszahlungen als Strömungsgrößen bestimmen den Zahlungsmittelbestand, eine Bestandsgröße.

Auf der nächsten Ebene sind die Begriffe Einnahme und Ausgabe gegeneinander abzugrenzen. Die Begriffe knüpfen in ihrem Grundverständnis an die Warenbewegung an.

▶ **Einnahmen** stellen den Wert aller veräußerten Güter und Dienstleistungen in einer Periode dar. Ein oft synonym verwendeter Begriff ist Umsatz.

▶ Hingegen sind **Ausgaben** der Wert aller zugegangen Güter und Dienstleistungen in einer Periode. Hier wird auf den Beschaffungswert abgestellt.

Veräußert ein Unternehmen Güter oder Dienstleistungen, erlangt es eine Forderung oder es erhält hierfür sofort eine Einzahlung. Einnahmen führen also zu einer Erhöhung des Geldvermögens. Werden Ausgaben in einem Unternehmen getätigt, so gehen dem Unternehmen regelmäßig Güter- oder Dienstleistungen zu. Hierdurch wird das Geldvermögen des Unternehmens belastet. Die erhaltenen Güter- oder Dienstleistungen werden gleich bezahlt, d. h. es findet eine Auszahlung statt oder es wird bei dem Vorgang eine Verbindlichkeit (Schuld) aufgebaut. Wird z. B. von einem Krankenhaus Verbandmaterial auf Rechnung bezogen, so liegt unabhängig von der Frage, ob sofort oder zu einem späteren Zeitpunkt die Rechnung bezahlt wird, eine Ausgabe vor. Die Begriffe Einnahme und Ausgabe bereiten beim Erlernen anfänglich häufig Schwierigkeiten, weil die Begriffe in der Umgangssprache häufig synonym mit den Begriffen Einzahlung und Auszahlung verwendet werden. Auch trägt die im Steuerrecht praktizierte Anwendung der Begriffe Einnahme und Ausgabe zur Verwirrung bei. Wird im Hinblick auf das EStG von Einnahmen und Ausgaben gesprochen, so wird häufig umgangssprachlich unterschlagen, dass es sich hierbei um zugeflossene Einnahmen (Einzahlungen) oder abgeflossene Ausgaben (Auszahlungen) handelt.

Auf der nächsten Stufe sind die Begriffe Ertrag und Aufwand gegeneinander abzugrenzen. Dies sind Begriffe, die im Bereich der doppelten Buchführung von essentieller Bedeutung sind. Erträge und Aufwendungen werden in der Gewinn- und Verlustrechnung gegenübergestellt. Die Erträge eines Unternehmens abzüglich der Aufwendungen ergeben das Ergebnis des Unternehmens in einer Periode. Beide Begriffe sind also wesentlicher Bestandteil im Rahmen der Erfolgsermittlung. Ertrag und Aufwand lassen sich wie folgt definieren:

▶ Der **Ertrag** ist der Wert aller erbrachten Güter und Dienstleistungen in einer Periode, der aufgrund gesetzlicher Bestimmungen in der Finanzbuchhaltung verrechnet wird.

▶ Als **Aufwand** bezeichnet man den Wert aller verbrauchten Güter und Dienstleistungen in einer Periode, der aufgrund gesetzlicher Bestimmungen in der Finanzbuchhaltung verrechnet wird.

Zentraler Aspekt im Hinblick auf die beiden Begriffe ist der Wertverzehr bzw. der Wertzuwachs. Wertverzehr führt zu Aufwand; Wertzuwachs führt zu einem Ertrag. Immer dann, wenn durch Vorgänge ein Wertzuwachs oder Wertverzehr (Verbrauch, Abnutzung, Verschleiß etc.) entsteht, muss das Vorliegen eines Ertrages bzw. Aufwandes geprüft werden. Das Vorliegen eines Wertverzehrs oder Wertzuwachses allein ist jedoch noch nicht ausreichend, um einen Ertrag oder eine Aufwand zu bejahen. Wichtig ist ferner, dass dieser auch nach handelsrechtlichen und steuerrechtlichen Gesichtspunkten anerkannt ist.

Während die Begriffe Ertrag und Aufwand zentrale Begriffe aus Sicht des externen Rechnungswesens sind, spielen diese Begriffe im Rahmen des internen Rechnungswesens keine Rolle. Auf Ebene des internen Rechnungswesens werden die Begriffe Leistung bzw. Erlös und Kosten verwendet. Diese Begriffe sind wie folgt definiert:

▶ Als **Leistung bzw. Erlös** wird der Wert aller im Rahmen der eigentlichen betrieblichen Tätigkeit erbrachten Güter und Dienstleistungen in einer Periode angesehen.

▶ **Kosten** sind hingegen der Wert aller im Rahmen der eigentlichen betrieblichen Tätigkeit verbrauchten Güter und Dienstleistungen einer Periode.

Wie man leicht erkennt, ist der Unterschied zu dem Begriffspaar „Ertrag und Aufwand" nicht so groß. Sowohl „Erträge und Aufwendungen" als auch „Leistungen und Kosten" stellen auf die Begriffe Wertzuwachs bzw. Wertverzehr ab. Der einzige Unterschied zwischen den Ebenen „Ertrag und Aufwand" auf der einen Seite und „Leistung und Kosten" auf der anderen Seite ist die Perspektive. Während man bei „Erträgen und Aufwendungen" danach fragt, ob die Wertveränderungen handels- bzw. steuerrechtlich anerkannt ist, wird auf der Ebene „Leistung und Kosten" nur danach gefragt, ob der Wertverzehr bzw. Wertzuwachs sachzielbezogen ist, d. h. mit dem Betriebszweck im Einklang steht. Die Begriffe „Leistung und Kosten" sind Begriffe, die in den Bereich des internen Rechnungswesens fallen. Auf dieser Ebene möchte man Informationen erhalten, die eine steuernde, planerische und kontrollierende Betriebsführung ermöglichen.

4.5 Externes Rechnungswesen

Das Unternehmen führt unterschiedlichste Aufzeichnungen über seinen Geschäftsbetrieb. Eine der wichtigsten Dokumentationen in diesem Zusammenhang ist die Buchführung. Die Buchführung bietet ihm die Möglichkeit, den Geschäftsbetrieb im Wesentlichen abzubilden. Hierbei werden mit der Buchführung gleichzeitig mehrere Ziele verwirklicht. Die doppelte Buchführung ermöglicht dem Unternehmen eine genaue Abbildung über sein Vermögen und seine Schulden. Die Buchführung dient der Erfolgsermittlung, d. h. sie gibt über den Gewinn bzw. Verlust eines Unternehmens Auskunft. Nicht zuletzt bildet die Buchführung die Grundlage für unternehmensinterne Entscheidungen und Steuerungsprozesse. Ohne sie als Basis ist die Einrichtung des internen Rechnungswesens kaum möglich. Die Hauptfunktion besteht darin, gegenüber gewissen Personen, Institutionen bzw. Stakeholdern Rechenschaft abzulegen.

4.5.1 Buchführungspflicht

Buchführung kann definiert werden als die in Zahlenwerten vorgenommene, lückenlose, zeitliche und sachlich geordnete Aufzeichnung aller Geschäftsvorgänge in einer Unternehmung aufgrund von Belegen. Sie ist das zahlenmäßige Spiegelbild einer Unternehmung und wichtige Informationsquelle für den Unternehmer. Sie dient außerdem dazu, den gesetzlich fixierten Informationsanforderungen anderer Anspruchsgruppen (Stakeholdern) nachzukommen.

Ob sich für ein Unternehmen des Gesundheitswesens eine Buchführungspflicht ergibt, hängt im Wesentlichen von handels- und steuerrechtlichen Vorschriften ab. Für Kaufleute ergibt sich die Pflicht zur doppelten Buchführung aus § 238 HGB. Wer als Kaufmann gilt, wird in den §§ 1–7 HGB geregelt. Hierunter fallen regelmäßig Einzelkaufleute, Personenhandelsgesellschaften, wie die OHG, KG und die GmbH & Co. KG, aber auch die Kapitalgesellschaften, wie z. B. die AG und die GmbH. Es zeigt sich also, dass die handelsrechtliche Buchführungspflicht maßgeblich von der Rechtsform abhängt. Freiberufler, zu denen auch selbständige Ärzte gehören, sind keine Kaufleute und damit nicht zu einer doppelten Buchführung nach HGB verpflichtet. Sollten sich Freiberufler in einer GbR oder PartG zusammenschließen, so obliegt ihnen auch nicht die Verpflichtung zur doppelten Buchführung. Häufig wird allerdings die doppelte Buchführung freiwillig gewählt, da sie einen besseren Überblick über die Vermögens- und Ertragslage ermöglicht und auch eine transparentere Grundlage für die Gewinnverteilung bei Unternehmen mit mehreren Gesellschaftern liefert.

Neben der Doppelten Buchführungspflicht, die sich aus dem Handelsrecht ergibt, kann sich eine Buchführungspflicht auch aus dem Steuerrecht ergeben. Die Buchführungspflicht ist hier in den §§ 140, 141 AO geregelt. § 140 AO normiert die **derivate Buchführungspflicht**. Die Regelung heißt derivat, da die Buchführungspflicht hier aus anderen Gesetzen, wie z. B. dem HGB, abgeleitet wird. Ist ein Unternehmen zur Buchführung durch das HGB verpflichtet, so trifft es diese Verpflichtung auch nach dem Steuerrecht. Die Regelungen des § 141 AO werden auch als **originäre Buchführungspflicht** bezeichnet. Hier legt die Abgabenordnungen fest, dass bei Überschreiten gewisser Gewinn- bzw. Umsatzgrenzen Gewerbetreibende, sofern sie nicht der Buchführungspflicht nach § 140 AO unterliegen, sowie Land- und Forstwirte Bücher zu führen haben.

Damit die Buchführung als ordnungsgemäß anerkannt wird, sind die Grundsätze der ordnungsgemäßen Buchführung einzuhalten. Die Grundsätze werden aus dem HGB und dem Steuerrecht abgeleitet, sie sind jedoch nicht abschließend gesetzlich geregelt. Je nach Art ihrer Anwendung wird zwischen den Grundsätzen der ordnungsgemäßen Buchführung, den Grundsätzen der ordnungsgemäßen Inventur oder den Grundsätzen der ordnungsgemäßen Bilanzierung unterschieden. An dieser Stelle seien die wesentliche Grundsätzen der ordnungsgemäßen Buchführung und Bilanzierung aufgeführt. Auf die Grundsätze ordnungsgemäßer Inventur wird im Abschnitt zur Inventur eingegangen.

Folgende Grundsätze gehören zu den Grundsätzen der ordnungsgemäßen Buchführung:

- **Grundsatz der Übersichtlichkeit (Klarheit und Nachprüfbarkeit)**
  - Ein sachverständiger Dritter muss sich in der Buchführung in angemessener Zeit zurechtfinden und sich einen Überblick über die Geschäftsvorfälle und die Vermögenslage des Unternehmens verschaffen können (§ 238 HGB).
  - Änderungen müssen erkennbar sein (§ 239 HGB).
  - Es muss eine lebende Sprache verwendet werden (§ 239 HGB).
  - Der Jahresabschluss ist in deutscher Sprache und in Euro aufzustellen (§ 244 HGB).
  - Die vorgeschriebenen Aufbewahrungsfristen sind einzuhalten (§ 239 HGB).
- **Grundsatz der Vollständigkeit**
  - Alle erforderlichen Aufzeichnungen müssen vollständig, richtig, zeitgerecht und geordnet vorgenommen werden (§ 239 HGB).
  - Chronologische und zeitnahe Verbuchung.
- **Grundsatz der Richtigkeit**
  - Sachlich und rechnerisch richtige Aufzeichnung aller Geschäftsvorfälle (§ 239 HGB).
- **Belegprinzip**
  - Keine Buchung ohne Beleg! Jedem Geschäftsvorfall muss ein Beleg zugrunde liegen.

- Für Geschäftsvorfälle, für die keine Fremdbelege vorliegen, sind Eigenbelege zu erstellen.
- Belege müssen sachlich und rechnerisch richtig sein.
- Die Geschäftsvorfälle müssen sich in ihrer Entstehung und Abwicklung verfolgen lassen (§ 238 HGB).
- Die Ablage der Belege muss das schnelle Auffinden und die Rückverfolgung der Geschäftsvorfälle ermöglichen (von der Buchung zum Beleg, vom Beleg zur Buchung).
- Aufbewahrung (§ 257 HGB)
- **Grundsatz der Ordnungsmäßigkeit:** Chronologische und zeitnahe Verbuchung (§ 239 HGB).
- **Grundsatz der Sicherheit:** Es müssen organisatorische Maßnahmen zur Sicherung aller Aufzeichnungen und Unterlagen getroffen werden. Außerdem ist die Sicherheit vor jedwedem Verlust zu gewährleisten. Auch bei einem unverschuldeten Verlust von aufbewahrungspflichtigen Unterlagen verliert die Buchführung ihre Ordnungsmäßigkeit.

Zu den Grundsätzen der ordnungsgemäßen Bilanzierung zählen:

- **Grundsatz der Bilanzwahrheit**
  - Vollständigkeit des Jahresabschlusses nach § 246 HGB.
  - Bei der Bewertung sind die gültigen Vorschriften anzuwenden.
  - Es ist ein den tatsächlichen Verhältnissen entsprechendes Bild der Vermögens-, Finanz- und Ertragslage des Unternehmens zu vermitteln.
- **Grundsatz der Bilanzklarheit**
  - Der Jahresabschluss muss klar und übersichtlich sein (§ 243 HGB).
  - Verrechnungsverbot nach § 246 HGB: Posten der Aktivseite dürfen nicht mit Posten der Passivseite, Aufwendungen nicht mit Erträgen, Grundstücksrechte nicht mit Grundstückslasten verrechnet werden.
- **Grundsatz der Bilanzkontinuität**
  - Übereinstimmung der Eröffnungsbilanz eines Jahres mit der Schlussbilanz des Vorjahres (Bilanzidentität nach § 252 HGB)
  - Beibehaltung der Gliederung und Postenbezeichnung (Bilanz und GuV).
  - Bewertungskontinuität nach § 252 HGB: Die auf den vorhergehenden Jahresabschluss angewandten Bewertungsmethoden sollen beibehalten werden.
- **Prinzip der Vorsicht und des Gläubigerschutzes**
  - Grundsatz der Vorsicht nach § 252 HGB
  - Aus einer möglichen Bandbreite von Wertansätzen ist auf der Aktivseite eher der niedrigere und auf der Passivseite tendenziell der höhere Wert anzusetzen.
  - Nicht realisierte Gewinne sind nicht auszuweisen.
  - Nicht realisierte Verluste sind auszuweisen.

- **Grundsatz der periodengerechten Erfolgsermittlung**
  - Nach § 252 HGB sind Aufwendungen und Erträge des Geschäftsjahres unabhängig von den Zeitpunkten der entsprechenden Zahlungen im Jahresabschluss zu berücksichtigen.
  - Die damit notwendige zeitliche Abgrenzung dieser Posten führt in der Bilanz zu aktiven Rechnungsabgrenzungsposten und passiven Rechnungsabgrenzungsposten oder sonstigen Forderungen bzw. sonstigen Verbindlichkeiten.

Es gibt für den Bereich der elektronischen Buchführung gerade für den steuerrechtlichen Bereich zahlreiche neuere Vorschriften. Das Bundesministerium der Finanzen hat die Grundsätze zur ordnungsmäßigen Führung und Aufbewahrung von Büchern, Aufzeichnungen und Unterlagen in elektronischer Form sowie zum Datenzugriff (GoBD) veröffentlicht. Mit den GoBD kommt die Finanzverwaltung dem Ruf nach einer Modernisierung der GoBS und Zusammenführung von GoBS und GDPdU nach.

4.5.2 Einfache Buchführung

Unterliegt ein Unternehmen nicht der doppelten Buchführungspflicht, so wird es in der Regel die einfache Buchführung, auch **Einnahme-Überschussrechnung** genannt, durchführen. Es ist die klassische Gewinnermittlungsart der Freiberufler. § 18 EStG, nennt die wesentlichen Berufe, die zu den Freiberuflern i. S. d. Steuerrechts gezählt werden. Rechtsgrundlage für die Gewinnermittlung mittels Einnahmen-Überschussrechnung ist in Deutschland § 4 Abs. 3 des Einkommensteuergesetzes. Die Einnahmen-Überschussrechnung wird daher auch „4/3-Rechnung" genannt. § 4 Abs. 3 des Einkommensteuergesetzes legt fest, dass Steuerpflichtige ihren Gewinn als Überschuss der Betriebseinnahmen über die Betriebsausgaben ermitteln können, soweit sie nicht aufgrund gesetzlicher Vorschriften verpflichtet sind, Bücher zu führen und regelmäßig Abschlüsse zu machen. Ihren Einsatz findet die Einnahmeüberschussrechnung bei Kleingewerbetreibenden und in den freien Berufe. Die Freiberufler können die einfache Buchführung unabhängig von der Höhe des Gewinns oder des Umsatzes anwenden.

4.5.3 Doppelte Buchführung

Die doppelte Buchführung ist die in der Privatwirtschaft vorherrschende Art der Finanzbuchhaltung. Europa kennt die doppelte Buchführung nachweisbar spätestens seit 1494 durch ein von Luca Pacioli, einem italienischen Franziskanerpater, verfasstes Buch. Der Begriff „Doppelte Buchführung" kann damit begründet werden, dass jeder Geschäftsvorgang in zweifacher Weise erfasst wird. In einem Buchungssatz wird grundsätzlich „Soll an Haben" gebucht und damit jeder Geschäftsvorfall doppelt erfasst, jedoch auf verschiedenen Konten. Es wird zeitgleich jeweils genau der gleiche Wert im Soll und im Haben ge-

bucht. Andere sind der Auffassung der Begriff „Doppelte Buchführung" hätte seine Wur-
zeln darin, dass der Erfolg eines Unternehmens auf zweifache Art nachgewiesen werden
kann: durch den Vergleich des Eigenkapitals des aktuellen Jahres mit dem des Vorjahres
in der jeweiligen Bilanz und durch den Vergleich der Aufwendungen und Erträge des aktuellen Jahres in der Gewinn- und Verlustrechnung. Nach einer dritten weit verbreiteten
Auffassung wird der Begriff von den beiden Büchern abgeleitet, in denen jeder Geschäftsvorfall erfasst wird. Im Grundbuch (Journal) werden die Buchungen in zeitlicher Folge
festgehalten, im Hauptbuch erfolgt eine sachliche Zuordnung durch das Buchen bzw. Abbilden der Geschäftsvorfälle auf Konten.

4.5.3.1 Bilanz

Die Bilanz wird in der Kontenform aufgestellt. Dabei stehen auf der linken Seite die Aktiva. Die Aktiva umfassen alle Vermögenswerte des Unternehmens. Sie geben letztlich
darüber Auskunft, wie das Unternehmen seine Mittel verwendet hat – in welche Vermögenswerte das Unternehmen seine Mittel investiert hat. Die Aktiva untergliedern sich in
zwei große Gruppen, das Anlagevermögen und das Umlaufvermögen.

Zum Anlagevermögen gehören Vermögensgegenstände, die dazu bestimmt sind dem
Betrieb dauernd zu dienen (§ 247 Abs. 2 HGB). Hierzu gehören folgende Vermögensgegenstände:

- Immaterielle Vermögensgegenstände
- Sachanlagevermögen
- Finanzanlagevermögen

Im Umlaufvermögen befinden sich alle Vermögensgegenstände, die nicht dazu bestimmt
sind dem Betrieb dauernd zu dienen. Es sind Vermögensgegenstände, die in der Regel umgesetzt werden. Zum Umlaufvermögen gehören:

- Vorräte
- Forderungen und sonstige Vermögensgegenstände
- Wertpapiere
- Kassenbestand, Bundesbankguthaben, Guthaben bei Kreditinstituten und Schecks

Das maßgebliche Ordnungskriterium auf der Seite der Aktiva ist die Liquidität. Oben auf
der Seite der Aktiva stehen Positionen, die schwer zu liquidieren sind, wie z. B. immaterielle Vermögensgegenstände. Unten im Umlaufvermögen finden sich Vermögensgegenstände, die schnell verkauft und damit zu Geld gemacht werden können, beispielsweise
Warenbestände und Vorräte oder solche, die bereits liquide sind, wie z. B. Bank und Kasse.

Auf der rechten Seite der Bilanz sind die Passiva dargestellt. Auf dieser Seite wird das
Kapital ausgewiesen. Das Kapital untergliedert sich in drei große Teilbereiche: Eigenka-
pital, Rückstellungen und Verbindlichkeiten, wobei die beiden letzteren auch häufig als
Fremdkapital zusammengefasst werden.

Das **Eigenkapital** umfasst die Positionen:

*   Gezeichnetes Kapital
*   Kapitalrücklage
*   Gewinnrücklagen
*   Gewinnvortrag/Verlustvortrag
*   Jahresüberschuss/Jahresfehlbetrag

Rückstellungen können als Verbindlichkeiten angesehen werden, die hinsichtlich ihres Bestehens oder der Höhe ungewiss sind, aber mit hinreichend großer Wahrscheinlichkeit erwartet werden. Der Begriff der Rückstellungen darf keinesfalls mit dem Begriff der Rücklagen verwechselt werden. Rücklagen sind Bestandteil des Eigenkapitals. Die Rückstellungen umfassen:

*   Rückstellungen für Pensionen und ähnliche Verpflichtungen
*   Steuerrückstellungen
*   Sonstige Rückstellungen.

Die sonstigen Rückstellungen können weiter unterteilt werden in:

*   Drohverlustrückstellungen nach § 249 Abs. 1 HGB: Ein Verlust aus einem schwebenden Geschäft droht immer dann, wenn Erträge und Aufwendungen aus demselben noch nicht abgewickelten Geschäft sich nicht ausgleichen, sondern per Saldo ein Verpflichtungsüberschuss besteht.
*   Kulanzrückstellungen zielen auf die Behebung von Mängeln an eigenen Lieferungen und Leistungen vor dem Bilanzstichtag ab, wobei sich das Unternehmen auch ohne rechtliche Verpflichtung nicht entziehen kann oder will.
*   Rückstellungen für Garantieverpflichtungen sollen das Risiko künftigen Aufwands durch kostenlose Nacharbeiten oder durch Ersatzlieferungen oder aus Minderungen oder Schadenersatzleistungen wegen Nichterfüllung aufgrund gesetzlicher oder vertraglicher Gewährleistungen erfassen. Bei Vorliegen der entsprechenden Voraussetzungen dürfen sie als Einzelrückstellungen für die bis zum Tag der Bilanzaufstellung bekannt gewordenen einzelnen Garantiefälle oder als Pauschalrückstellung gebildet werden. Für die Bildung von Pauschalrückstellungen ist Voraussetzung, dass aufgrund der Erfahrungen in der Vergangenheit mit einer gewissen Wahrscheinlichkeit mit Garantieinanspruchnahmen zu rechnen ist oder dass sich aus der branchenmäßigen Erfahrung und der individuellen Gestaltung des Betriebs die Wahrscheinlichkeit ergibt, Garantieleistungen erbringen zu müssen.
*   Prozessrückstellungen dürfen nur für anhängige Prozesse gebildet werden, bei denen das betroffene Unternehmen als Kläger oder Beklagte beteiligt ist.
*   Provisionsrückstellungen
*   Jahresabschluss- und Prüfungsrückstellungen

- Aufwandsrückstellungen sind unterlassene Instandhaltungen, die innerhalb von 3 Monaten nach dem Bilanzstichtag nachgeholt werden und Abraumbeseitigungen, die im folgenden Geschäftsjahr nachgeholt werden (§ 249 Abs. 1 Nr. 1 HGB).

Verbindlichkeiten sind die Schulden eines Unternehmens. Unter diesen Positionen werden die offenen finanziellen Verpflichtungen eines Unternehmens abgebildet. Verbindlichkeiten stellen das Gegenteil von Forderungen da, die ihrerseits auf der Aktivseite umfasst werden. Die Verbindlichkeiten sind im Gegensatz zu den Rückstellungen bekannt. Verbindlichkeiten können unterteilt werden in:

- Anleihen
- Verbindlichkeiten gegenüber Kreditinstituten
- erhaltene Anzahlungen auf Bestellungen
- Verbindlichkeiten aus Lieferungen und Leistungen – häufig abgekürzt mit Verb. LuL, V.a.L.L. oder VLL
- Verbindlichkeiten aus der Annahme gezogener Wechsel und der Ausstellung eigener Wechsel
- Verbindlichkeiten gegenüber verbundenen Unternehmen
- Verbindlichkeiten gegenüber Unternehmen, mit denen ein Beteiligungsverhältnis besteht
- sonstige Verbindlichkeiten, wie z. B. Steuerverbindlichkeiten oder Verbindlichkeiten gegenüber Sozialversicherungsträger

Maßgebliches Ordnungskriterium auf dieser Seite der Bilanz ist die Fälligkeit. Da der mit Hilfe der doppelten Buchführung bzw. des Jahresabschlusses eine periodengerechte Gewinnermittlung durchgeführt wird, müssen am Jahresende Vorgänge, die nicht das aktuelle Geschäftsjahr, sondern die kommende Perioden betreffen, richtig abgegrenzt werden. Hierzu dienen die Rechnungsabgrenzungsposten. Es gibt sowohl einen aktivischen Rechnungsabgrenzungsposten (ARAP) als auch einen passivischen Rechnungsabgrenzungsposten (PRAP).

Die aufsummierten Werte in der Spalte der Aktiva und die aufsummierten Werte in der Spalte der Passiva ergeben die Bilanzsumme. Beide Summenwerte müssen übereinstimmen. Sollte dies nicht der Fall sein, ist ein schwerwiegender Fehler unterlaufen (Abb. 4.4).

4.5.3.2 Gewinn- und Verlustrechnung

Der zweite wesentliche Bestandteil des Jahresabschlüsses bildet die Gewinn- und Verlustrechnung (Abb. 4.5). Die Gewinn- und Verlustrechnung bildet die Erfolgssituation des Unternehmens ab. In ihr wird der Jahresüberschuss bzw. Jahresfehlbetrag durch eine Gegenüberstellung von Erträgen und Aufwendungen ermittelt. Die Aufstellung der GuV erfolgt in der Regel in der Staffelform. Zur Gliederung stehen das Gesamtkostenverfahren und das Umsatzkostenverfahren zur Verfügung. Im Gesundheitswesen kommt hierbei regelmäßig das Gesamtkostenverfahren bzgl. der Gliederung zum Einsatz. Für Kranken-

Aktiva		Passiva	
A. Anlagevermögen	**270**	A. Eigenkapital	**224**
I. Immaterielles Anlagevermögen	100	I. Gez. Kapital	50
II. Sachanlagevermögen	120	II. Kapitalrücklage	12
III. Finanzanlagevermögen	50	III. Gewinnrücklage	60
		IV. Gewinn-/ Verlustvortrag	90
B. Umlaufvermögen	**175**	V. Jahresüberschuss/Jahresfehlbetrag	**12**
I. Vorräte, Waren	20		
II. Forderungen u. sonst. Vermögensgegenstände	60	B. Rückstellungen	**170**
III. Wertpapiere	15		
IV. Zahlungsmittel	80	C. Verbindlichkeiten	**50**
C. Aktiver RAP	**1**	D. Passiver RAP	**2**
	446		**446**

Abb. 4.4 Bilanz

häuser, die dem KHG und der KHBV unterliegen, ist diese Gliederungsstruktur sogar zwingend vorgeschrieben. Der in der GuV ausgewiesene Jahresüberschuss bzw. Jahresfehlbetrag findet sich auch in der Bilanz am Ende der Eigenkapitalpositionen wieder.

4.5.4   Bücher in der Buchhaltung

Jede Buchung wird in mindestens zwei Büchern festgehalten. Der Begriff „Buch" stammt aus der traditionellen Rechnungsführung, die mittels händischer Eintragung der Werte in gebundenen Büchern erfolgte. Er wird jedoch auch heute noch für die elektronischen Protokolle der Buchführungs-Daten verwendet. Die beiden wichtigsten Bücher sind das Journal und das Hauptbuch. Sie werden stets getrennt voneinander geführt.

4.5.4.1   Journal (Grundbuch)
Im Journal, auch als Tagebuch oder Grundbuch bezeichnet, werden alle Geschäftsvorfälle zeitlich chronologisch mit laufender Nummer, Datum, Betrag, Verweis auf den Beleg, Erläuterung und Kontierung (Sollkonto, Habenkonto) erfasst. Das Journal basiert auf dem Prinzip einer Erfassung der Geschäftsvorfälle in der Gestalt, dass sie sich sowohl chronologisch verfolgen lassen als auch den einzelnen Bilanzpositionen zugeordnet werden können. Eine zeitlich chronologische Ordnung wird dadurch gewährleistet, dass alle Buchungssätze dem Datum nach geordnet im Journal aufgezeichnet werden. Das Journal bildet die Buchungsanweisung für die Übertragung der Buchungen aus dem Grundbuch in das Hauptbuch.

4.5.4.2   Hauptbuch
Als Hauptbuch wird das Kontenwerk, die Gesamtheit aller Kontenblätter, mit seiner sachlichen Untersetzung und Bewegung durch Geschäftsvorfälle der einzelnen Bilanzpositionen bezeichnet. Im Hauptbuch werden alle Buchungen des Grundbuchs auf den in den Buchungssätzen genannten Konten eingetragen. Die Bestandskonten werden am Anfang eines jeden Geschäftsjahres mit den Endbeständen des Vorjahres eröffnet, am Ende des

Gewinn- und Verlustrechnung

1. Umsatzerlöse

2. +/- Erhöhung oder Verminderung des Bestands an fertigen und unfertigen Erzeugnissen

3. + andere aktivierte Eigenleistungen

4. + sonstige betriebliche Erträge

5. - Materialaufwand:
   a) Aufwendungen für Roh-, Hilfs- und Betriebsstoffe und für bezogene Waren
   b) Aufwendungen für bezogene Leistungen

6. - Personalaufwand:
   a) Löhne und Gehälter
   b) soziale Abgaben und Aufwendungen für Altersversorgung und für Unterstützung,
      davon für Altersversorgung

7. - Abschreibungen:
   a) auf immaterielle Vermögensgegenstände des Anlagevermögens und Sachanlagen
   b) auf Vermögensgegenstände des Umlaufvermögens,
      soweit diese die in der Kapitalgesellschaft üblichen
      Abschreibungen überschreiten

8. - sonstige betriebliche Aufwendungen

9. + Erträge aus Beteiligungen,
   davon aus verbundenen Unternehmen

10. + Erträge aus anderen Wertpapieren und Ausleihungen des Finanzanlagevermögens,
    davon aus verbundenen Unternehmen

11. + sonstige Zinsen und ähnliche Erträge, davon aus verbundenen Unternehmen

12. - Abschreibungen auf Finanzanlagen und auf Wertpapiere des Umlaufvermögens

13. - Zinsen und ähnliche Aufwendungen,
    davon an verbundene Unternehmen

14. = Ergebnis der gewöhnlichen Geschäftstätigkeit

15. + außerordentliche Erträge

16. - außerordentliche Aufwendungen

17. + außerordentliches Ergebnis

18. - Steuern vom Einkommen und vom Ertrag

19. - sonstige Steuern

20. = Jahresüberschuß/Jahresfehlbetrag

Abb. 4.5 Gewinn- und Verlustrechnung gegliedert nach dem Gesamtkostenverfahren

Geschäftsjahres werden sie über das Schlussbilanzkonto (SBK) abgeschlossen. Erfolgskonten werden über das GuV-Konto abgeschlossen. Direkte Unterkonten werden über
ihre eigentlichen „Mutterkonten" abgeschlossen. Der Abschluss des VoSt-Kontos (Vorsteuer) erfolgt über das USt-Konto (Umsatzsteuer). Der Abschluss der Privatkonten über
Eigenkapitalkonto usw. Durch die Aufzeichnungen im Hauptbuch wird somit die sachliche Ordnung der einzelnen Geschäftsvorfälle vorgenommen. Für das Buchen selbst gilt
die Grundregel: Zuerst Eintragung im Grundbuch (Journal), im Folgenden Buchung auf
den Konten im Hauptbuch.

4.5.4.3 Nebenbücher
Des Weiteren gibt es diverse Nebenbücher, die bestimmte Hauptbuchkonten erläutern.
Dazu zählen zum Beispiel

- das Kontokorrentbuch, hier werden Verbindlichkeiten und Forderungen bei Lieferanten
  (Kreditoren) und Kunden (Debitoren) erfasst.
- das Lagerbuch erfasst die Zu- und Abgänge des Warenlagers
- das Lohn- und Gehaltsbuch erfasst die Abrechnungen der Arbeitsentgelte
- das Anlagebuch enthält die Gegenstände des Anlagevermögens
- das Bankbuch und das Kassenbuch enthalten den Zahlungsmittelbestand
- das Rechnungsausgangsbuch beinhaltet die Belege zur Fakturierung

4.5.5 Buchungslogik

Für das bessere Verständnis dessen, was in einer Bilanz und einer Gewinn- und Verlustrechnung (GuV) abgebildet wird, ist es sinnvoll, sich mit der Buchungstechnik vertraut
zu machen. An dieser Stelle kann lediglich ein Einstieg in die Materie eröffnet und die
Grundlagen der Buchungslogik dargestellt werden.

Den Gliederungspunkten in der Bilanz und der GuV-Struktur sind Konten zugeordnet.
Diese Konten in der Bilanz werden als Bestandskonten und die Konten in der GuV als Erfolgskonten bezeichnet. **Bestandkonten** werden weiter in **Aktivkonten** und **Passivkonten**
unterteilt. Aktivkonten stehen in der Bilanz auf Seiten der Aktiva – sie bilden also Vermögenswerte ab. Passivkonten bilden Passiva – das Kapital – ab. Hier wird letztlich die Mittelherkunft erfasst. Die **Erfolgskonten** zerfallen in **Aufwandskonten** und **Ertragskonten**.
Jedes Konto wird in der Hauptbuchansicht als T-Konto mit einer „Soll"- Seite und einer
„Haben"-Seite aufgestellt. Diese Kontenstruktur ist somit universell. Letztlich spiegelt
sich diese Struktur selbst in der Bilanz, die auch in Kontenform aufgestellt wird, wider.

Die Erfassung eines jeden Geschäftsvorfalls erfolgt nun auf den Konten in zweifacher
Weise. Ein Konto wird auf der „Soll"-Seite bebucht ein anderes auf der „Haben"-Seite.
Diesen Vorgang bildet der Buchhalter in einem Buchungssatz ab. Im Prinzip werden im
Journal diese Buchungssätze chronologisch abgebildet.

Ein Buchungssatz hat immer die Struktur:
Soll AN Haben

Wobei jetzt nur noch geklärt werden muss, welche Konten wann im Soll und wann im Haben zu bebuchen sind. Hier sind folgende vier Regeln, aus denen alles Weitere abgeleitet werden kann, zu erlernen:

Buchungsregeln
1. Auf Aktivkonten werden Zugänge und der Anfangsbestand im Soll und Abgänge im Haben gebucht.
2. Auf Passivkonten werden Zugänge und der Anfangsbestand im Haben und Abgänge im Soll gebucht.
3. Aufwand wird im Soll gebucht.
4. Erträge werden im Haben gebucht.

Aus der Einteilung der Konten in Aktiv-, Passiv-, Aufwands- und Ertragskonten und den vier Buchungsregeln ist die gesamte Buchführung aufgebaut. Dieses System bildet quasi das Fundament des Rechnungswesens. Während im Alltag oft die Qualifizierung, Abgrenzung und Bewertung der Geschäftsvorfällen Schwierigkeiten bereiten, ist die Buchungslogik jedoch eindeutig. Wie die Konten angesprochen – bebucht – werden, richtet sich ausschließlich nach obigen Regeln.

Betrachtet werden einige beispielhafte Geschäftsvorfälle:

Beispiele

Geschäftsvorfall:
Seitens unseres Unternehmens wird die monatliche Miete für die Büros in Höhe von 2500 € überwiesen.

Nebenbemerkung:
Konto: Miete → Aufwandskonto → Buchung im Soll
Konto: Bank → Aktivkonto → Abgang → Haben

Buchungssatz:
Miete 6.500 € AN Bank 6.500 €

Geschäftsvorfall:
Wir stellen einem Kunden Leistungen in Höhe von 450 € in Rechnung

Nebenbemerkung:
Konto: Erlöse → Ertragskonto → Haben
Konto: Forderungen aus Lieferungen und Leistungen → Aktivkonto → Zugang → Soll

Buchungssatz:
Forderungen aLL. 450 € AN Erlöse 450 €

Geschäftsvorfall:
Wir zahlen Gehalt 3000 € an Mitarbeiter X vom Bankkonto.

Nebenbemerkung:
Löhne und Gehälter → Aufwandskonto → Soll
Bank → Aktivkonto → Abgang → Haben

Buchungssatz:
Löhne und Gehälter 3000 € AN Bank 3000 €

Geschäftsvorfall:
Kauf von Reinigungsmittel, das gleich verbraucht wird, gegen Barzahlung 100 €.

Nebenbemerkung:
sonstige betriebliche Aufwendungen → Aufwandskonto → Soll
Kasse → Aktivkonto → Abgang → Haben

Buchungssatz:
sonstige betriebliche Aufwendungen 100 € AN Kasse 100 €

Geschäftsvorfall:
Kauf eines Schreibtisches für 1030 € bar.

Nebenbemerkung:
Betriebs- und Geschäftsausstattung → Aktivkonto → Zugang → Soll
Kasse → Aktivkonto → Abgang → Haben

Buchungssatz:
BGA 1030 € AN Kasse 1030 €

Geschäftsvorfall:
Wir haben gegenüber einem Privatpatienten eine Behandlung erbracht und stellen ihm
diese in Rechnung.

Nebenbemerkung:
Privatabrechnung (Umsatzerlöse) → Ertragskonto → Haben

Forderungen aus Lieferungen und Leistungen → Aktivkonto → Zugang → Soll

Buchungssatz:
Forderungen aus Lieferungen und Leistungen AN Privatabrechnung (Umsatzerlöse)

Geschäftsvorfall:
Ein Patient zahlt per Überweisung (Gutschrift heute) eine Arztrechnung über 1340 €, die schon seit 01.03. offen ist. Buchen Sie den heutigen Geschäftsvorfall.

Nebenbemerkung:
Forderungen aus Lieferungen und Leistungen → Aktivkonto → Abgang → Haben
Bank → Aktivkonto → Zugang → Soll

Buchungssatz:
Bank 1340 € AN Forderungen aLL. 1340 €

Zur Einführung wurden die Buchungssätze einfach gehalten. In einem laufenden Unternehmen werden Sie nicht frei buchen, sondern die Konten in einen Kontenplan aus einem der zahlreichen Kontenrahmen übernehmen. Häufig gelangen im Gesundheitswesen folgende Kontenrahmen zu Einsatz:

- KHBV
- PBV
- SKR 45 Heime und soziale Einrichtungen (Pflege-Buchführungsverordnung (PBV))
- SKR 99 für Krankenhäuser, Heime
- SKR 81 für Arztpraxen
- SKR 80 für Zahnärzte

Der **Kontenrahmen** ist ein systematisches Verzeichnis aller Konten für die Buchführung in einem Wirtschaftszweig bzw. einer Branche. Er dient als Richtlinie und Empfehlung für die Aufstellung eines konkreten Kontenplans in einem Unternehmen. Durch die Verwendung eines Kontenrahmens sollen einheitliche Buchungen von gleichen Geschäftsvorfällen erreicht und zwischenbetriebliche Vergleiche ermöglicht werden.

Der **Kontenplan** ist das Verzeichnis aller Konten eines Unternehmens, Betriebes oder Vorhabens. Er ist ein elementarer Bestandteil der doppelten Buchführung und orientiert sich stets an einem Kontenrahmen der jeweiligen Branche.
Basis für den Kontenplan ist somit der Kontenrahmen. Der Kontenplan weicht fast immer vom Kontenrahmen ab, weil ein Unternehmen im Kontenrahmen vorgesehene Konten bei seiner Tätigkeit entweder nicht benötigt oder zusätzliche, dort noch nicht vorhandene Konten führt und einrichtet.

4.5.6 Abschreibungen

Abnutzbare Vermögensgegenstände müssen über einen bestimmten Zeitraum abgeschrieben werden. Die Abschreibung dokumentiert den Wertverzehr und stellt damit in der Regel einen Aufwand dar. Als Ausgangsbasis für die Berechnung der **planmäßigen Abschreibungen** werden die Anschaffungs- oder Herstellungskosten herangezogen. Über die geplante Nutzungsdauer des Gegenstandes wird hier jährlich ein Abschreibungsbetrag ermittelt, der den Buchwert des Vermögensgegenstandes mindert. Die Vermögensgegenstände des Umlaufvermögens werden wegen ihrer kurzen Verweildauer im Unternehmen nicht planmäßig abgeschrieben. Auch Anlagevermögen, das seiner Natur nach nicht abnutzbar ist, wird nicht planmäßig abgeschrieben. Die Höhe der Abschreibung hängt von der angewandten **Abschreibungsmethode** ab. Es gibt theoretisch eine Vielzahl von unterschiedlichen Abschreibungsmethoden. In der Regel von Bedeutung sind allerdings nur die lineare, die geometrisch-degressive und die leistungsbezogene Abschreibung. Abschreibungen sind sowohl handelsrechtlich als auch steuerrechtlich ein sehr komplexes Thema. Die Anwendbarkeit der einzelnen Methoden ist oft von engen Voraussetzungen abhängig. Auch gibt es zahlreiche Vereinfachungsregeln, z. B. bei geringwertigen Wirtschaftsgütern (GWG). Es wird sich daher auf die Darstellung des Grundprinzips beschränkt. Die Ermittlung der Abschreibungshöhe und des Restbuchwertes des Vermögensgegenstandes am Jahresende soll hier beispielhaft anhand dreier Abschreibungspläne verdeutlicht werden. Im Steuerrecht werden die Abschreibungen mit Absetzung für Abnutzung (AfA) bezeichnet. Für das Steuerrecht kann man die angenommene Nutzungsdauer den AfA-Tabellen, die vom Bundesministerium für Finanzen herausgegeben werden, entnehmen. Die Nutzungsdauer ist hier typisiert und festgelegt. Im Gegensatz zur Handelsrecht gibt es hier für die angenommene Nutzungsdauer keine Spielräume. Für Betriebe im Gesundheitswesen kann die branchenspezifische „AfA-Tabelle Gesundheitswesen" zur Ermittlung der Nutzungsdauer herangezogen werden.

Beispiel

Anschaffungsvorgang:
Wir schaffen eine Maschine für 100.000 € an und zahlen bar.

Buchungssatz:
Maschinen 100 TEURO AN Kasse 100 TEURO

Es handelt sich um einen Anschaffungsvorgang. Hier wird ein Vermögensgegenstand erworben, der mit seinen Anschaffungskosten zu aktivieren ist.
Hier entsteht noch kein Aufwand bzw. keine Kosten.

Um im Nachgang den Wertverzehr an der Maschine durch ihren Einsatz in der Produktion zu dokumentieren, werden Abschreibungen vorgenommen.

Tab. 4.1 Abschreibungsplan für eine lineare Abschreibung

Jahr	Buchwert	Abschreibungsbetrag	Restbuchwert
2015	100.000	10.000	90.000
2016	90.000	10.000	80.000
2017	80.000	10.000	70.000
2018	70.000	10.000	60.000
2019	60.000	10.000	50.000
2020	50.000	10.000	40.000
2021	40.000	10.000	30.000
2022	30.000	10.000	20.000
2023	20.000	10.000	10.000
2024	10.000	9.999	1

Lt. Handels- und Steuerrecht ist man in der Bemessung der Abschreibung allerdings nicht frei. Es können je nach Rechtslage drei Abschreibungsmethoden in Betracht kommen.

1. Lineare Abschreibung

Es soll unterstellt werden, dass das Unternehmen die Maschine 10 Jahre (Nutzungsdauer) benutzt.

a = Anschaffungskosten/Nutzungsdauer = 10.000 €

Im letzten Jahr wird nur ein Betrag von 9.999 € abgeschrieben, damit ein Erinnerungswert für das Anlagegut verbleibt. Erst bei vollständigem Abgang der Maschine wird dieser ausgebucht (Tab. 4.1)

2. (Geometrisch-)Degressive Abschreibung

Bei der degressiven Abschreibung geht man davon aus, dass jährlich vom Buchwert der gleiche Prozentsatz abgeschrieben wird. Wir nehmen einen Satz von 20 % an (Tab. 4.2).

3. Leistungsabhängige Abschreibung

Bei der leistungsbezogen Abschreibung wird die Leistungsabgabe der Maschine gemessen. (Kilometerstand, Betriebstunden)

Für die Maschine wird Folgendes angenommen: Leistungsabgabe insgesamt 15.000 Betriebsstunden,

Tab. 4.2 Abschreibungsplan für eine geometrisch-degressive Abschreibung

Jahr	Buchwert	Abschreibungsbetrag	Restbuchwert
2015	100.000,00	20.000,00	80.000,00
2016	80.000,00	16.000,00	64.000,00
2017	64.000,00	12.800,00	51.200,00
2018	51.200,00	10.240,00	40.960,00
2019	40.960,00	8.192,00	32.768,00
2020	32.768,00	6.553,60	26.214,40
2021	26.214,40	5.242,88	20.971,52
2022	20.971,52	4.194,30	16.777,22
2023	16.777,22	3.355,44	13.421,77
2024	13.421,77	2.684,35	10.737,42
…	…	…	…

Tab. 4.3 Abschreibungsplan für eine leistungsbezogene Abschreibung

Jahr	Buchwert	Abschreibungsbetrag	Restbuchwert
2015	100.000	16.667	83.333
2016	83.333	5.733	77.600
2017	77.600	8.373	69.227
…	…	…	…

2015: 2500 h

2016: 860 h

2017: 1256 h

…

Abschreibungssatz/Betriebsstunde = AK/Betriebsstunden gesamt = 100.000 €/15.000 h = 6,6667 €/h (Tab. 4.3)

Es wurden entsprechende Abschreibungspläne errechnet. Aufgrund der geltenden Rechtslage wird die lineare AfA gewählt. Die Abschreibung wird nun am Jahresende gebucht.

Buchungssatz:
AfA (Abschreibung auf Sachanlagen) 10 TEURO AN Maschinen 10 TEURO

Neben planmäßigen Abschreibungen können in Unternehmen auch Sachverhalte eintreten, die es erforderlich machen, einen Vermögensgegenstand außerplanmäßig abzuschreiben. **Außerplanmäßige Abschreibungen** können z. B. bei Beschädigung durch höhere Gewalt, durch Unfälle, sinkende Marktwerte oder technische Alterung vorgenommen werden. Sie sind nicht nur bei Gütern des Anlagevermögens, sondern auch des Umlaufvermögens anwendbar. Abbildung 4.6 gibt einen Überblick über die systematische Einteilung von Abschreibungen.

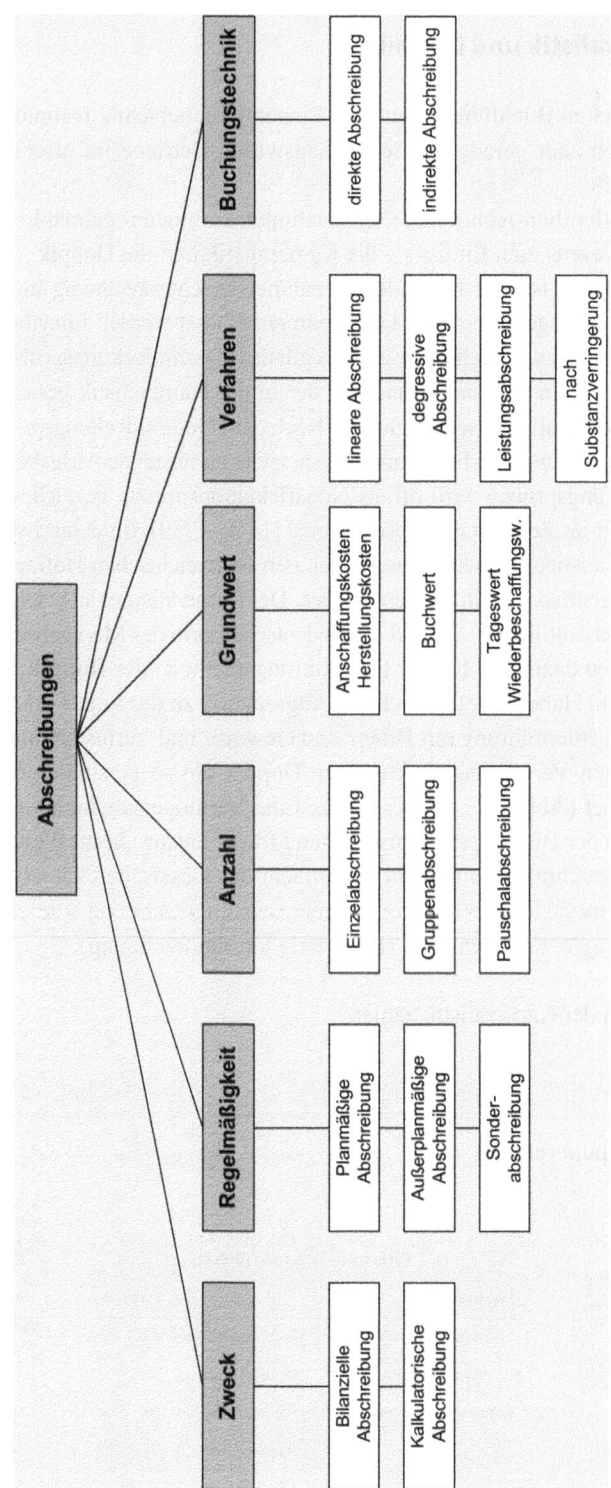

Abb. 4.6 Gliederungsmöglichkeiten der Abschreibungen

4.5.7   Kameralistik und Doppik

Neben der doppelten Buchführung und der Einnahme-Überschussrechnung in der Privatwirtschaft spielen aber gerade im Gesundheitswesen Betriebe im öffentlich-rechtlichen
Bereich eine Rolle.

Im Bereich öffentlich-rechtlicher Organisationen kommen regelmäßig andere Systeme
des Rechnungswesens zum Einfluss – die Kameralistik und die Doppik.

Die **Kameralistik** ist eine Form der Einnahmeüberschussrechnung in der öffentlichen
Verwaltung und ihr angeschlossenen Unternehmen. Erfasst werden Einnahmen und Ausgaben, die zugeflossen bzw. abgeflossen sind. Es gilt das Gesamtdeckungsprinzip. Das Gesamtdeckungsprinzip ist ein Haushaltsgrundsatz, der in der Kameralistik besagt, dass alle Einnahmen der Deckung aller Ausgaben dienen. Nach dem Gesamtdeckungsprinzip ist also eine
zweckgerichtete Bindung von Einnahmen an spezielle zu leistende Ausgaben nicht gestattet.
Das Gesamtdeckungsprinzip wird oft als Nonaffektationsprinzip bezeichnet. Ursprung der
Kameralistik liegt im Zeitalter des Absolutismus (1648–1789). Im deutschsprachigen Raum
wurde die kameralistische Buchführung durch den österreichischen Hofrat Johann Mathias
Puechberg 1762 erstmals schriftlich beschrieben. Der Kameralismus steht eng im Zusammenhang mit dem Merkantilismus. Er wird oft als deutsche Form des Merkantilismus bezeichnet.

Im Unterschied dazu wird bei der Buchführungsmethode der **Doppik** auf zweiseitigen
Konten (Soll- und Habenseite) gebucht. In Abgrenzung zu der in der Privatwirtschaft üblichen doppelten Buchführung mit Bilanz und Gewinn- und Verlustrechnung wird bei der
in der öffentlichen Verwaltung praktizierten Doppik ein so genanntes 3-Komponenten-
Modell verwendet (Abb. 4.7). Dieses umfasst die Vermögensrechnung (diese entspricht
im Wesentlichen der Bilanz), Ergebnisrechnung (diese entspricht im Wesentlichen der Bilanz) und Finanzrechnung (entspricht vereinfacht der klassischen kameralen Rechnung),
die durch ein viertes Modul – der Kosten- und Leistungsrechnung – zu einem 4-Kompo-
nenten-Modell ergänzt werden kann (Integrierte Verbundrechnung).

Zu den Vorteilen der Kameralistik zählen:

- Einfachheit
- Klarheit
- geringe Manipulierbarkeit

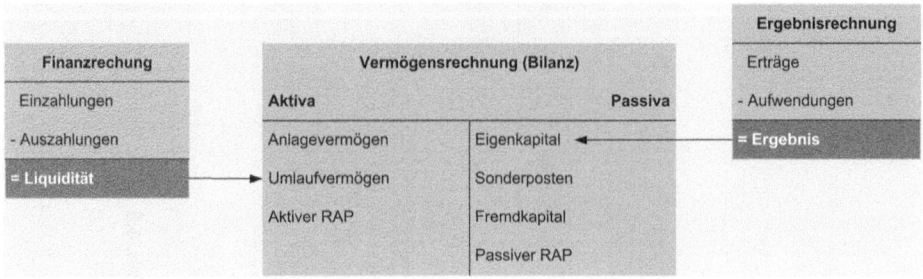

Abb. 4.7   3-Komponenten-Modell in der Doppik

Hingegen werden zu den Nachteilen der Kameralistik gezählt:

- mangelnde Kostentransparenz
- das Fehlen klarer Kennziffern
- geringes Serviceangebot
- Dezemberfieber[1]
- kaum Softwareentwicklung – Insellösungen
- keine Konzernbilanzierung möglich
- wenig Steuerungsfunktion
- keine Vermögensübersicht
- keine Abschreibungen
- keine Vorsorge für künftige Perioden

Im Rahmen der Verwaltungsmodernisierung gibt es Bestrebungen und Ansätze, die Doppik in den Bereich der öffentlichen Verwaltung verstärkt einzuführen, um die unten aufgeführten Nachteile der Kameralistik zu umgehen.

4.5.8 Inventar und Inventur

Die Inventur (§§ 240, 241 HGB, EStR 5.3 und 5.4) ist die Bestandsaufnahme aller vorhandenen Vermögenswerte und Schulden eines Unternehmens zu einem bestimmten Stichtag. Jeder Kaufmann ist gemäß § 240 HGB und §§ 140, 141 AO im Rahmen der ordnungsmäßigen Buchführung zur Inventur verpflichtet und zwar wenn er ein Unternehmen gründet oder übernimmt, wenn er es schließt, sowie zum Schluss eines jeden Geschäftsjahres. Das Ergebnis einer Inventur ist das Inventar, ein Bestandsverzeichnis, das alle Vermögensteile und Schulden nach Art, Menge und Wert aufführt (Abb. 4.8).

4.5.8.1 Arten der Inventur
Für die kaufmännische Tätigkeit im Gesundheitswesen ist es notwendig die Arten der Inventur zu kennen. Es wird häufig zwischen der körperlichen Inventur, der Buchinventur, der Anlageninventur unterschieden

Bei der **körperlichen Inventur** werden die körperlichen Vermögensgegenstände durch Zählen, Messen oder Wiegen aufgenommen. Eine Schätzung mit anschließender Bewertung ist ebenfalls erlaubt, wenn eine exakte Aufnahme wirtschaftlich unzumutbar oder unmöglich ist (z. B. bei Kleinstartikel, Einwegspritzen, Nadeln etc.).

Die **Buchinventur** erfasst wertmäßig alle nicht körperlichen Gegenstände und Schulden, z. B. Forderungen, Verbindlichkeiten oder Bankguthaben, anhand von buchhalterischen Aufzeichnungen, Belegen oder anderen Unterlagen.

---

[1] Ugs. Bezeichnung für das Phänomen, dass im Bereich der öffentlichen Verwaltung wegen noch nicht ausgeschöpfter Budgets Ausgaben in den Dezember verlagert werden. Nicht ausgeschöpfte Budgets können in der Regel nicht in die Folgeperiode übertragen werden.

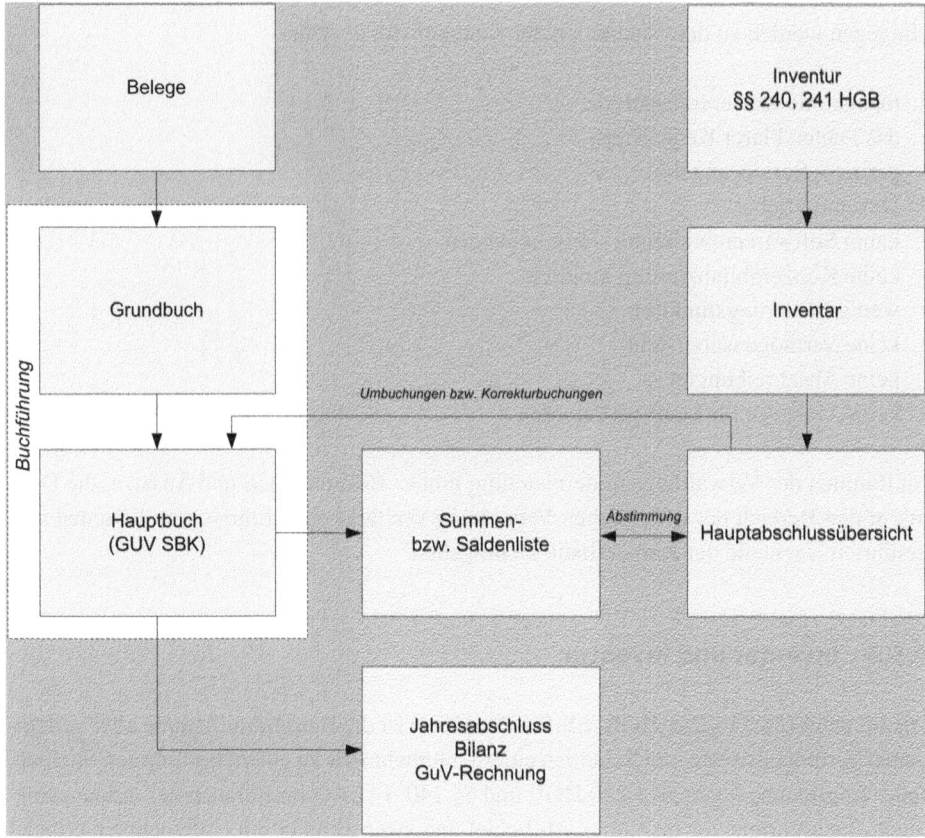

Abb. 4.8 Zusammenhang zwischen Buchführung und Inventur

In der Anlagenbuchhaltung ersetzt die **Anlageninventur** die körperliche Bestands-aufnahme für Güter des beweglichen Anlagevermögens (Kraftfahrzeuge, Maschinen, Büro- und Geschäftsausstattungen, nicht aber geringwertige Wirtschaftsgüter). Im Anlagenverzeichnis muss für jeden Gegenstand eine Anlagenkarte mit folgenden Anga-ben geführt werden:

- genaue Bezeichnung des Gegenstandes
- Bilanzwert am Bilanzstichtag
- Tag der Anschaffung oder Herstellung
- Höhe der Anschaffungs- oder Herstellungskosten
- Nutzungsdauer
- jährliche Abschreibung
- Tag des Abgangs

Die Inventur unterliegt einigen Grundsätzen, die als Grundsätze ordnungsgemäßer In-ventur (GoI) bezeichnet werden. Sie sind weder im Steuerrecht noch im Handelsrecht ausdrücklich geregelt. Sie werden aber aus diesen Regelwerken gefolgert. Die Inventurunterlagen und das Inventar sind Bücher i.S. des § 238 Abs. 1 HGB, für welche die allgemeinen Ordnungsmäßigkeitsgrundsätze der §§ 238 f. HGB gelten. Hieraus werden die GoI abgeleitet. Sie haben den Charakter ergänzender Rechtsnormen. Zusammenfassen sind hier zu nennen:

- Grundsatz der wirtschaftlichen Betrachtungsweise
- Grundsatz der Vollständigkeit
- Grundsatz der Richtigkeit und Willkürfreiheit
- Grundsatz der Klarheit
- Grundsatz der Einzelerfassung und Einzelbewertung
- Grundsatz der Nachprüfbarkeit
- Gebot der Wirtschaftlichkeit und Wesentlichkeit

4.5.8.2 Inventurverfahren

Grundsätzlich ist die Inventur zu Beginn und Beendigung des Unternehmens und zum Bilanzstichtag durchzuführen, also am 31.12. eines Kalenderjahres oder am letzten Tag des Geschäftsjahres. Diese Inventur wird als **Stichtagsinventur** bezeichnet. Da die Aufnahme der Bestände aber mit einem erheblichen zeitlichen und personellen Aufwand verbunden sein kann, für Güter des Vorratsvermögens sog. Vereinfachungsverfahren mit flexibleren Terminen zulässig.

Bei der Stichtagsinventur werden die Bestände an einem festgelegten Aufnahmetag mengenmäßig erfasst und in Inventurlisten eingetragen. Die Bestandsaufnahme muss nicht direkt am Bilanzstichtag erfolgen. Bei der **zeitnahen Stichtagsinventur** erfolgt die zeitversetzte Aufnahme mit einer Frist von 10 Tagen vor oder nach dem Stichtag. Die Zu- und Abgänge zwischen dem Aufnahmetag und dem Stichtag, auch die Bewegungen am Stichtag selbst, werden anhand von Belegen mengen- und wertmäßig fortgeschrieben beziehungsweise zurückgerechnet. Die Bewertung der Ware erfolgt zu den Anschaffungskosten, beschädigte Ware kann abgewertet werden. Die Berücksichtigung von Wertsteigerungen ist nach dem Niederstwertprinzip nicht erlaubt. Die Stichtagsinventur bildet die Bestände so ab, wie sie am Ende des Geschäftsjahres real vorhanden sind. Nachteil der Stichtagsinventur ist der große Arbeitsanfall innerhalb weniger Tage, der oft Störungen des Betriebsablaufes zur Folge hat oder sogar eine Betriebsschließung notwendig macht. Ferner wird aufgrund des Zeitdrucks das Risiko von Aufnahmefehlern und Dokumentationsfehler erhöht.

Eine weitere Möglichkeit bietet die **verlegte Inventur.** Diese kann angewandt werden, wenn die Aufnahme zum Stichtag unmöglich ist oder wenn die Voraussetzungen für eine permanente Inventur fehlen. Die körperliche Bestandsaufnahme erfolgt an einem beliebigen Tag innerhalb der letzten 3 Monate vor oder der ersten 2 Monate nach dem Bilanzstichtag. Der am Aufnahmetag ermittelte Bestand wird nur wertmäßig und nicht mengenmäßig auf den Stichtag fortgeschrieben oder zurückgerechnet, das Inventar trägt das Datum der tatsächlichen Aufnahme. Die verlegte Inventur kommt insbesondere bei großen Lagerbeständen zum Tragen.

Eine heute, dank moderner ERP-Systeme bestehende, komfortable Lösung ist **die permanente Inventur**. Sie macht es möglich, den am Stichtag vorhandenen Bestand auch ohne gleichzeitige körperliche Bestandsaufnahme festzustellen. Voraussetzung dafür ist die Führung eines Lagerbuches sowie nachprüfbarer Unterlagen für alle Zu- und Abgänge. An einem frei wählbaren Tag wird einmal im Geschäftsjahr eine körperliche Inventur durchgeführt und der Sollbestand der Lagerbuchführung mit dem Istbestand verglichen. Abweichungen führen zu einer Berichtigung des Sollbestandes. Inventurdifferenzen fließen voll erfolgswirksam in die Gewinn- und Verlustrechnung ein. Der Vorteil der permanenten Inventur liegt darin, dass die körperliche Bestandsaufnahme über das ganze Jahr verteilt und sinnvoll geplant werden kann, z. B. wenn die Bestände am niedrigsten sind. Es sind aber auch Situationen denkbar, in der die permanente Inventur unzweckmäßig ist. Dies ist etwa im Einzelhandel der Fall, wenn die Warenbewegungen für einzelne Warengruppen aus organisatorischen Gründen nicht separat ermittelt werden können. Ein Unternehmen kann frei entscheiden, für bestimmte Gegenstände die Stichtagsinventur und für andere die verlegte oder die permanente Inventur anzuwenden. Sind aber unkontrollierte Risiken zu befürchten, etwa durch Schwund oder Verderb der Waren, lässt das Einkommmensteuerrecht die permanente Inventur nicht zu und verlangt eine zeitnahe Aufnahme der Bestände. Das gleiche gilt für besonders wertvolle Güter.

In manchen betrieblichen Situationen bietet sich die **Stichprobeninventur** an. Es handelt es sich um ein handelsrechtlich zulässiges Verfahren. Es kommt zur Inventuroptimierung, besonders in Großunternehmen zur Anwendung. In Deutschland führte Anfang der 1970er-Jahre die Siemens AG München als erstes Unternehmen die Stichprobeninventur ein. Die Stichprobeninventur wurde 1977 rechtlich verankert. Ihre Anwendbarkeit ist allerdings an enge Voraussetzungen geknüpft. Keiner Stichprobeninventur unterzogen werden dürfen u. a. Bestände an leicht verderblicher Waren und Erzeugnisse, die unkontrollierbarem Schwund unterliegen.

Bei der Stichprobeninventur werden nur die wenigen hochwertigen Artikel körperlich gezählt. Ein Großteil des Lagerwertes ist damit bereits erfasst. Aus dem Restbestand entnimmt man nach dem Zufallsprinzip eine Stichprobe, aus der anschließend der Gesamtbestand hochgerechnet wird. Die gesetzlichen Anforderungen für die Stichprobeninventur sind in § 241 Abs. 1 HGB geregelt: Der Aussagewert muss dem Wert einer Vollaufnahme entsprechen, und die Aufstellung des Inventars darf nur mit Hilfe von anerkannten mathematisch-statistischen Verfahren erfolgen. Darüber hinaus ist vor der ersten Anwendung der Stichprobeninventur ist die Genehmigung des Finanzamtes einzuholen.

4.5.9 Besonderheiten der Krankenhausfinanzierung

Das externe Rechnungswesen in Krankenhäuser weist Besonderheiten auf, deren grundlegender Hintergrund kurz aufgezeigt werden soll. Die Finanzierung der Gesundheitsversorgung durch Krankenhäuser fußt auf zwei Säulen (Abb. 4.9). Dieses System wird häufig als „Duales System der Krankenhausfinanzierung" bezeichnet. Die Finanzierung der

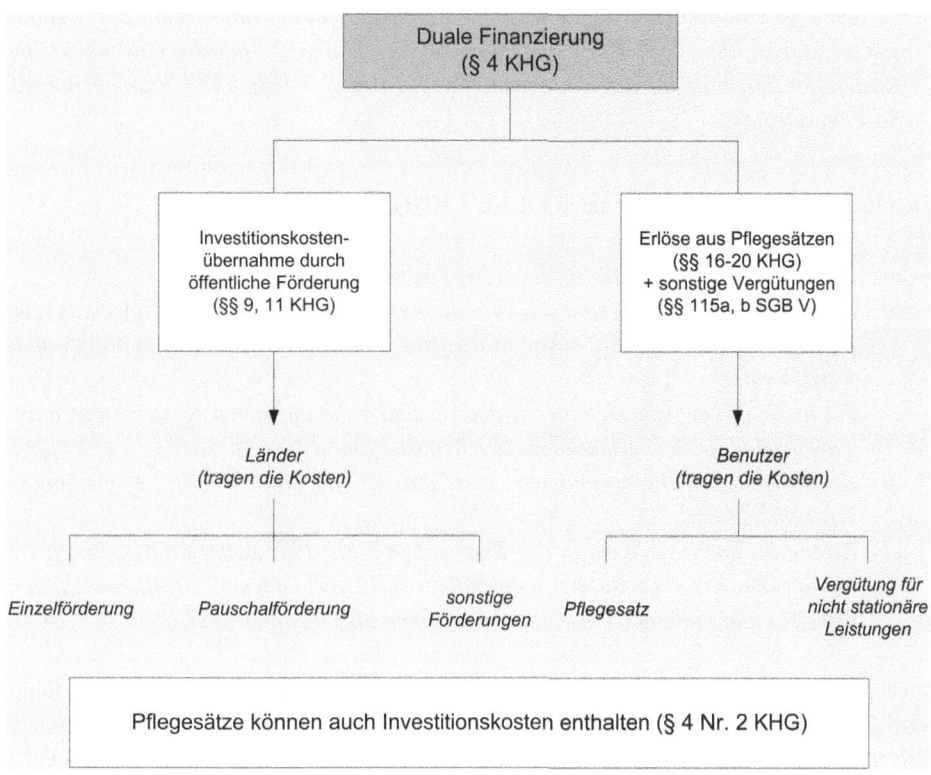

Abb. 4.9 Krankenhausfinanzierung – duales System

Infrastruktur, d. h. der Gebäude, technischen Anlagen, Einrichtungen und Ausstattungen erfolgt durch das Bundesland, in dem das Krankenhaus liegt. Die Finanzierung der Kosten bzw. Aufwendungen, die durch die Benutzung entstehen, erfolgt durch die Benutzer, also die Patienten selbst. Die Kosten tragen diese in der Regel natürlich nur mittelbar, da sie gesetzlich oder privat krankenversichert sind und die Versicherungen diese Kosten übernehmen. Sofort ist ersichtlich, dass diese Struktur der Krankenhausfinanzierung Probleme mit sich bringt, denn es muss nun genau abgegrenzt werden, welche Ausgaben zu den Investitionskosten gehören – damit über die Landeshaushalte zu finanzieren sind – und welche Ausgaben durch die Benutzung entstehen – damit durch die Patienten selbst zu tragen sind. Hierzu wurde u. a. die „Verordnung der im Pflegesatz nicht zu berücksichtigenden Kosten der Krankenhäuser" – kurz Abgrenzungsverordnung (AbgrV) – erlassen. **§ 2 Nr. 2 KHG** definiert, welche Kosten zu den Investitionskosten zählen:

a) *die Kosten der Errichtung (Neubau, Umbau, Erweiterungsbau) von Krankenhäusern und der Anschaffung der zum Krankenhaus gehörenden Wirtschaftsgüter, ausgenommen der zum Verbrauch bestimmten Güter (Verbrauchsgüter),*
b) *die Kosten der Wiederbeschaffung der Güter des zum Krankenhaus gehörenden Anlagevermögens (Anlagegüter);*

zu den Investitionskosten gehören nicht *die Kosten des Grundstücks, des Grundstückserwerbs, der Grundstückserschließung sowie ihrer Finanzierung sowie die Kosten der Telematikinfrastruktur gemäß § 291a Abs. 7 Satz 4 des Fünften Buches Sozialgesetzbuch.*

Den Investitionskosten werden nach **§ 2 Nr. 3 KHG** gleichgestellt:

a)   *die Entgelte für die Nutzung der in Nr. 2 bezeichneten Anlagegüter,*

b)   *die Zinsen, die Tilgung und die Verwaltungskosten von Darlehen, soweit sie zur Finanzierung der in Nr. 2 sowie in Buchstabe a bezeichneten Kosten aufgewandt worden sind,*

c)   *die in Nr. 2 sowie in den Buchstaben a und b bezeichneten Kosten, soweit sie gemeinschaftliche Einrichtungen der Krankenhäuser betreffen,*

d)   *Kapitalkosten (Abschreibungen und Zinsen) für die in Nr. 2 genannten Wirtschaftsgüter,*

e)   *Kosten der in Nr. 2 sowie in den Buchstaben a bis d bezeichneten Art, soweit sie die mit den Krankenhäusern notwendigerweise verbundenen Ausbildungsstätten betreffen und nicht nach anderen Vorschriften aufzubringen sind.*

Investitionskosten sind von den pflegesatzfähigen Kosten abzugrenzen. Pflegesatzfähig sind all die Kosten, die von den Trägern der Betriebskosten, d. h. also Krankenkassen, Privatversicherungen und Selbstzahler finanziert werden. Diese Kosten sind in die Fallpauschalen und Zusatzkosten mit einkalkuliert. Wichtige Einteilungen der Güter nehmen §§ 2,3 AbgrV vor. Nach der Gruppierung richtet sich, ob das jeweilige Bundesland oder der jeweilige Krankenversicherer bzw. Benutzer die Kosten zu tragen hat. § 2 AbgrV definiert zur Abgrenzung die Begriffe: Anlagegüter, Gebrauchsgüter und Verbrauchgüter. **§ 2 AbgrV** definiert:

Im Sinne dieser Verordnung sind

1.   **Anlagegüter**, *die Wirtschaftsgüter des zum Krankenhaus gehörenden Anlagevermögens,*

2.   **Gebrauchsgüter**, *die Anlagegüter mit einer durchschnittlichen Nutzungsdauer bis zu drei Jahren (Verzeichnis I der Anlage),*

3.   **Verbrauchsgüter**, *die Wirtschaftsgüter, die durch ihre bestimmungsgemäße Verwendung aufgezehrt oder unverwendbar werden oder die ausschließlich von einem Patienten genutzt werden und üblicherweise bei ihm verbleiben. Als Verbrauchsgüter gelten auch die wiederbeschafften, abnutzbaren beweglichen Anlagegüter, die einer selbständigen Nutzung fähig sind und deren Anschaffungs- oder Herstellungskosten für das einzelne Anlagegut ohne Umsatzsteuer 150 € nicht übersteigen.*

Anlagegüter setzen eine Nutzungsdauer von mehr als drei Jahre voraus. Hierzu gehören beispielsweise: Bauten, Geräte, Apparate, Maschinen, Instrumente, Lampen, Mobiliar usw. Sie sind Investitionen i. S. d. des KHG und damit von den Ländern zu tragen.

Zu den Gebrauchsgütern zählen z. B. Blutdruckmessgeräte, Stethoskope, Geschirr, Wäsche etc. Hier wird von einer Nutzungsdauer von bis zu drei Jahren ausgegangen. Gebrauchsgüter werden durch das Bundesland finanziert, wenn es sie zur Erstausstattung eines Neubaus bzw. Erweiterungsbaus gehören. Ansonsten sind die Kosten durch die Mittel der Träger der Betriebskosten zu tragen.

Verbrauchgüter werden durch ihren Einsatz sofort verzehrt. Es entsteht also ein Aufwand. Hierunter fallen Medikamente, Einmalspritzen, Verbandsmaterial, GWG bis 150 € etc. Die Kosten für die Verbrauchgüter werden durch die laufenden Einnahmen aus den Fallpauschalen und Zusatzentgelten bestritten. Hierfür kommt folglich die Krankenversicherung oder der Patient selbst auf.

Nach § 3 Abs. 1 Nr. 1–4 AbgrV zählen zu den pflegesatzfähigen Kosten, die Kosten der Wiederbeschaffung von Gebrauchsgütern anteilig entsprechend ihrer Abschreibung, sonstige Investitionskosten und ihnen gleichstehende Kosten nach Maßgabe der §§ 17 ff. des Krankenhausfinanzierungsgesetzes und des § 8 der Bundespflegesatzverordnung in der am 31. Dezember 2012 geltenden Fassung, die Kosten der Anschaffung oder Herstellung von Verbrauchsgütern sowie die Kosten der Instandhaltung von Anlagegütern nach Maßgabe des § 4 AbgrV.

Um die Einhaltung der Rahmenbedingungen des KHG sicherzustellen und Transparenz bzgl. der Mittelverwendung und Kostensituation in Krankenhäusern zu gewährleisten, wurde die KHBV erlassen. Sie verpflichtet Krankenhäuser, bis auf wenige Ausnahmen, zur doppelten Buchführung. Krankenhäuser werden im Rahmen der dualen Finanzierung letztlich durch öffentliche Mittel (Steuermittel) finanziert. Deshalb muss genau ersichtlich sein, wofür die Mittel eingesetzt wurden. Die KHBV legt hierzu einen eigenen Kontenrahmen fest. Ferner ist das interne Rechnungswesen des Krankenhauses nicht in das Ermessen der Betriebsführung gestellt. § 8 KHBV sieht zwingend vor, dass eine Kosten- und Leistungsrechnung zu erfolgen hat.

4.6 Internes Rechnungswesen

Das interne Rechnungswesen bildet für das Management eine wesentliche Basis zur Steuerung des Unternehmens. Nur durch das interne Rechnungswesen ist es möglich, marktorientiert zu agieren und überdies marktgerechte Preise zu kalkulieren, die Herstell- und Selbstkosten eines Produktes oder einer Dienstleistung zu ermitteln und die einzelnen Abteilungen bzw. Kostenstellen in einem Unternehmen zu überwachen. Auch kann es notwendig sein, betriebliche Prozesse hinsichtlich ihrer Kostenverursachung zu analysieren oder es ist notwendig für die Unternehmensführung herauszufinden, mit welchen Leistungen man in bestimmten Marktsegmenten erfolgreich ist. Um im internen Rechnungswesen tätig werden zu können, ist es notwendig, einige Grundbegriffe und Grundstrukturen zu erlernen.

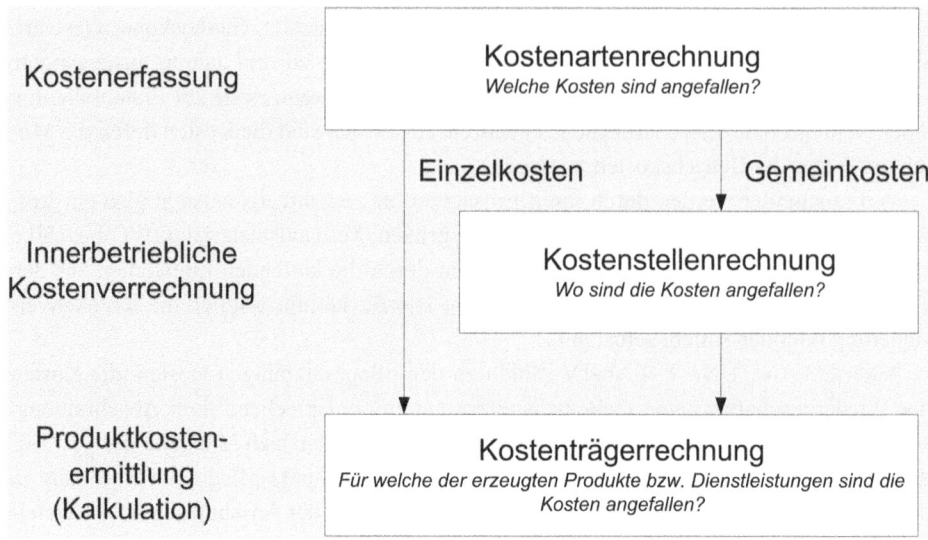

Abb. 4.10 Kostenrechnung – Grundsystematik

4.6.1 Kostenmanagement und Controlling

Einen wesentlichen Teilbereich des Controllings bildet die Kostenrechnung. Sie hat insbesondere deshalb eine große Bedeutung, da viele weitergehende Analysen und Planungen
auf ihrem Datengerüst und Ergebnissen aufsetzen. Dies macht es erforderlich, die grundlegende Struktur der Kostenrechnung nachzuvollziehen.

Die Kostenrechnung (Abb. 4.10) ist Teil des internen Rechnungswesens. Ziel in diesem
Bereich ist es, den sachzielbezogenen Wertverzehr zu ermitteln und möglichst verursachungsgerecht Kostenstellen, ggf. Prozessen und Kostenträgern zuzuordnen. Dabei sind
die Verfahren und Methoden der Ermittlung regelmäßig nicht zwingend vorgeschrieben,
sondern vielmehr in das Ermessen des Betriebes gestellt. Controlling, bzw. hier die Kostenrechnung, muss möglichst zielgerichtet und effizient erfolgen. Es soll keinen großen
zusätzlichen Aufwand verursachen und vor allem den eigentlichen täglichen Prozess der
betrieblichen Leistungserstellung so wenig wie möglich stören.

4.6.2 Kostenartenrechnung

Die Kostenrechnung beginnt mit der **Kostenartenrechnung**. Auf dieser Ebene muss entschieden werden, welche Kosten angefallen sind. Hierzu wird regelmäßig der Aufwand
aus der Finanzbuchhaltung übernommen und geprüft ob, es sich um Kosten handelt. In
diesem Zusammenhang haben sich einige spezifische Kostenbegriffe gebildet. Aufwand

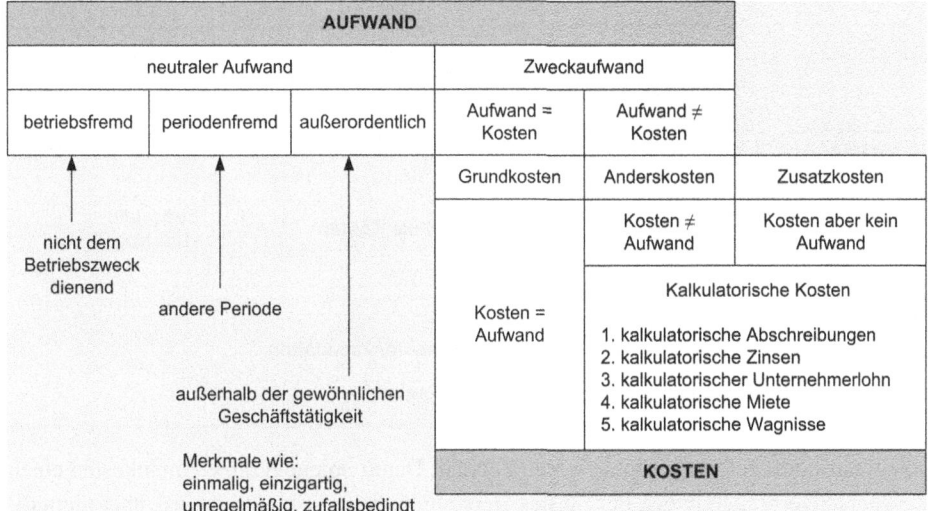

Abb. 4.11 Abgrenzung unterschiedlicher Aufwands- und Kostenbegriffe

kann verstanden werden als Wertverzehr nach handels- und steuerrechtlichen Vorschriften. Von diesem Wertverzehr gelangen in die Kostenrechnung nur solche Aufwendungen, die sachzielbezogen sind, d. h. dem Erzielung des Betriebszwecks dienen. Neutraler Aufwand stellt also keine Kosten dar. Zum neutralen Aufwand zählen der betriebsfremde Aufwand, der periodenfremde Aufwand und der außerordentliche Aufwand. **Zweckaufwand** stellt folglich Kosten dar. Diese Positionen werden in die Kostenrechnung übernommen. Wird der Zweckaufwand in die Kostenrechnung überführt und werden Kosten wertmäßig in gleicher Höhe angesetzt spricht man von **Grundkosten**. Werden die Kosten mit einem anderen Wert übernommen, so spricht man von **Anderskosten**. Sollte es in der Kostenrechnung notwendig sein, zusätzlich Kosten anzunehmen, so spricht man von **Zusatzkosten**. Sie sind dadurch gekennzeichnet, dass ihnen in der Finanzbuchhaltung kein Zweckaufwand gegenübersteht. Anderskosten und Zusatzkosten können in Form von kalkulatorischem Unternehmerlohn, Zinsen, Abschreibungen, Miete und Wagnissen angesetzt werden (Abb. 4.11).

Kosten werden noch unter anderen Gesichtspunkten unterschieden. Ein entscheidendes Unterscheidungsmerkmal ergibt sich aus der Frage, ob man die angefallen Kosten direkt einem Kostenträger zuordnen kann oder ob dies nicht möglich ist. Hinsichtlich des Bezugsobjekts Kostenträger lassen sich Einzelkosten und Gemeinkosten unterscheiden. Beide Begriffe finden in der Vollkostenrechnung (Abb. 4.12) ihre Anwendung. Als **Einzelkosten** gelten Kosten, die direkt, wert- und mengenmäßig einem Kostenträger zugeordnet werden können. Sie werden häufig auch als direkte Kosten bezeichnet. Sie fließen damit direkt in die Kostenträgerrechnung ein. **Gemeinkosten** sind Kosten, die nicht direkt

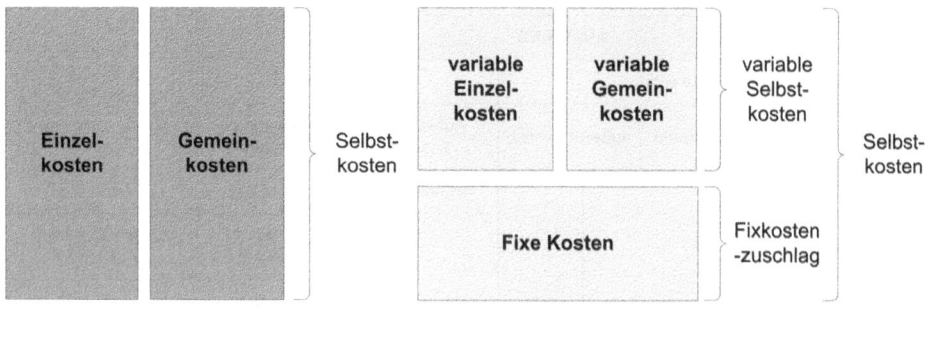

Vollkostenkalkulation   Teilkostenkalkulation

Abb. 4.12 Vollkosten- und Teilkostenrechnung im Vergleich

einem Kostenträger zugeordnet werden können. Damit spiegeln die Gemeinkosten einen Ressourcenverbrauch wider, der für den Herstellungsprozess benötigt wird, aber nicht direkt dem produzierten Gut oder der erstellten Dienstleistung – im Gesundheitsbetrieb häufig dem Behandlungsfall – zugeordnet werden kann. Dazu gehören die Kosten für Miete, Strom, Wasser, Gas und die Betriebskosten für allgemein benötigte Maschinen. Löhne und Gehälter fallen darunter, sofern diese nicht dem Produkt direkt zugewiesen werden können. Typisch hierfür sind Gehälter und Löhne, die in der Verwaltung oder im Lager anfallen, oder Gehälter von medizinischem Personal. Ebenso gehören zu den Gemeinkosten in der Regel die Kosten für Versicherungen, Beiträge zu Verbänden oder gewinnunabhängige Steuern (z. B. Grundsteuer). Die Gemeinkosten werden in der Regel über die Kostenstellenrechnung kontrolliert und nach Verantwortungsbereichen dargestellt. So wird es möglich, sie in die innerbetriebliche Kosten- und Leistungsverrechnung zwischen den einzelnen Kostenstellen einzubeziehen.

Eine weitere wichtige Unterscheidung in der Kostenartenrechnung ist die Einteilung der Kosten in Primär- und Sekundärkosten. Bei der Erfassung von Kosten in Softwaresystemen, wie z. B. SAP – ERP spielt diese Einteilung eine entscheidende Rolle für die spätere Weiterverrechnung. **Primärkosten** sind Kosten, die durch den Bezug von Gütern und Dienstleistungen von außerhalb des Unternehmens entstehen. Es handelt sich dabei um Kosten für Produktionsfaktoren, die ein Unternehmen nicht selbst herstellt, sondern von Beschaffungsmärkten bezieht. **Sekundärkosten** sind alle Kosten von Produktionsfaktoren, die das Unternehmen selbst herstellt.

In der Teilkostenrechnung werden weitere Kostenbegriffe unterschieden. Hier ist die Unterscheidung zwischen fixen Kosten (Fixkosten) und variablen Kosten wesentlich. Unter **Fixkosten** sind in einer bestimmten Zeitperiode konstant und unabhängig von der Produktions- bzw. Absatzmenge (Ausbringungsmenge). **Variable Kosten** verändern sich bei Änderung der Produktions- bzw. Absatzmenge (Ausbringungsmenge). Sie sind damit mengenabhängige Kosten. Im Hinblick auf den funktionalen Zusammenhang zwischen Kostenentwicklung und Ausbringungsmenge wird in diesem Zusammenhang häu-

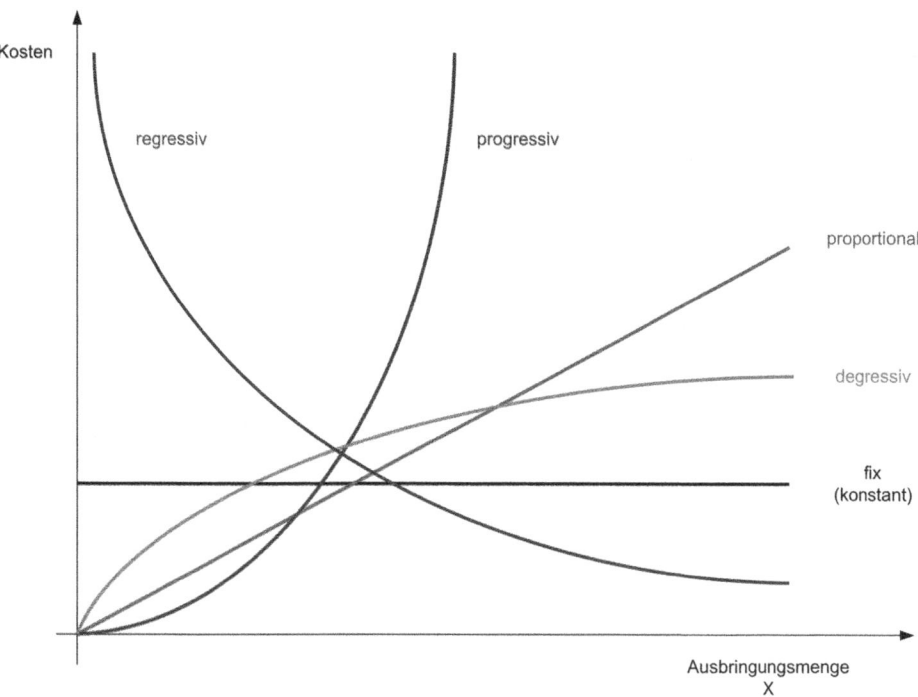

Abb. 4.13 Typen verschiedener Kostenfunktionen

fig zwischen proportionaler, überproportionaler und unterproportionaler Kostenverläufen unterschieden. Ein **proportionaler Kostenverlauf** liegt vor, wenn sich mit jedem Stück mehr Produktionsmenge die variablen Kosten im gleichen Verhältnis erhöhen (Stückkosten bleiben gleich). **Überproportionale Kostenfunktionen** sind dadurch gekennzeichnet, dass sich mit jedem Stück mehr Produktionsmenge die variablen Kosten pro Stück erhöhen. **Unterproportionale Kostenentwicklungen** kennzeichnet, dass sich mit jedem Stück mehr Produktionsmenge die variablen Kosten pro Stück vermindern (Abb. 4.13).

Im internen Rechnungswesen werden häufig die Begriffe **Herstellkosten** und **Selbstkosten** verwendet. Die Herstellkosten sind ein Maß für die Kosten, die für die Herstellung eines Produktes angefallen sind. Die Selbstkosten erfassen alle Kosten, die bis zum Absatz des Produktes angefallen sind. Sie werden nach der in Abb. 4.14 dargestellten Struktur berechnet. Es ist jedoch zu beachten, dass Abweichungen je nach Wirtschaftszweig auftreten können. So wird im Handel als Selbstkosten die Summe aus Einstandspreis und Handlungskosten bezeichnet. Je nach Branche und Ausrichtung des Unternehmens – Handel, Dienstleistung, Fertigung – kommt den einzelnen Positionen des Schemas unterschiedliche Bedeutung zu. Der Begriff der Herstellkosten ist bei genauer Betrachtung nicht zu verwechseln mit dem Begriff der Herstellungskosten. Der Begriff der **Herstellungskosten** ist § 255 Abs. 2 HGB und § 275 Abs. 3 HGB geregelt. Die Vorschriften dienen dem Zweck der externen Rechnungslegung. Die Herstellungskosten dienen als Maßstab für die Bewertung von Vermögensgegenständen bzw. Wirtschaftsgüter. Hier wird also verbindlich

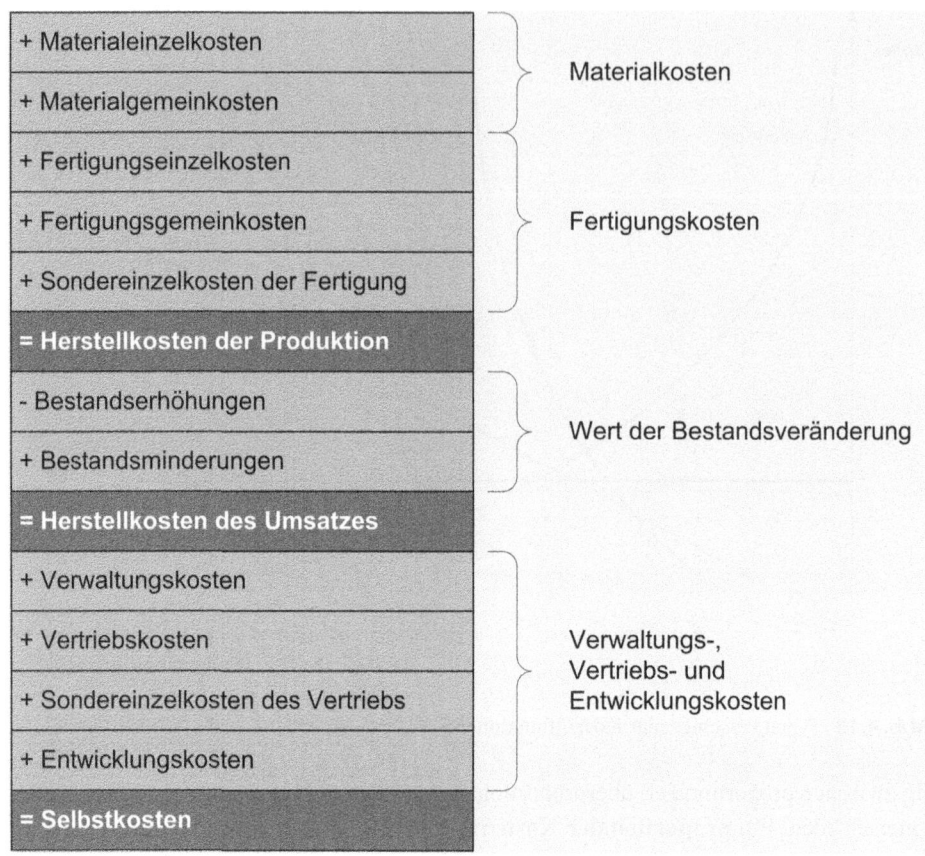

Abb. 4.14 Zusammensetzung der Herstell- und Selbstkosten eines erzeugten Gutes

geregelt, welche Werte und Positionen für die Rechenschaftslegung gegenüber Dritten zu bilanzieren sind.

Ein weiterer Begriff, dem im internen Rechnungswesen große Bedeutung zukommt, ist der des Deckungsbeitrags. Der **Deckungsbeitrag**, häufig auch mit DB abgekürzt, bezeichnet die Differenz zwischen den erzielten Erlösen (Umsatz) und den hierzu notwendigen variablen Kosten. Der Begriff ist eine der wichtigsten unternehmerischen Kenngrößen. Der Deckungsbeitrag gibt an, wie stark ein Produkt zur Deckung der Fixkosten in einem Unternehmen beiträgt. Produkte mit negativem Deckungsbeitrag sollten aus dem Angebot des Unternehmens genommen werden. Mit ihnen kann das Unternehmen keinen Gewinn erwirtschaften. Produkte mit positivem Deckungsbeitrag führen nicht zwingend zur Gewinnerzielung, allerdings leisten sie einen positiven Beitrag zur Deckung der Fixkosten. Deshalb kann ihre Produktion weiterhin sinnvoll sein.

Deckungsbeitrag = Umsatzerlöse − variable Kosten

4.6.3 Kostenstellenrechnung

Auf die Kostenartenrechnung folgt die Kostenstellenrechnung. Gemeinkosten müssen über die Kostenstellen, auf denen sie anfallen, letztlich verursachungsgerecht auf den Kostenträger verrechnet werden. Die Kostellenrechnung bietet die Möglichkeit, die Kostensituation innerhalb der Aufbauorganisation zu analysieren, zu kontrollieren, zu beplanen und zu steuern. Eine **Kostenstelle** kann als Ort, an dem die Kosten entstehen, definiert werden. Kostenstellen können nach verschiedensten Kriterien eingerichtet werden, z. B. nach räumlichen oder funktionalen Aspekten. Der **Kostenstellenplan** ist eine systematisch geordnete Zusammenstellung aller Kostenstellen eines Unternehmens. Begrifflich wird in diesem Zusammenhang zwischen Haupt-, Hilfs-, Neben-, Vor- und Endkostenstellen differenziert. **Hauptkostenstellen** sind Kostenstellen, welche ihre Leistung direkt an die Leistungsprozesse des Produktes abgeben. Zu diesen Leistungsprozessen gehören zum Beispiel der Verkauf, die Produktion oder die Verwaltung des Produktes. Als **Nebenkostenstellen** bezeichnet man betriebliche Bereiche, in denen Nebenprodukte erzeugt werden. **Hilfskostenstellen** sind diejenigen Kostenstellen, die ihre Leistung an die Hauptkostenstellen abgeben. Die Zuteilung ihrer Kosten bzw. Leistungen erfolgt indirekt und nicht direkt auf den Kostenträger. Die Verteilung auf die Hauptkostenstellen erfolgt über einen entsprechenden Verteilungsschlüssel.

Entsprechend der Art der Verrechnung kann außerdem zwischen Vor- und Endkostenstellen unterschieden werden. Unter **Vorkostenstellen** versteht man Kostenstellen, die für die anderen Kostenstellungen Leistungen einbringen, d. h. selbst nicht direkt an der Produktion der Endprodukte beteiligt sind. Sie werden im Betriebsabrechnungsbogen (BAB) auf andere Kostenstellen umgelegt und somit aufgelöst. **Endkostenstellen** sind die Kostenstellen, deren Kosten direkt auf die Kostenträger verrechnet werden können.

Die Kostenstellenrechnung wird in größeren Unternehmen häufig zur Profitcenter-Rechnung erweitert. Ein **Profitcenter** ist ein eigenständiger Verantwortungsbereich im Unternehmen. Hierbei werden auf den Profitcentern nicht wie in der klassischen Kostenstellenrechnung nur Kosten, sondern auch Erlöse erfasst. Damit ist es möglich, die Rentabilität einzelner Geschäftsbereiche zu steuern.

Die Verrechnung der Kosten kann nach verschiedensten Systematiken erfolgen. Zum Einstieg lässt sich dies gut am System des Betriebsabrechnungsbogens aufzeigen (Abb. 4.15).

4.6.4 Kostenträgerrechnung

Unter einem **Kostenträger** versteht man, abhängig vom Auswertungszweck, ein einzelnes Stück, einen Kunden- oder Fertigungsauftrag, eine Charge, ein Produkt oder eine Produktgruppe. Der Kostenträger wird regelmäßig vom betrachteten Unternehmen hergestellt oder erzeugt. Es ist das „Produkt" des Unternehmens, welches hier regelmäßig das Be-

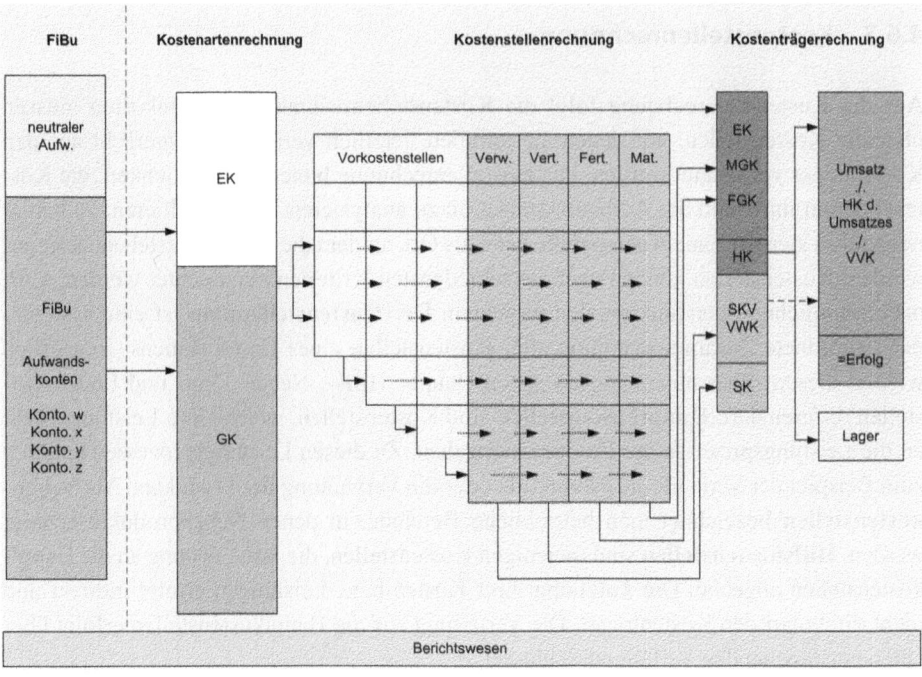

Abb. 4.15 Systematik der Kostellenrechnung (vereinfacht)

zugsobjekt bildet. In Dienstleistungsunternehmen sind Kostenträger z. B. ein Projekt bei einem Beratungsunternehmen, ein Kreditvertrag bei einer Bank, ein Versicherungszweig oder ein Einzelvertrag bei einer Versicherungsgesellschaft, eine Operation im Krankenhaus, ein Behandlungsfall in einer Praxis oder eine Laboruntersuchung.

Die **Kostenträgerrechnung** ist der Teil der Kostenrechnung, der auf der Kostenartenrechnung und der Kostenstellenrechnung aufbaut. Sie dient der Abrechnung aller betrieblichen Leistungen (Absatzleistungen und bestimmte innerbetriebliche Leistungen). Die Kostenträgerrechnung gliedert sich in die Kostenträgerzeitrechnung und die Kostenträgerstückrechnung. Mit der Kostenträgerrechnung soll gezeigt werden, wofür – für welche Produkte und Leistungen – die Kosten entstehen. Ziel ist es, erkennen zu können, wie hoch die Kosten sind, die ein Produkt als Produktkosten verursacht bzw. als zugeschlüsselte Strukturkosten zu tragen hat. Die Herstellkosten und Selbstkosten werden dabei nach den in Abb. 4.14 dargestellten Schemata ermittelt.

In der **Kostenträgerzeitrechnung** werden sämtliche in der betrachteten Periode entstandenen Kosten erfasst und dargestellt, während die **Kostenträgerstückrechnung** oder Kalkulation die Kosten der betrieblichen Produkteinheiten ermittelt, indem sie die Einzelkosten direkt und alle Gemeinkosten indirekt, d. h. mit Hilfe der in der Kosten-

Abb. 4.16 Kalkulationsarten

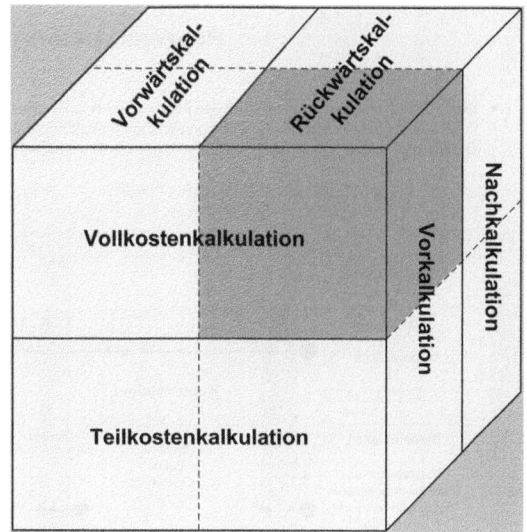

stellenrechnung ermittelten Kalkulationssätze auf die betrieblichen Produkteinheiten verrechnet. Wird die Kostenträgerstückrechnung vor Erstellung der zu kalkulierenden Leistung durchgeführt, so spricht man von einer Vorkalkulation, eine Rechnung nach Erstellung der zu kalkulierenden Leistung stellt eine Nachkalkulation dar (Abb. 4.16). Die Ergebnisse der Kostenträgerstückrechnung dienen neben der Preisbildung auch als Grundlage für die kurzfristige Kostenträgererfolgsrechnung und für Zwecke der Bilanzbewertung.

4.6.5 Prozesskostenrechnung

Häufig ist es wünschenswert, die Kosten den verursachenden Prozessen möglichst genau zuordnen zu können. Die Prozesskostenrechnung (Abb. 4.17) ist ein recht junger Bestandteil der Kostenrechnung und wird aufgrund ihrer Komplexität und aufwendigen Umsetzung in Unternehmen nicht häufig angewandt. Synonym verwendete Begriffe für die Prozesskostenrechnung sind Activity Based Costing oder Cost Driver Accounting oder aber der deutsche Begriff Vorgangskalkulation. Hintergrund für die Einführung der Prozesskostenrechnung ist die Tatsache, dass die Gemeinkosten zwar über die Kostenstellenrechnung letztlich dem Kostenträger zugeschlagen werden, hierbei aber keinerlei Informationen über die die kostenverursachenden Prozesse vorhanden sind. Für die Steuerung der betrieblichen Leistungserstellung ist es aber häufig erforderlich, die Kosten auf den betrieblichen Prozessen zu überwachen. Wenn auch die Idee einer Prozesskos-

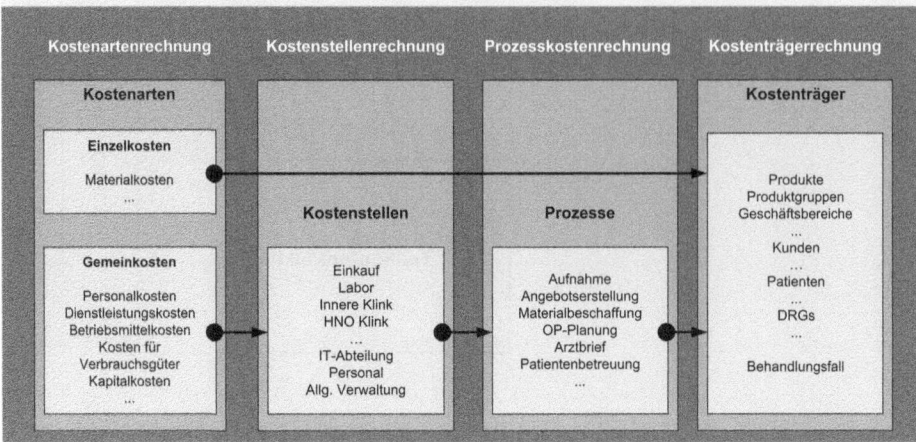

Abb. 4.17 Prozesskostenrechnung

tenrechnung schon seit etwa 1899 besteht, ist eine praktikable Umsetzung in Betrieben erst mit den Fortschritten in der Informations- und Kommunikationstechnologie möglich geworden.

Weiterführende Literatur

1. Birkner, B., Lüttecke, H., & Gürtler, J. (2006). *Kaufmann/Kauffrau im Gesundheitswesen – Lehrbuch zur berufsspezifischen Ausbildung* (1. Aufl.). Stuttgart: Kohlhammer.
2. Gitter, W., & Schmitt, J. (1999). *Buchführungsverordnung für Pflegeeinrichtungen (PBV) – Kommentar und alle wichtigen Vorschriften*. Starnberg: Taschenbuch.
3. Graumann, M., & Schmidt-Graumann, A. (2011). *Rechnungslegung und Finanzierung der Krankenhäuser – Betriebswirtschaftliche und juristische Aspekte der Rechnungslegung mit über 100 Abbildungen und Übersichten*. Neuwied: nwb.
4. Grethler, A. (2006). *Fachkunde für Kaufleute im Gesundheitswesem*. Stuttgart: Thieme.
5. Haschke-Hirth, A. (2007). *Steuerungs- und Abrechnungsprozesse für Kaufleute im Gesundheitswesen* (1. Aufl.). Troisdorf: Bildungsverlag EINS.
6. Hentze, J., & Kehres, E. (2006). *Buchführung und Jahresabschluss in Krankenhäusern* (2., Überarbeitete und aktualisierte Aufl.). Stuttgart: Kohlhammer.
7. Lein, A., Munk, V., & Klockhaus, H.-E. (2006). *Grundlagen der Krankenhausbuchführung – eine allgemeinverstädnliche Einführung mit einer Fülle von Fallbeispielen aus der Krankenhauspraxis* (3., völlig neu bearbeitet Aufl.). Stuttgart: Wissenschaftliche Verlagsgesellschaft.

8. Piehl, A., & Ristok, B. (1996). *Pflege-Buchführungsverordnung – Ein Arbeitsbuch für ambulante und teil-/vollstationäre Pflegeeinrichtungen.* Freiburg: Lambertus Verlag.

9. Kröger, J. (2009). *Buchführung für Kaufleute im Gesundheitswesen, Einführung in die doppelte Buchführung unter Berücksichtigung der Pflege-Buchführungsverordnung (PBV) und der Krankenhaus-Buchführungsverordnung (KHBV)* (2., überarbeitet Aufl.). Norderstedt: Books on Demand.

Forderungsmanagement und Liquidität

5

Neben dem Ziel der Gewinnmaximierung ist es für das Unternehmen erforderlich, in ausreichendem Maße finanzielle, liquide Mittel vorzuhalten. In der Regel werden betriebliche Leistungen zunächst in Rechnung gestellt werden. Auf der einen Seite werden die Rechnungen der Kunden eines Unternehmens, die Rechnungen über Behandlungsleistungen an Privatpatienten oder die kassenärztliche Abrechnung erst zu einem späteren Zeitpunkt bezahlt. Auf der anderen Seite müssen in unserem Unternehmen eingegangene Verbindlichkeiten pünktlich und regelmäßig bedient werden. Dies macht es erforderlich, aktiv Forderungsmanagement zu betreiben. Hierfür werden Zahlungsmittel benötigt. Oft muss man seine Forderungen rechtlich durchsetzen. Hierzu sind Kenntnisse im Bereich des gerichtlichen Mahnverfahrens unabdingbar.

5.1 Gerichtliches Mahnverfahren

Um bereits einen rechtlich durchsetzbaren Anspruch auf Zahlung gegenüber dem Schuldner zu haben, ist es nicht ausreichend lediglich eine Rechnung zu stellen und nach Fälligkeit des Rechnungsbetrages und ausbleibender Zahlung diesen ggf. durch Mahnung in Verzug zu versetzen. Die Durchsetzung des Anspruches setzt einen vollstreckbaren Titel voraus. Dieser kann durch das gerichtliche Mahnverfahren erlangt werden (Abb. 5.1). Das Mahnverfahren ist ein zivilgerichtliches Spezialverfahren ohne mündliche Verhandlung, ausführliche Klageschrift und Beweiserhebung. Es ist neben der Erhebung einer normalen Zivilklage eine einfache Möglichkeit, gegen säumige Schuldner vorzugehen. Das Mahnverfahren hat zwei wesentliche Vorteile gegenüber einer Klage: Es ist günstiger und kann ohne fremde Hilfe betrieben werden, d. h. es ist nicht notwendig einen Rechtsanwalt zu bestellen. Zu beachten ist allerdings, dass das Mahnverfahren nur bei Geldforderungen, wie beispielsweise Kaufpreis-, Darlehens- oder Werklohnforderungen möglich ist.

© Springer Fachmedien Wiesbaden 2016

A. Ampofo, *Betriebswirtschaftliche Grundlagen für Mediziner und medizinisches Fachpersonal*, DOI 10.1007/978-3-658-10470-2_5

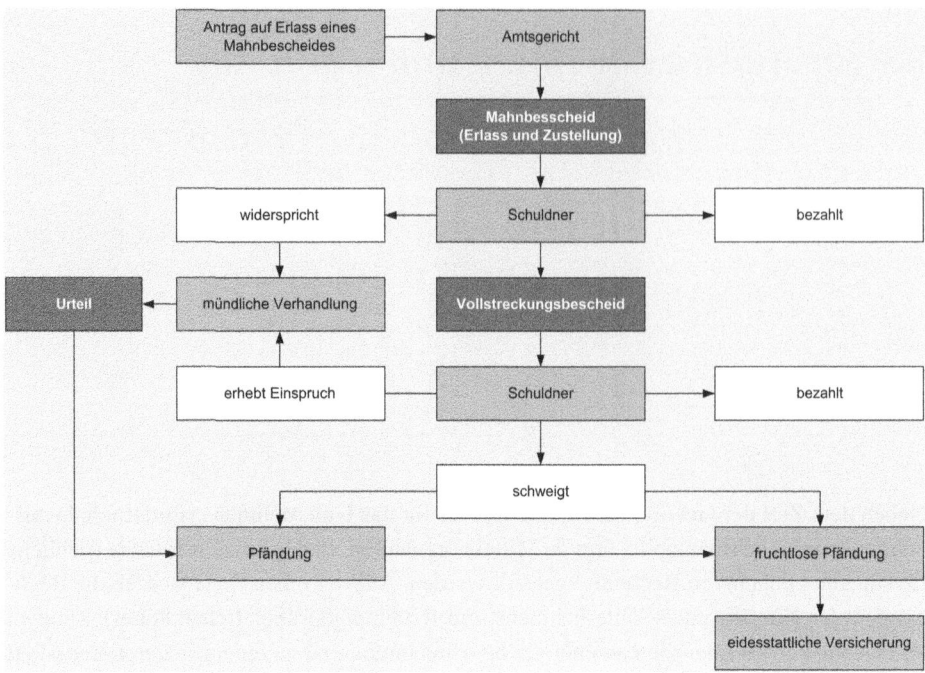

Abb. 5.1 Ablauf des gerichtlichen Mahnverfahrens

Das Mahnverfahren beginnt mit dem **Antrag auf Erlass eines Mahnbescheides**. Der Erlass eines Mahnbescheids kann nur mit dem offiziellen Formular beantragt werden. Der Antrag kann zugleich den Antrag auf Durchführung eines Streitverfahrens für den Fall des Widerspruchs durch den Schuldner enthalten. Antragsformulare sind im Schreibwarenfachhandel erhältlich. Es besteht auch die Möglichkeit den Antrag elektronisch unter Verwendung der digitalen Signatur zu stellen.

Mit der Bearbeitung des Mahnantrags fordert das Amtsgericht beim Antragsteller die Kosten an. Entspricht der Antrag den Voraussetzungen, erlässt das Amtsgericht nach Geldeingang einen Mahnbescheid. Dieser enthält den Hinweis, dass das Gericht die Anspruchsberechtigung nicht geprüft hat. Im Mahnbescheid wird auf die Folge hingewiesen, dass ein Vollstreckungsbescheid ergehen kann, wenn nicht innerhalb von zwei Wochen Widerspruch erhoben wird. Der Mahnbescheid wird dem Antragsgegner durch das Gericht „von Amts" wegen zugestellt. Die Zustellung des Mahnbescheids unterbricht die laufende Verjährungsfrist.

Der Antragsgegner kann gegen den Mahnbescheid Widerspruch erheben (§ 692 Nr. 4 ZPO). Damit geht das Mahnverfahren in ein ordentliches Gerichtsverfahren über. In diesem Verfahren wird der Antragsgegner den behaupteten Anspruch regelmäßig bestreiten und sich im Prozess sachlich zur Wehr setzen. Der **Widerspruch gegen den Mahnbescheid** ist vom Antragsgegner schriftlich zu erheben. Im Interesse einer zügigen Bearbeitung empfiehlt sich die Verwendung des Widerspruchsvordrucks. Anerkannt sind aber auch die Einlegung durch Telebrief, Telefax oder Fernschreiben, sowie der zu Protokoll der Geschäftsstelle des zuständigen Amtsgerichts erklärte Widerspruch. Eine Begründung ist nicht erforderlich. Die Widerspruchsfrist beträgt zwei Wochen ab der Zustellung des Mahnbescheids, einen Monat bei zulässiger Auslandszustellung. Ein später eingehender Widerspruch ist aber auch noch wirksam, wenn noch kein Vollstreckungsbescheid erlassen worden ist. Der rechtzeitig eingelegte Widerspruch verhindert die Fortsetzung des Mahnverfahrens und führt in ein normales Gerichtsverfahren – das sog. streitige Verfahren. Die Überleitung in das streitige Verfahren beginnt mit der Abgabe des Rechtsstreits durch das Mahngericht an das Gericht, das der Antragsteller in seinem Mahnantrag als das sachlich und örtlich zuständige Gericht angegeben hat. Das sich an den Widerspruch anschließende Streitverfahren folgt den allgemeinen Regeln des Zivilprozesses. Die Geschäftsstelle des Gerichts, an das die Streitsache abgegeben wurde, fordert den Antragsteller unverzüglich auf, seinen Anspruch binnen zwei Wochen zu begründen, § 697 ZPO. Geht die Anspruchsbegründung durch den Antragsteller nicht rechtzeitig bei Gericht ein, so wird – allerdings nur auf Antrag des Antragsgegners – ein Termin zur mündlichen Verhandlung bestimmt. Hierbei wird durch das Gericht eine erneute Frist für die Anspruchsbegründung gesetzt.

Hat der Antragsgegner nicht oder nicht rechtzeitig gegen den gesamten Anspruch Widerspruch eingelegt, so erlässt das Amtsgericht (§ 699 Abs. 1 ZPO) auf Antrag des Gläubigers einen **Vollstreckungsbescheid** auf Grundlage des nicht angefochtenen Mahnbescheids bzw. dessen nicht angefochtenem Teils. Der Antrag muss spätestens 6 Monate nach Zustellung des Mahnbescheids gestellt werden und die Erklärung enthalten, ob und welche Zahlungen inzwischen auf den per Mahnbescheid geltend gemachten Anspruch geleistet worden sind. Der vom Amtsgericht erlassene Vollstreckungsbescheid dient als eigenständiger und vorläufig vollstreckbarer Vollstreckungstitel. Mit ihm kann die Zwangsvollstreckung betrieben werden. Der Vollstreckungsbescheid wird vom Gericht „von Amts wegen" dem Antragsgegner zugestellt. Die Zustellung erfolgt an die Adresse, die im Mahnbescheid angegeben wurde.

Der Antragsgegner kann **Einspruch gegen den Vollstreckungsbescheid** einlegen. Auch wenn der Vollstreckungsbescheid bereits erlassen wurde, hat der Antragsgegner noch die Möglichkeit, Einspruch einzulegen und damit den Übergang in das streitige Gerichtsverfahren zu erreichen. Der Vollstreckungsbescheid ist durch den Einspruch im Ganzen oder auch teilweise anfechtbar. Der Einspruch erfolgt schriftlich und formlos. Er muss den Vollstreckungsbescheid bezeichnen, gegen den er sich richtet. Eine Begründung des Einspruchs ist nicht erforderlich. Die Einspruchsfrist beträgt zwei Wochen ab Zustellung des Vollstreckungsbescheids. Diese Frist kann nicht verlängert werden. Der Einspruch gegen den Vollstreckungsbescheid leitet in das ordentliche Gerichtsverfahren über. Wird Einspruch erhoben, so ist die Sache von Amts wegen an das im Mahnbescheid genannte zuständige Gericht abzugeben. Wurde Einspruch eingelegt, so hat der Antragsteller die Anspruchs- bzw. Klagebegründung nach Aufforderung des Gerichts innerhalb von zwei Wochen vorzulegen. Unterlässt der Antragsteller dies, so muss er mit der Aufhebung des Vollstreckungsbescheids und der Abweisung der Klage als unzulässig rechnen.

Wenn der Schuldner auch nach Erlass und Zustellung des Vollstreckungsbescheids nicht zahlt, ist der Gläubiger gezwungen, **Zwangsvollstreckungsmaßnahmen** einzuleiten, um an sein Geld zu kommen. Die Zwangsvollstreckungsmöglichkeiten in das bewegliche und unbewegliche Vermögen, in Geldforderungen und andere Vermögenswerte sind unterschiedlich. Das bewegliche Vermögen umfasst z. B. Maschinen, Einrichtungsgegenstände, Schmuck, aber auch Aktien und andere Wertpapiere und besonders Bargeld. Es wird im Wege der Pfändung vollstreckt (§ 803 ZPO). Nicht pfändbar ist alles, was der Schuldner für den täglichen Bedarf benötigt sowie die normale Wohnungseinrichtung. Zuständig für die Vollstreckung ist der Gerichtsvollzieher, der vom Gläubiger schriftlich beauftragt werden muss. Gerichtsvollzieheraufträge können an die Gerichtsvollzieher-Verteilungsstelle des Amtsgerichts gerichtet werden, in dessen Bezirk der Schuldner seinen Wohnsitz hat bzw. bei Handelsgesellschaften (GmbH, AG, OHG, KG etc.) sich der Sitz befindet. Zum unbeweglichen Vermögen gehören z. B. Grund- und Wohnungseigentum. Auf dieses kann man sich im Wege der Zwangsvollstreckung eine Sicherungshypothek ins Grundbuch eintragen lassen. Dies bewirkt eine Sicherung des Rechtes in Bezug auf die Rangstelle bei einer künftigen Zwangsversteigerung (§ 866 ZPO). Eine solche Zwangshypothek kann nur bei Forderungen von mehr als 750 € eingetragen werden. Die Eintragung erfolgt beim Grundbuchamt, in dessen Bezirk das Grund- bzw. Wohnungseigentum geführt wird. Für die Einleitung der Zwangsverwaltung bzw. Zwangsversteigerung ist ein zusätzlicher Antrag beim Vollstreckungsgericht erforderlich. Geldforderungen und andere Vermögenswerte sind z. B. Lohnforderungen, Bankkonten, Bausparverträge und Lebensversicherungen. Zu deren Pfändung wird ein sog. Pfändungs- und Überweisungsbeschluss des Vollstreckungsgerichts benötigt. In diesem wird dem Schuldner des Schuldners (wie z. B. seinem Arbeitgeber oder seiner Bank) verboten, Zahlungen an ihn zu leisten und zugleich die Forderung auf Auszahlung des Geldes dem Gläubiger zur Einziehung überwiesen (§ 829 ZPO). Für den Erlass eines solchen Pfändungs- und Überweisungsbeschlusses ist das Amtsgericht zuständig, in dessen Bezirk der Schuldner seinen Wohnsitz hat.

Der Schuldner muss die **Verfahrenskosten** tragen. Sie sind unterteilt in die Gerichtskosten und die Auslagen des Antragstellers. Hierunter fallen alle Kosten, die der Antragsteller für die Beantragung des Mahnbescheids auslegen musste, wie Ausgaben für den Vordruck und das Porto für die Zusendung an das Gericht sowie. ggf. Gebühr der Rechtsanwaltsgebühren, inkl. Auslagen und Mehrwertsteuer.

5.2 Factoring

Factoring stellt eine Finanzdienstleistung dar, die Unternehmen häufig zu einer Erhöhung der Liquidität verhilft. Sie stellt in der Form eine umsatzkongruente Betriebsmittelfinanzierung dar (Abb. 5.2).

Je nach Leistungsumfang der Dienstleistung wird zwischen unterschiedlichen Formen des Factorings unterschieden. Hier sind als Formen das echte und unechte Factoring, Fälligkeits-Factoring (Maturity Factoring) und das Inhouse-Factoring (Bulk- oder Eigenservice-Factoring) zu nennen.

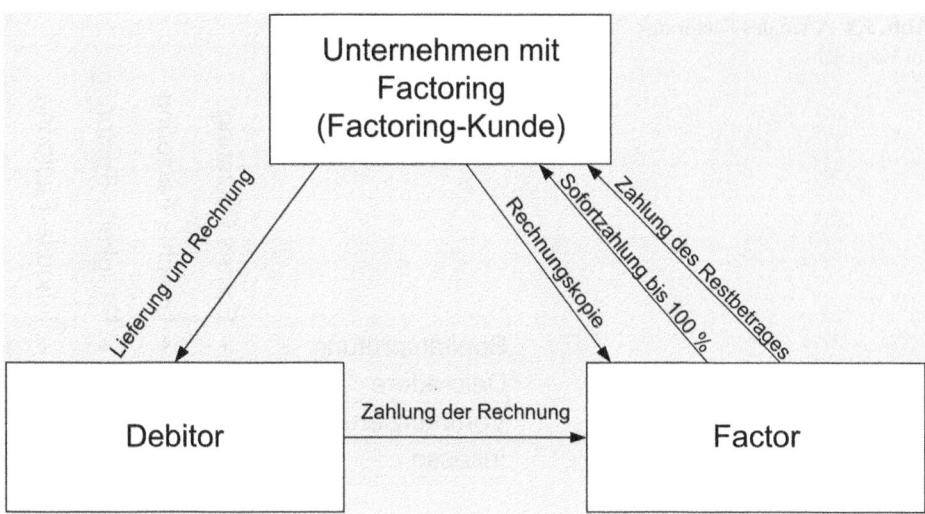

Abb. 5.2 Beziehungen der am Factoring beteiligten Akteure

Als **echtes Factoring** wird ein Verfahren bezeichnet, bei dem der Factor das Delkredererisiko übernimmt. Durch echtes Factoring wird die Bilanz des Unternehmens um Forderungen und Verbindlichkeiten verkürzt. Dies führt zur Verbesserung wesentlicher betrieblicher Kennzahlen, so steigen die Liquidität und die Eigenkapitalquote. Außerdem kommt es häufig zu einer Entlastung innerbetrieblicher Prozesse, denn das Unternehmen wird von den administrativen Aufgaben des Debitorenmanagements befreit. Factoring stellt also eine Form des Outsourcings dar. Beteiligte sind ein Unternehmen als Factoring-Kunde (Kreditor), der seine „Forderungen aus Lieferungen und Leistungen" an einen Factor (Kreditinstitut, insbesondere Factor-Bank) verkauft, und der Forderungsschuldner (Debitor). Häufig wird der Debitor auch Anschlusskunde, -firma, Klient oder Anwender genannt. In Deutschland kommt überwiegend echtes Factoring zur Anwendung.

Beim **unechten Factoring** bleibt das Risiko des Forderungsausfalls beim Unternehmen (Factoring-Kunde). Das unechte Factoring wird in der Rechtsprechung und Literatur überwiegend als Darlehen angesehen, die Abtretung der Forderung erfolgt zur Sicherung des Kredits (also der bezahlten Summe für die Forderung) und zugleich erfüllungshalber (sofern die Forderung tatsächlich eingezogen werden kann). Die Factoring-Gesellschaften (Factor) unterstützen das Unternehmen hier in der Bereitstellung von Liquidität und durch die Übernahme des Debitorenmanagements.

Eine weitere Variante stellt das **Fälligkeits-Factoring,** auch als Maturity Factoring bekannt, dar. Beim Fälligkeits-Factoring, erhält der Factoring-Kunde die Vorteile der vollständigen Risikoabsicherung und der Entlastung beim Debitorenmanagement. Der Factoring-Kunde verzichtet aber auf die sofortige Regulierung des Kaufpreises.

Neben den genannten Formen kommt auch bei einigen Unternehmen das **Inhouse-Factoring** zur Anwendung. Es wird auch als Bulk-Factoring oder Eigenservice-Factoring bezeichnet. Der Factor übernimmt zwar das Delkredererisiko, schränkt seine Dienst-

Abb. 5.3 Arten des Factorings
im Vergleich

	Echtes Factoring	Unechts Factoring	Fälligkeits-Factoring	Inhouse-Factoring
Bonitätsprüfung	+	+	+	+
Delcredere	+	-	+	~
Vorfinanzierung	+	+	-	+
Inkasso	+	+	+	~

leistungen aber stark ein. Die Debitorenbuchhaltung einschließlich Mahnwesen verbleibt beim Kunden. Lediglich nach Abschluss des außergerichtlichen Mahnverfahrens wird der Factor mit dem Einzug der Forderung beauftragt (Abb. 5.3).

Weiterführende Literatur

1. Grundmann, W. (2013). *Leasing und Factoring: Formen, Rechtsgrundlagen, Verträge.* Wiesbaden: Springer.
2. Hermann, J. (2006). *Handbuch Factoring.* Bonn: VisAvis.
3. Goeke, M. (2008). *Praxishandbuch Mittelstandsfinanzierung: Mit Leasing, Factoring & Co. unternehmerische Potenziale ausschöpfen.* Wiesbaden: Gabler.
4. Salten, U., & Gräve, K. (2013). *Gerichtliches Mahnverfahren und Zwangsvollstreckung* (5. Aufl.). DVS. Köln: Verlag Dr. Otto Schmidt.

Rechtsformen der Unternehmen 6

Die Ausgestaltung und der Umfang, in dem in einem Unternehmen bzw. Betrieb Rechnungswesen betrieben wird, hängt insbesondere bzgl. des externen Rechnungswesens stark von der Wahl der Rechtsform ab. Gerade im externen Rechnungswesen gibt es zahlreiche rechtliche Vorschriften, u. a. das HGB, die AO, diverse Steuergesetze usw., die zu berücksichtigen sind. Aber die Frage, welche Rechtsvorschriften zu berücksichtigen sind, ob wir in einem Betrieb beispielsweise die einfache Buchführung (Einnahme-Überschussrechnung) anwenden können oder ob die doppelte Buchführung anzuwenden ist, hängt auch von der Wahl der Rechtsform ab. Das interne Rechnungswesen ist in der Regel nicht gesetzlich vorgeschrieben, ob und inwieweit man in einem Betrieb überhaupt internes Rechnungswesen betreibt, bleibt üblicherweise in das Ermessen des Unternehmens gestellt und hängt auch oft von der Größe des Unternehmens, der Anzahl der Beschäftigten, den Geschäftsbereichen, der Branchenzugehörigkeit oder auch von der Art und dem Umfang der angebotenen Produkte und Dienstleistungen ab. Große Unternehmen und Konzerne werden häufig in der Rechtsform einer Kapitalgesellschaft betrieben. Auch hier bestimmt im Prinzip die Wahl der Rechtsform die Struktur des Management Accountings. Gerade im Gesundheitswesen ist die Wahl der Rechtsform nicht zwingend frei. So steht Berufsausübungsgemeinschaften (Gemeinschaftspraxen) nach h. M. die Wahl einer OHG oder KG nicht zu. Auch diese spezifischen Aspekte in der Gesundheitswirtschaft sind somit letztendlich bedeutsam für Ausgestaltung des Rechnungswesens im konkreten Fall. Demnach ist es für das Management eines Betriebes erforderlich, Grundkenntnisse in Bezug auf die Wahl der Rechtsformen von Unternehmen zu haben.

© Springer Fachmedien Wiesbaden 2016
A. Ampofo, *Betriebswirtschaftliche Grundlagen für Mediziner und medizinisches Fachpersonal,* DOI 10.1007/978-3-658-10470-2_6

6.1   Aspekte hinsichtlich der Wahl der Rechtsform

Das Oberziel eines Unternehmens ist die Gewinnerzielung unter Aufrechterhaltung der Liquidität. Diesem Ziel muss im Prinzip auch die Wahl der Rechtsform folgen. Die einzelnen Rechtsformen unterscheiden sich im Hinblick auf die Aspekte: Leitung und Kontrolle, Haftung der Eigenkapitalgeber, Finanzierungsmöglichkeiten, Gewinn- und Verlustverteilung bzw. -beteiligung, der Publizitäts-, Offenlegungs-, Prüfungserfordernissen hinsichtlich des Jahresabschlusses bzw. des Konzernabschlusses sowie hinsichtlich der Mitbestimmung. Ein weiterer wesentlicher Gesichtspunkt ist die Steuerbelastung der gewählten Rechtsform (Abb. 6.1).

Betrachtet man den Aspekt der Leitung und Kontrolle eines Unternehmens, so kann u. a. folgendes festgestellt werden: Es gibt Gesellschaftsformen, in denen die Leitung und Kontrolle allein bei den Inhabern oder Gesellschaftern liegt, dies sind in der Regel Personengesellschaften. Hingegen kann es bei Kapitalgesellschaften bestimmte Kontroll- und Aufsichtsorgane geben. Hier ist die Führung des Unternehmens von einem Kontrollorgan getrennt. Am deutlichsten tritt dies bei der Aktiengesellschaft (AG) in Erscheinung. Der Vorstand führt hier die Geschäfte und wird dabei durch den Aufsichtsrat überwacht. Betrachtet man den Aspekt der Finanzierungsmöglichkeiten eines Unternehmens, so sind ebenfalls erhebliche Unterschiede zwischen den Rechtsformen zu konstatieren. So hat eine börsennotierte AG über den Handel ihrer Aktien einfacher Zugang zu Kapitalgebern, als es beispielsweise bei Personengesellschaften der Fall ist. Auch gibt es extreme Unterschiede im Hinblick auf die Haftung der Eigenkapitalgeber. Bestimmte Rechtsformen sind juristische Personen. Sie haben eine eigene Rechtspersönlichkeit und sind damit strikt von den Gesellschaftern getrennt. Dies ist z. B. bei den Kapitalgesellschaften (GmbH, AG u. a.) der Fall. Das Unternehmen haftet hier zwar mit seinem Vermögen, die Eigenkapi-

Abb. 6.1 Aspekte der
Rechtsformwahl

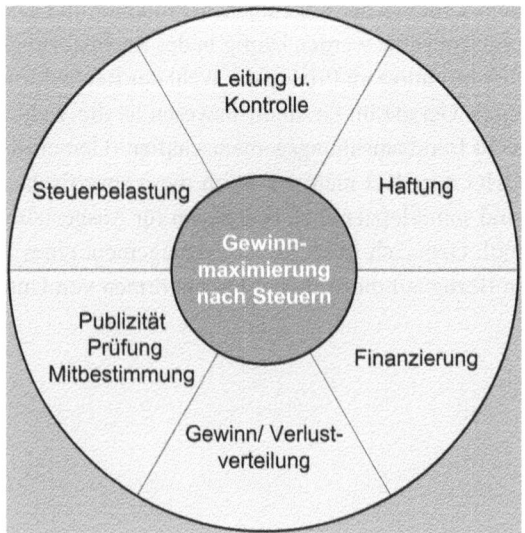

talgeber haften bei diesen Gesellschaftsformen in der Regel, bei voller Einzahlung ihrer
Einlagen, nicht mit ihrem privaten Vermögen. Anders sieht dies häufig im Falle der Personengesellschaft aus. Hier ist es grundsätzlich so, dass es keine Haftungsbeschränkung
gibt, also sowohl mit dem Geschäftsvermögen als auch mit dem Privatvermögen gehaftet
wird. Nachfolgend werden einzelne Rechtsformen und ausgewählte Eigenschaften näher
beschrieben (Abb. 6.2).

6.1.1   Einzelunternehmen

Ein Einzelunternehmen umfasst im weiteren Sinne jede selbständige Betätigung einer
einzelnen natürlichen Person als Landwirt, Gewerbetreibender oder Freiberufler. Es ist
dabei nicht von Bedeutung, ob die Person Arbeitnehmer beschäftigt oder nicht. Im enge-
ren Sinne wird unter dem Begriff des Einzelunternehmens das Unternehmen eines voll-
haftenden Einzelkaufmanns im Sinne des Handelsgesetzbuches (HGB) verstanden. Der
Einzelunternehmer betreibt als Kaufmann seine Handelsgeschäfte unter dem Namen seiner Firma. Der Firmenname ist frei wählbar. Lässt sich der Einzelkaufmann in das Handelsregister eintragen, so ist dem Firmennamen der Zusatz „eingetragener Kaufmann"
– abgekürzt: „e.K." – hinzufügen. Das Einzelunternehmen entsteht, wenn ein Freiberufler
oder ein Gewerbetreibender allein ein Geschäft eröffnet. Bei Einzelunternehmen gibt es
nur einen Unternehmensinhaber, dieser wird häufig auch als Betriebsinhaber bezeichnet.
Der Einzelunternehmen ist „Alleinherscher" seines Betriebes. Ihm obliegt einerseits die
Leitung und Kontrolle des Unternehmens, andererseits trägt er aber auch das volle finanzielle Risiko. Er haftet mit seinem gesamten Vermögen (Betriebs- und Privatvermögen)
für Verbindlichkeiten des Unternehmens persönlich und unmittelbar. Dem Unternehmer
stehen bei dieser Rechtsform Gewinne und Verluste allein in voller Höhe zu. Das Einzelunternehmen ist nicht publizierungs- und prüfungspflichtig. Im Rahmen der Heilberufe
wird man häufig mit der Rechtsform des Einzelunternehmens konfrontiert. Man spricht
auch von freiberuflichen Einzelunternehmen, um die Abgrenzung zum Einzelkaufmann
zu verdeutlichen. So werden Arztpraxen mit einem Inhaber häufig in dieser Rechtsform
geführt. Als wesentliche Vorteile dieser Rechtsform sind die hohe Unabhängigkeit des
Unternehmensinhabers, die geringen Formvorschriften, geringe Gründungskosten und
größtmöglicher Gestaltungsspielraum zu nennen. Allerdings gibt es auch einige Nachteile, die in der unbeschränkten Haftung und Finanzierungsrestriktionen bestehen. Die
Erweiterung der Kapitalbasis richtet sich nach dem Vermögen des Inhabers. Es können
darüber hinaus Probleme bei der Unternehmensnachfolge entstehen. Da der Unternehmer bei dieser Rechtsform die alleinige Verantwortung trägt, kann für ihn eine erhebliche
Arbeitsbelastung entstehen.

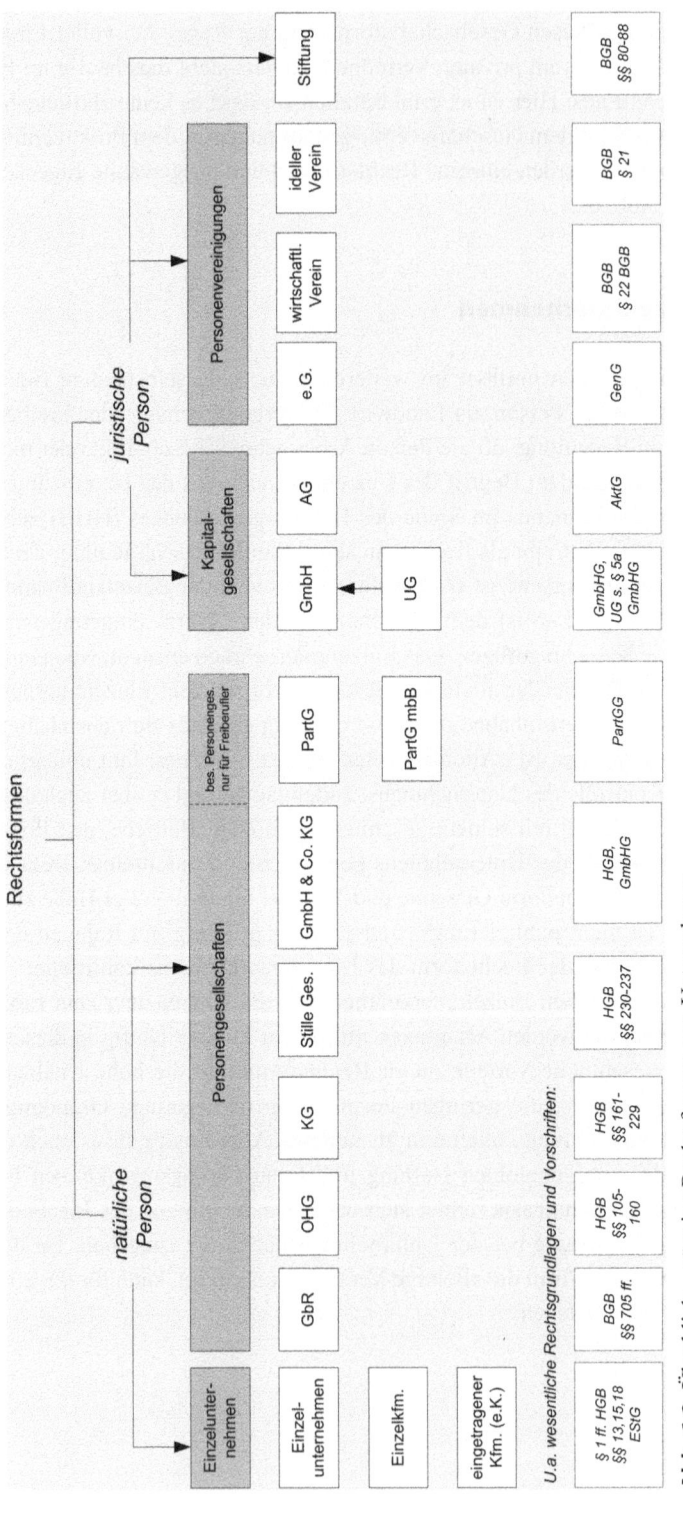

Abb. 6.2 Überblick – gängige Rechtsformen von Unternehmen

6.1.2 Personengesellschaften

Eine Personengesellschaft entsteht, wenn sich mindestens zwei Personen zur Erreichung eines gemeinsamen Zweckes zusammenschließen. Die Personen können im juristischen Sinnen natürliche oder juristische Personen sein. Eine Personengesellschaft selbst ist keine juristische Person, kann aber trotzdem Träger von Rechten und Pflichten sein. Die Besteuerung einer Personengesellschaft erfolgt nach dem Transparenzprinzip. Das Transparenzprinzip besagt, dass eine Personengesellschaft – z. B. KG, OHG – selbst kein einkommensteuerpflichtiges Steuersubjekt ist und insofern für die Besteuerung „transparent" ist. Das Transparenzprinzip gilt nicht für die Gewerbesteuer, da nach § 5 GewStG die Personengesellschaft selbst Steuerschuldner ist und somit keine Verlagerung der Steuerschuld auf die Gesellschafter erfolgt. Der Körperschaftsteuer kann die Personengesellschaft nicht unterliegen, da sie nicht in § 1 KStG aufgeführt ist.

6.1.2.1 Gesellschaft bürgerlichen Rechts (GbR)

Die „Grundform" der Personengesellschaft ist die GbR oder auch BGB-Gesellschaft genannt. Sie ist eine auf Vertrag beruhende Personenvereinigung zur Erreichung eines gemeinsamen Zwecks. Die rechtlichen Grundlagen sind in §§ 705 ff. BGB geregelt. Die GbR ist keine juristische Person und hat keine eigene Rechtspersönlichkeit. Das Gesellschaftsvermögen ist Gesamthandeigentum, über das die Gesellschafter nur gemeinsam verfügen können. Gesellschafter können natürliche und juristische Personen sein. Die Leitung der Gesellschaft obliegt allen Gesellschaftern (§ 709 BGB). Sie sind zur Leistung einer gleich hohen Einlage verpflichtet (§ 706 BGB). Alle Gesellschafter partizipieren in gleicher Weise an Gewinnen und Verlusten (§ 722 BGB). Viele dieser Regelungen können jedoch individuell an die Bedürfnisse der Gesellschaft im Einzelfall durch Regelungen im Gesellschaftervertrag anders geregelt werden, so dass eine optimale Anpassung an die konkreten Bedürfnisse der Gesellschaft bzw. der Gesellschafter im Einzelfall gewährleistet ist. Die Gesellschafter haften als Gesamtschuldner. Einem Gläubiger ist es also möglich, zur Befriedigung seines Anspruchs, in das Privatvermögen eines Gesellschafters zu vollstrecken. Dieser kann dann im Innenverhältnis einen Ausgleichsanspruch gegen seine Mitgesellschafter geltend machen. Die GbR finanziert sich mit Hinblick auf die Eigenfinanzierung regelmäßig aus den Einlagen der Gesellschafter. Ist eine Fremdfinanzierung notwendig, kann diese durch Bankkredite erfolgen. Allerdings hängt wegen der gesamtschuldnerischen Haftung die Kreditwürdigkeit der GbR von der Kreditwürdigkeit des Gesellschafters ab. Die Höhe ihres aufsummierten Reinvermögens ist hierbei ein zentraler Aspekt. Die GbR ist eine Gesellschaftsform, die „mit Vorsicht" zu genießen ist. Zwar bietet sie einen großen Gestaltungsspielraum, jedoch besteht aufgrund der gesamtschuldnerischen Haftung das nicht zu unterschätzende Risiko, dass man für Verbindlichkeiten in Anspruch genommen wird, die ein Mitgesellschafter für die GbR eingegangen ist. Auch kommt die GbR durch einen einfachen Vertrag zustande, die Schriftform ist nicht erforderlich. Gerade deshalb ist es wichtig, sich nicht auf mündliche Absprachen zu verlassen, sondern den Vertrag schriftlich zu fixieren. Gemeinschaftspraxen bzw. Berufsausübungsgemein-

schaften sind dadurch gekennzeichnet, dass Ärzte und Mediziner ihren Beruf gemeinsam
ausüben. Diese Kooperationsformen stellen im Außenverhältnis eine GbR dar. Bei Praxisgemeinschaften steht in der Regel, anders als bei Gemeinschaftspraxen, die gemeinsame
Nutzung von Büroräumen und Inventar oder Personal im Vordergrund. Hierbei handelt es
sich um eine reine Innengesellschaft und nicht um eine GbR im Außenverhältnis.

6.1.2.2   OHG – offene Handelsgesellschaft

Die offene Handelsgesellschaft ist rechtlich geregelt in den §§ 105–160 HGB. Die voll-
haftenden Gesellschafter führen das Unternehmen. Die OHG ist als Handelsgesellschaft
ins Handelsregister (HRA) eingetragen. Diese Rechtsform steht Arztpraxen nach h. M.
nicht offen. Der Kern einer solchen Gesellschaft ist eine kaufmännische Tätigkeit, nämlich ein Handelsgeschäft. Dieses Merkmal findet man gerade bei Arztpraxen nicht. Dennoch können andere Betriebe in der Gesundheitswirtschaft, z. B. Labore und pharmazeu-
tische Betriebe sich dieser Rechtsform bedienen.

6.1.2.3   Kommanditgesellschaft

Die Kommanditgesellschaft ist, wie die OHG, eine Personenhandelsgesellschaft, bei der
jedoch einige Besonderheiten zu beachten sind. Hier gibt es zwei unterschiedliche Arten
von Gesellschaftern, die Komplementäre und die Kommanditisten. Die Komplementäre
sind zu Geschäftsführung befugt, leiten, steuern und kontrollieren den Betrieb. Sie haften auch unbeschränkt gegenüber Gläubigern der Gesellschaft. Die Kommanditisten hingegen sind von der Geschäftsführung ausgeschlossen, sie haften allerdings dafür auch
nicht unbeschränkt sondern nur in der Höhe, der von Ihnen eingebrachten Einlage. Die
KG ist ebenfalls ins Handelsregister einzutragen (HRA). Die h. M. lässt die KG für Arztpraxen als Gesellschaftsform ebenfalls nicht zu.

6.1.2.4   GmbH & Co. KG

Die GmbH & Co. KG zählt zu den Personengesellschaften. Sie besteht aus seiner GmbH,
die als Komplementär fungiert, und weiteren Kommanditisten. Der Komplementär ist
vollhaftend. Da bei dieser Konstruktion allerdings die haftungsbeschränkte GmbH als
Komplementär eingesetzt ist, ist eine haftungsbeschränkte Gesellschaftsform entstanden.
Die GmbH & Co. KG wird bislang von der h. M. als für Praxen unzulässig angesehen,
d. h. ein Zusammenschluss mehrerer Ärzte in dieser Rechtsform scheidet aus. Schließen
sich Ärzte allerdings mit einem weiteren Gesellschafter zusammen, der gewerblich tätig
ist, ist auch die GmbH & Co. KG zulässig.

6.1.2.5   Stille Gesellschaft

Die stille Gesellschaft ist dadurch gekennzeichnet, dass sich ein Kapitalgeber – der stille
Gesellschafter – am Unternehmen eines Geschäftsinhabers in der Weise beteiligt, dass
seine Kapitaleinlage in das Vermögen des Geschäftsinhabers übergeht. Diese Gesellschaftsform heißt „still", da sie für Außenstehende nicht erkennbar ist. Es handelt sich
um eine reine Innengesellschaft. Die stille Gesellschaft ist in den §§ 230–237 HGB gere-

gelt. Ein stiller Gesellschafter ist von der Geschäftsführung ausgeschlossen. Der stille Gesellschafter übernimmt keine Haftung. Bei Verlust seiner Einlage z. B. durch eine Insolvenz des Unternehmens kann er als Insolvenzgläubiger seine Einlage zurückfordern. Die Gewinn- und Verlustbeteiligung ist in der Regel in einem Gesellschaftsvertrag geregelt. Die Beteiligung am Verlust, nicht aber die Beteiligung am Gewinn, kann vertraglich ausgeschlossen werden (§ 231 HGB). Die Entnahmemöglichkeit des stillen Gesellschafters ist auf seinen Gewinnanteil beschränkt (§ 232 HGB). Die stille Gesellschaft ist als Betreiberin eines Handelsgewerbes zur Erstellung eines Jahresabschlusses verpflichtet, aber nicht prüfungs- und publizitätspflichtig. Es wird in der Praxis zwischen einer typischen stillen Gesellschaft, bei der der stille Gesellschafter am laufenden Gewinn und ggf. am laufenden Verlust beteiligt ist, und zwischen der atypischen stillen Gesellschaft, bei der der stille Gesellschaft zusätzlich an Wertänderungen des ruhenden Vermögens beteiligt ist, unterschieden. Interessant ist diese Gesellschaftsform im Hinblick auf die Finanzierung des Unternehmens. Der Geschäftsinhaber kann über die stille Beteiligung seinem Unternehmen Kapital zuführen, ohne auf seine Entscheidungskompetenz zu verzichten. Er verzichtet lediglich auf Teile seines Gewinns.

6.1.2.6 Partnerschaftsgesellschaft

Die Partnerschaftsgesellschaft steht als Rechtsform ausschließlich den freien Berufen offen. Sie ist im Partnerschaftsgesellschaftsgesetz (PartGG) geregelt. Zur Gründung sind mindestens zwei Partner erforderlich. Inhaltlich ist die Struktur der PartG eng an die der OHG angelegt. Häufig wird auch von einer „Schwesterfigur" zur OHG gesprochen. Die Partner haften unbeschränkt. Die Partnerschaft ist rechtlich selbstständig. Die Geschäftsführungsbefugnis und das Vertretungsrecht werden durch die Partner ausgeübt. Für freiberuflich tätige Ärzte, die sich zusammenschließen, kommt die Rechtsform einer Partnerschaftsgesellschaft in Betracht. Im Hinblick auf medizinische Versorgungszentren scheidet die Wahl der Rechtsform einer Partnerschaftsgesellschaft dann aus, wenn am MVZ eine juristische Person, z. B. GmbH oder AG beteiligt ist. Dies ergibt sich aus dem PartGG, dass vorsieht, dass nur natürliche Personen an einer PartG beteiligt sein können. Damit scheidet ein Zusammenschluss von Ärzten mit einem Krankenhaus zu einem MVZ in der Rechtsform einer PartG aus.

6.1.3 Kapitalgesellschaften

Inhaltlich ist die Kapitalgesellschaft eine auf einem Gesellschaftsvertrag beruhende Körperschaft des privaten Rechts, deren Mitglieder einen gemeinsamen, meist wirtschaftlichen, Zweck verfolgen. Sie ist eine juristische Person. Kapitalgesellschaften sind durch gesetzlich festgelegte Kapitalaufbringungs- und Kapitalerhaltungsvorschriften gekennzeichnet. Im Hinblick auf die Besteuerung gilt hauptsächlich das Trennungsprinzip. Dieses besagt, dass die Besteuerung der Kapitalgesellschaft unabhängig von der Besteuerung der Erträge aus den Anteilen der Anteilseigner erfolgt.

6.1.3.1 GmbH und Unternehmergesellschaft

Die GmbH und die Unternehmergesellschaft (UG) sind Kapitalgesellschaften. Die UG ist inhaltlich der GmbH sehr stark angenähert und hat wesentliche Grundgedanken bzgl. der GmbH übernommen.

Die Gesellschaft mit beschränkter Haftung ist eine juristische Person. Sie ist im GmbH-Gesetz (GmbHG) geregelt. Die Gesellschaft haftet nur mit ihrem Vermögen. Das gezeichnete Stammkapital beträgt mindestens 25.000 €. Hiervon müssen bei Gründung mindestens 12.500 € eingezahlt werden. Die Gründung der Gesellschaft muss notariell beurkundet werden. Als juristische Person entsteht die Gesellschaft ebenfalls erst mit der Eintragung ins Handelsregister (HRB). Die Haftungsbeschränkung tritt erst mit Eintragung ins Handelsregister in Kraft. Regelmäßig beginnt die Steuerpflicht der GmbH schon mit Abschluss des Gesellschaftervertrages. Die GmbH ist in ihrem Bestand unabhängig von ihren Gesellschaftern. Ein Wechsel der Gesellschafter berührt die Gesellschaft nicht in ihrem Wesen. Die GmbH ist also unabhängig von ihren Mitgliedern organisiert. Sie ist in allen Belangen rechtlich selbstständig. Sie hat einen eigenen Namen (Firma). Die beiden zentralen Organe der GmbH sind der Geschäftsführer und die Gesellschafterversammlung. Der Geschäftsführer vertritt die Gesellschaft und nimmt die Geschäftsführung war. Zum Geschäftsführer kann auch ein Nichtgesellschafter bestellt werden. Die Gesellschaftsversammlung übernimmt die Kontrolle der Geschäftsführung und fungiert als Beschlussorgan. Ihr gehören alle Gesellschafter an. Jedem Gesellschafter steht dabei in der Regel ein Stimmrecht in Höhe seiner Kapitalanteile zu. Die Gesellschafterversammlung entscheidet insbesondere über die Gewinnverwendung. Eine GmbH kann als weiteres Organ noch über einen Aufsichtsrat verfügen. Dieser ist allerdings erst bei mehr als 500 Arbeitnehmern als Pflichtorgan vorgeschrieben.

Die Unternehmergesellschaft (UG) wird auch als Mini-GmbH oder 1-Euro GmbH bezeichnet. Sie ist ebenfalls im GmbH-Gesetz (§ 5a GmbHG) geregelt. Der Bedarf an einer Kapitalgesellschaftsform, die eine Haftungsbeschränkung auch schon für einen geringeren Betrag als 25.000 € ermöglicht, ist in den letzten Jahren gewachsen. Dies war in der Vergangenheit nur durch die Gründung ausländischer Kapitalgesellschaften, wie z. B. der britischen Limited mit Firmensitz in Großbritannien möglich. 2008 wurde die UG ins deutsche Recht eingeführt, die es ermöglicht bereits mit 1 € Stammkapital eine Haftungsbeschränkung zu erlangen. Es handelt sich um keine neue Rechtsform, sondern vielmehr um eine GmbH mit reduzierten Kapital und einem besonderen Rechtsformzusatz. Im Rechtsverkehr darf die UG nur mit dem Rechtsformzusatz „Unternehmergesellschaft (haftungsbeschränkt)" oder „UG (haftungsbeschränkt)" auftreten. Eine Abkürzung des Zusatzes „haftungsbeschränkt" ist nicht zulässig. Im Gegenzug dafür, dass die Stammeinlage fast beliebig gering ausfallen kann, müssen jährlich mindestens 25 % des Jahresüberschusses in eine Rücklage eingestellt werden. Wenn die angesammelte Rücklage zusammen mit dem ursprünglichen Stammkapital die Summe von 25.000 € (Mindestkapital gem. § 5 Abs. 1 GmbHG) erreicht, können die Gesellschafter gem. § 57c GmbHG einen Kapitalerhöhungsbeschluss fassen. Dieser ermöglicht es der UG künftig auf die Ansammlung der Rücklage i. H. v. 25 % des Jahresüberschusses zu verzichten, über den Jahresüberschuss auch sonst frei zu verfügen und ihre Firmierung zu ändern und den Rechtsformzusatz „GmbH" zu führen. Eine UG darf erst dann aufhören, die Rücklage anzusparen, wenn das Stammkapital auf mindestens 25.000 € erhöht worden ist. Die UG ist eine juristische Person, in der Regel voll körperschaftssteuer- und gewerbesteuerpflichtig, und sie muss ihre Jahresabschlüsse nach Maßgabe der §§ 325, 326 HGB veröffentlichen. Die UG kann mit einem Stammkapital von lediglich einem Euro gegründet werden. Die UG ist, wie die GmbH, zur doppelten Buchführung verpflichtet.

6.1.3.2 Aktiengesellschaft

Eine Aktiengesellschaft (AG) ist eine Kapitalgesellschaft, an der sich Eigenkapitalgeber durch den Erwerb von Aktien beteiligen, die ihre Mitgliedschaftsrechte in der Form eines handelbaren Wertpapiers beinhalten. Die Rechtsverhältnisse sind im Aktiengesetz (AktG) geregelt. Die Gesellschafter der AG sind die Aktionäre. Die Organe der AG sind der Vorstand als geschäftsführendes Organ, der Aufsichtsrat als Kontrollorgan, der insbesondere Bestellungen und Abberufungen des Vorstandes, die Überwachung der Geschäftsführung und die Prüfung des Jahresabschlusses verantwortet. Die Hauptversammlung der Aktionäre ist das oberste Organ. Sie ist zuständig für die Bestellung des Vorstandes und des Aufsichtsrates und entscheidet über die Verwendung des Bilanzgewinns. Die AG haftet nur mit ihrem Gesellschaftsvermögen. Es gibt eine Vielzahl von Möglichkeiten neues Kapital aufzunehmen. Firmenanteile (Aktien) können leicht verkauft werden. Ferner genießt die AG ein hohes Ansehen. Es gibt allerdings auch nicht zu unterschätzende Nachteile. Die AG führt zu einem hohen Verwaltungsaufwand und bringt hohe Gründungskosten mit sich. Es ist ein Mindestkapital von 50.000 € aufzubringen. Auch sind mehrere Personen (mind. 3) zu Besetzung des Aufsichtsrates erforderlich. Die Kontrollorgane verhindern eventuell die schnelle Entscheidungsfindung und Flexibilität. Der Koordinationsaufwand steigt.

6.1.4 Personenvereine

6.1.4.1 Nicht wirtschaftlicher Verein

Ein Verein ist ein auf Dauer angelegter Zusammenschluss von natürlichen oder juristischen Personen, der einen gemeinsamen Namen trägt, sich von hierzu bestimmten Mitgliedern vertreten lassen kann und in dem jeder im Rahmen der Satzung nach freien Stücken ein- und austreten kann. Mindestvoraussetzung für die Eintragung eines rechtsfähigen Vereins sind eine Anzahl von sieben Vereinsmitgliedern (§ 56 BGB) und eine Satzung, in der insbesondere die Befugnisse des Vereinsvorstands definiert sind. Ein nicht rechtsfähiger Verein bedarf lediglich zweier Gründungsmitglieder, eine schriftliche Satzung ist nicht nötig. Die Vereine bestimmen ihre Satzung unter Berücksichtigung der Vorschriften der § 21 – § 79 BGB selbst. Vereine sind in erster Linie nicht auf einen wirtschaftlichen Geschäftsbetrieb ausgerichtet, sondern verfolgen vielmehr ideelle (gemeinnützige) Zwecke.

Sie erlangen Rechtsfähigkeit durch Eintragung in das Vereinsregister. Das Vereinsregister wird beim zuständigen Amtsgericht geführt.

6.1.4.2 Wirtschaftlicher Verein

Wirtschaftliche Vereine sind nicht häufig anzutreffen. Sie sind auf einen wirtschaftlichen Geschäftsbetrieb ausgerichtet. Wirtschaftliche Vereine erlangen ihre Rechtsfähigkeit durch Verleihung durch die örtlich zuständige Landesregierung (§ 22 BGB). Ein Beispiel für wirtschaftliche Vereine im Bereich der Gesundheitswirtschaft sind die privatärztlichen Verrechnungsstellen e. V. Die Tätigkeit dieser Vereine ist gewerblicher Natur. Sie dienen in erster Linie den geschäftlichen Interessen ihrer Mitglieder.

6.1.4.3 Genossenschaft

Nach § 1 Genossenschaftsgesetz (GenG) ist eine Genossenschaft eine Gesellschaft mit eigener Rechtspersönlichkeit, welche die Förderung des Erwerbs oder der Wirtschaftlichkeit ihrer Mitglieder mittels gemeinschaftlichen Geschäftsbetriebs bezweckt. Die Genossenschaft ist ein wirtschaftlicher Verein mit einer nicht geschlossenen Zahl von Mitgliedern. Genossenschaften treten z. B. auf in der Form von Produktionsgenossenschaften (z. B. Molkerei- und Winzergenossenschaften), Kreditgenossenschaften (z. B. Volks- und Raiffeisenbanken), Baugenossenschaften (Wohnungsbau und -verwaltung), Einkaufsgenossenschaften, Ärztegenossenschaften. Zur Gründung einer Genossenschaft sind mindestens drei Personen, die Feststellung einer Satzung und die Eintragung ins Genossenschaftsregister erforderlich. Mit Eintritt in die Genossenschaft übernimmt jedes Mitglied einen Geschäftsanteil, der mindestens zu einem Zehntel eingezahlt werden muss (§ 7 GenG). Die Übernahme mehrerer Anteile durch ein Mitglied ist erlaubt (§ 7a GenG). Der Gesamtbetrag aller eingezahlten Geschäftsanteile eines Mitglieds bezeichnet man als Geschäftsguthaben. Die Gewinn- und Verlustzuweisung erfolgt üblicherweise nach Maßgabe der Geschäftsguthaben (§ 19 GenG). Das Eigenkapital der Genossenschaft setzt sich zusammen aus der Summe aller eingezahlten Geschäftsguthaben. Es ist durch den Eintritt und Austritt der Mitgliedern Schwankungen unterlegen. Die Genossenschaft verfügt über drei Organe: den Vorstand, der die aus mindestens zwei Personen besteht, dem Aufsichtsrat mit mindestens drei Mitgliedern und der Generalversammlung. Die Generalversammlung wählt den Aufsichtsrat und den Vorstand und entscheidet u. a. über die Gewinnverteilung. Sie kann satzungsändernde Beschlüsse erfassen. Genossenschaften sind zur doppelten Buchführung verpflichtet. Der Jahresabschluss muss grundsätzlich geprüft werden (§ 53 GenG). Die Prüfung obliegt gem. § 55 GenG dem genossenschaftlichen Prüfverband. Genossenschaften haben häufig Finanzierungsprobleme. Bei Mitgliedsaustritten müssen die jeweiligen Geschäftsguthaben ausgezahlt werden. Dies schmälert die Eigenkapitalbasis. Wegen der schwankenden Eigenkapitalbasis sind Banken zögerlich bei der Kreditvergabe an Genossenschaften. Zur Verbesserung der Fremdfinanzierungsmöglichkeit kann in den Satzungen eine sog. Nachschusspflicht für den Fall der Insolvenz verankert werden (§ 6 GenG).

Speziell im Gesundheitswesen kommt Ärztegenossenschaften eine gewisse Bedeutung zu. Sie sind freiwillige Zusammenschlüsse niedergelassener Ärzte, die sich gemeinsam unternehmerisch betätigen. Ihre Aufgabe besteht primär in der Wahrnehmung der Interessen ihrer Mitglieder sowie in der Förderung und Verbesserung der medizinischen Versorgung in Deutschland. Einen unmittelbaren gesetzlichen Auftrag im Rahmen der ambulanten Versorgung besitzen die Ärztegenossenschaften nicht. Sie können aber dennoch im Sinne des Sozialgesetzbuches (fünftes Buch, SGB V) Teile der ambulanten Versorgung übernehmen. Ärztegenossenschaften sind Wirtschaftsunternehmen. Sie finanzieren sich nicht aus den Beiträgen zur gesetzlichen Krankenversicherung, sondern aus eigenen wirtschaftlichen Aktivitäten und durch die Beiträge ihrer Mitglieder.

6.2 Ärztliche Unternehmens- und Kooperationsformen

Es können eine Vielzahl ärztlicher Unternehmens- und Kooperationsformen unterschieden werden. Die häufigste Form der Berufsausübung unter niedergelassenen Ärzten stellt die Einzelpraxis dar. In 2013 gab es ca. 82.000 Einzelpraxen in Deutschland. An zweiter Stelle stehen die rund 20.000 Gemeinschaftspraxen. Eine Kooperationsform, die in den letzten Jahren ein bedeutsames Wachstum erfahren hat, stellen die Medizinischen Versorgungszentren (MVZ) dar. Im Jahr 2013 gab es rund 2000 MVZ in Deutschland. Dieser Abschnitt gibt einen kurzen Überblick über die möglichen Unternehmens- und Kooperationsformen im Bereich der niedergelassen Ärzte (Abb. 6.3 und 6.4).

6.2.1 Einzelpraxis

Die Einzelpraxis ist eine der gängigsten Formen der ärztlichen Betätigung. Die Einzelpraxis ist eine Praxis, die durch einen einzelnen Arzt betrieben wird. Der Praxisinhaber ist regelmäßig als Freiberufler Einzelunternehmer. Ihm obliegt das gesamte unternehmerische Risiko seiner Tätigkeit steht aber auch wirtschaftlich gesehen der gesamte Erfolg seines Unternehmens zu. In Deutschland werden ca. 58 % der Praxen als Einzelpraxen betrieben.

6.2.2 Berufsausübungsgemeinschaften

Berufsausübungsgemeinschaften (BAG) sind rechtlich verbindliche Zusammenschlüsse von Vertragsärzten, -psychotherapeuten oder Medizinischen Versorgungszentren, deren Ziel die gemeinsame Ausübung ihrer Tätigkeit ist. Berufsausübungsgemeinschaften müssen die freie Arztwahl durch den Patienten gewährleisten. Ebenso ist es notwendig, dass die Fachgebietsgrenzen erhalten bleiben und nicht verschwimmen. Die gemeinsame Berufsausübung muss verschiedene Kriterien erfüllen, beispielsweise die gemeinsame Patientenbehandlung, einen schriftlichen Gesellschaftsvertrag sowie gemeinsame Räu-

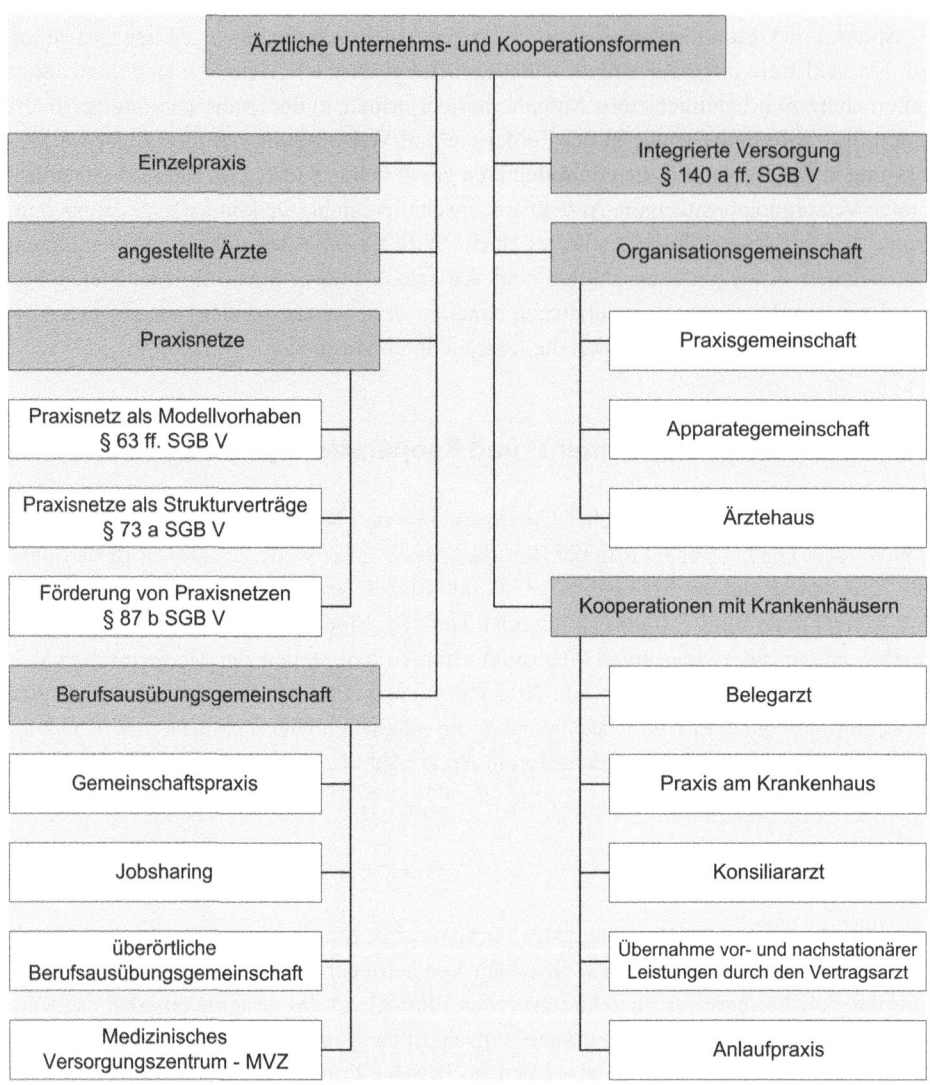

Abb. 6.3 Kooperationsformen im Bereich der ärztlichen Versorgung

me, Praxiseinrichtung und Mitarbeiter. Mit der Änderung des Vertragsarztrechts durch das Vertragsarztänderungsgesetz (VändG, 2006) hat der Gesetzgeber neue Möglichkeiten zur Ausübung des ärztlichen Berufs geschaffen. Die Berufsausübungsgemeinschaft ist allerdings nicht wirklich eine völlig neue Kooperationsform. Bis zum Vertragsrechtsänderungsgesetz wurde die örtliche Berufsausübungsgemeinschaft als Gemeinschaftspraxis bezeichnet. Allerdings hat das Vertragsrechtsänderungsgesetz die Kooperationsform erweitert und Begrifflichkeiten vereinheitlicht. Vertragsärzte können seitdem in erweitertem Maße Ärzte anstellen, Zweigpraxen einrichten und BAGs bilden. Neben örtlichen Berufsausübungsgemeinschaften an einem Vertragsarztsitz sind auch überörtliche Berufs-

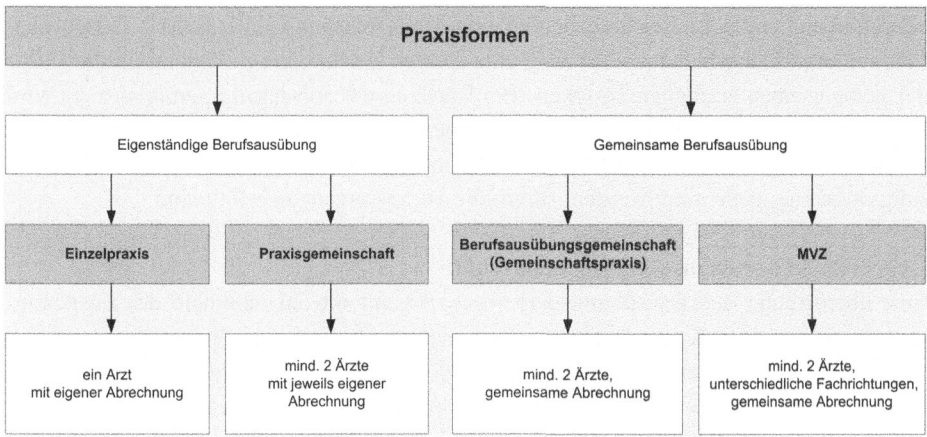

Abb. 6.4 Zentrale Merkmale gängiger Praxisformen

ausübungsgemeinschaften (ÜBAGs) mit Partnern an unterschiedlichen Vertragsarztsitzen möglich. Voraussetzung für die gemeinsame Ausübung vertragsärztlicher Tätigkeit im Rahmen einer Berufsausübungsgemeinschaft ist die vorherige Genehmigung durch den Zulassungsausschuss.

Gemeinschaftspraxis
Gemeinschaftspraxen sind wirtschaftliche, organisatorische und räumliche Zusammenschlüsse zweier oder mehrerer Ärzte zur Ausübung der vertragsärztlichen Versorgung. Sie können sowohl von fachgleichen als auch von Ärzten unterschiedlicher Fachrichtungen gegründet werden. Von der Kassenärztlichen Vereinigung werden Gemeinschaftspraxen bei der Abrechnung als eine wirtschaftliche Einheit betrachtet, die Abrechnung erfolgt also für alle Ärzte zusammen. Gemeinschaftspraxen müssen zuvor vom Zulassungsausschuss genehmigt werden. Der Begriff der Gemeinschaftspraxis darf nicht mit dem Begriff der Praxisgemeinschaft verwechselt werden. Im Unterschied zu Gemeinschaftspraxen sind Praxisgemeinschaften rein räumliche Einheiten. Ihre Mitglieder führen die Praxis selbstständig und rechnen gegenüber der KV eigenständig ab.

Jobsharing
Als besondere Form der Gemeinschaftspraxis gilt die Jobsharing-Praxis. Sie eignet sich in Situationen der Praxisabgabe oder -übergabe. Sie eröffnet also die Möglichkeit, eine Praxisnachfolge gezielt aufzubauen. Sie wird häufig von Ärzten in einem gesperrten Planungsbereich genutzt. Niederlassungswillige Ärzte haben die Möglichkeit, trotz Zulassungsbeschränkung in einem solchen Planungsbereich als Vertragsärzte zu arbeiten, sofern dies gemeinsam mit einem bereits dort tätigen Vertragsarzt desselben Fachgebiets im Rahmen des Jobsharings geschieht. Es ist allerdings notwendig, dass sich beide Ärzte vor dem Zulassungsausschuss verpflichten, den bisherigen Leistungsumfang nicht wesentlich auszuweiten. Nach spätestens zehn Jahren bzw. nach Aufhebung der Zulassungs-

beschränkung endet die Leistungsbegrenzung der Jobsharing-Gemeinschaft. Der Jobsha-
ring-Juniorpartner erhält ausschließlich eine zeitlich beschränkte Zulassung für die Dauer
der gemeinsamen ärztlichen Tätigkeit. Bei Rückzug des Jobsharing-Seniorpartners wird
der Juniorpartner allerdings nach fünf Jahren gemeinsamer Tätigkeit im Praxisnachfolge-
verfahren bevorrechtigt berücksichtigt. Der Antrag auf Jobsharing muss durch den Zulassungsausschuss genehmigt werden, sofern die Voraussetzungen erfüllt sind.

Überörtliche Berufsausübungsgemeinschaft
Eine überörtliche Berufsausübungsgemeinschaft kann sowohl innerhalb des Zuständig-
keitsbereiches einer Kassenärztlichen Vereinigung als auch im Zuständigkeitsbereich
zweier Kassenärztlicher Vereinigungen gebildet werden. Die Ärzte üben folglich ihre
ärztliche Tätigkeit an mehreren getrennten Praxissitzen aus. Erstreckt sich eine Berufsausübungsgemeinschaft räumlich über verschiedene Zuständigkeitsbereiche, so muss die
Gemeinschaft einen Hauptsitz wählen. Dieser ist maßgeblich für die Genehmigungsent-
scheidung. Bei der Gründung einer überörtlichen Berufsausübungsgemeinschaft müssen
die Regelungen zur Präsenzpflicht ebenso beachtet werden, wie die Sicherstellung der
Versorgungspflicht an allen Orten. Die teilnehmenden Ärzte können entweder ausschließlich an ihrem Vertragsarztsitz oder auch wechselseitig an allen Standorten praktizieren –
vorausgesetzt, die getrennten Niederlassungen werden beibehalten.

6.2.3   Medizinische Versorgungszentren (MVZ)

Im Jahr 2004 wurde mit dem GKV-Modernisierungsgesetz durch den Gesetzgeber eine
neue Versorgungsform geschaffen – das Medizinische Versorgungszentrum (MVZ). Unter
Medizinischen Versorgungszentren versteht man fachübergreifende ärztlich geleitete Einrichtungen, in denen Ärzte als Angestellte oder als Vertragsärzte tätig sind. Mischformen,
also MVZ, die mit angestellten und Vertragsärzten arbeiten, sind ebenfalls möglich. Die
Zahl der MVZ steigt bislang jährlich. Im Jahr 2005 waren 691 Ärzte in MVZ angestellt
und 601 Vertragsärzte in einem MVZ beschäftigt. Im Jahr 2013 waren hingegen bereits
11.375 Ärzte bei MVZ angestellt. Die Zahl der Vertragsärzte in den MVZ stieg auf 1413.
Dies zeigt, dass den MVZ wachsende Bedeutung zukommt. Gründungsberechtigt sind alle
Leistungserbringer, die aufgrund von Zulassung, Ermächtigung oder Vertrag an der medizinischen Versorgung der GKV-Versicherten teilnehmen. Das 2007 in Kraft getretene Ver-
tragsarztrechtsänderungsgesetz (VÄndG) sieht vor, dass in einem MVZ mindestens zwei
vollzeitbeschäftigte Ärzte mit unterschiedlichen Facharzt- oder Schwerpunktbezeichnun-
gen tätig sein müssen. Die Anstellung eines Arztes in einem zugelassenen MVZ muss vom
Zulassungsausschuss genehmigt werden. Vertragsärzte, die in MVZ arbeiten, lassen ihre
Zulassung während dieser Zeit ruhen. Wollen die beteiligten Ärzte wieder in einer Einzelpraxis tätig werden, können sie ihre Zulassung aus dem MVZ herauslösen. Durch das
VÄndG ist das Privileg entfallen, dass Vertragsärzte zugunsten einer Anstellung in einem
MVZ auf ihre Zulassung verzichten und diese nach Beendigung einer fünfjährigen Anstel-

lungszeit neu beanspruchen können. Arbeitet ein MVZ ausschließlich mit Vertragsärzten, muss es Inhaber der Vertragsarztsitze sein. Diese erhält ein MVZ entweder im Rahmen einer Ausschreibung oder durch Übertragung von Vertragsärzten. Scheidet ein angestellter Arzt aus dem MVZ aus, kann die Stelle ohne formales Ausschreibungsverfahren neu besetzt werden. Grundsätzlich kommen für medizinische Versorgungszentren, in denen Vertragsärzte als Freiberufler tätig werden wollen, die GbR und die Partnergesellschaft als Rechtsformen in Frage. Für MVZ, die ausschließlich mit angestellten Ärzten arbeiten wollen, bietet sich die Kapitalgesellschaft als GmbH als Organisationsform an. Die Verwendung der Rechtform einer AG ist für ein MVZ nicht erlaubt. Wird ein MVZ in der Rechtsform einer juristischen Person, z. B. als GmbH, gegründet, so müssen die Gesellschafter eine selbstschuldnerische Bürgschaft abgeben. Damit ärztliche Entscheidungen nicht durch wirtschaftliche Interessen beeinflusst werden können, hat der Gesetzgeber mit dem GKV-Versorgungsstrukturgesetz (GKV-VStG) entschieden, dass nur noch Vertragsärzte, Krankenhäuser, gemeinnützige Einrichtungen, die aufgrund von Zulassung oder Ermächtigung an der vertragsärztlichen Versorgung teilnehmen und die Erbringer nichtärztlicher Dialyseleistungen MVZ gründen können (§ 95 Abs. 1 a SGB V). Im GKV-VStG weiterhin festgelegt ist, dass der ärztliche Leiter selbst als angestellter Arzt oder Vertragsarzt in der Einrichtung tätig sein muss und in medizinischen Fragen keinerlei Weisungen unterliegen darf. Die Abrechnung gegenüber den Kassenärztlichen Vereinigungen erfolgt in einem MVZ ähnlich wie bei fachübergreifenden Gemeinschaftspraxen. Ein Vertragsverhältnis besteht zwischen den MVZ und der Kassenärztlichen Vereinigung. Das MVZ führt die Abrechnung gegenüber der Kassenärztlichen Vereinigungen durch. Privatärztlich erbrachte Leistungen stellt das MVZ direkt dem Privatpatienten in Rechnung.

6.2.4   Angestellte Ärzte

Die Möglichkeiten für Praxisinhaber, Ärzte anzustellen, wurden mit dem VÄndG ausgebaut. Der neue Bundesmantel- und Arzt-Ersatzkassen-Vertrag berücksichtigt diese Liberalisierung bzgl. der ambulanten ärztlichen Berufsausübung. Vertragsärzte dürfen bis zu drei weitere Ärzte als Angestellte beschäftigen – auch in Teilzeit. Andere Gebiets-, Facharzt- oder Schwerpunktkompetenzen stellen keine Einschränkung dar. Die Anstellung von Ärzten, deren Leistung unter Überweisungsvorbehalt steht, also etwa Laborärzte oder Radiologen, ist allerdings nach wie vor nicht möglich. Wie bei Medizinischen Versorgungszentren zählt die Behandlung eines Versicherten im Quartal auch dann nur als einzelner Fall, auch wenn mehrere Ärzte daran beteiligt waren. Hierbei spielt es keine Rolle, ob die Ärzte verschiedenen Fachrichtungen zuzuordnen sind. Der Behandlungsfall wird dem jeweiligen Praxisinhaber zugerechnet. Diese Variante gilt nur für den offenen Planungsbereich. Bei Zulassungssperren muss auf das Instrument des Jobsharings zurückgegriffen werden. Vertragsärzte können darüber hinaus gleichzeitig als Angestellte in Krankenhäusern oder Medizinischen Versorgungszentren arbeiten. Die neuen Möglichkeiten der Teilzulassung erlauben dies. Das Angestelltenverhältnis ist durch Arbeitsvertrag zu regeln, dieser ist dem

Antrag auf Zulassung beizulegen. Der Arbeitszeitumfang des angestellten Arztes wird auf den Versorgungsgrad angerechnet. Zuständig für die Genehmigung der Anstellung ist der Zulassungsausschuss. Wenn angestellte Ärzte mindestens halbtags in der Praxis beschäftigt sind, werden sie Mitglieder der Kassenärztlichen Vereinigung.

6.2.5 Organisationsgemeinschaften

Unter diesem Begriff versteht man Kooperationen, die nur auf den organisatorischen Rahmen der ärztlichen Tätigkeit ausgerichtet sind. Es sind Gemeinschaften zur gemeinsamen Nutzung von Ressourcen. Dazu zählt z. B. die gemeinsame Nutzung von Räumlichkeiten und medizinischen Geräten oder die gemeinsame Anstellung nichtärztlichen Personals. Die ärztliche Tätigkeit wird getrennt und eigenverantwortlich ausgeübt. Zudem rechnet jeder Arzt separat mit der Kassenärztlichen Vereinigung ab. Zu den Organisationsgemeinschaften zählen Praxis- und Apparategemeinschaften, Ärztehäuser und Laborgemeinschaften, aber auch Praxisnetze. Bei der Gründung einer Organisationsgemeinschaft sind weit weniger rechtliche Voraussetzungen zu erfüllen als bei anderen Kooperationsformen.

Praxisgemeinschaft
Die Gründung einer Praxisgemeinschaft ist gemäß Zulassungsverordnung für Vertragsärzte bei der zuständigen KV und nach Berufsrecht der jeweiligen Ärztekammer anzuzeigen. Eine Genehmigung durch den Zulassungsausschuss ist nicht notwendig.

Apparategemeinschaft
Eine Apparategemeinschaft ist bei der zuständigen KV und der Ärztekammer anzuzeigen. Einer besonderen Genehmigung durch den Zulassungsausschuss bedarf es nicht.

Ärztehaus
Die Gründung eines Ärztehauses mit selbständigen Einheiten muss nicht angezeigt oder genehmigt werden. Kommt es jedoch zu Kooperationen innerhalb des Ärztehauses, d. h. zur gemeinsamen Beschäftigung von Personal oder gemeinschaftlichen Nutzung von Praxisräumen, muss dies gemäß Zulassungsverordnung für Vertragsärzte der Kassenärztlichen Vereinigung anzuzeigen.

6.2.6 Praxisnetze

Es fehlt an einer eindeutigen Definition des Begriffs „Praxisnetz"; vermutlich weil die Ausgestaltung von Praxisnetzen sehr unterschiedlich ausfallen kann. Häufig findet sich auch der Begriff von Praxisverbund. Praxisnetze reichen von regelmäßigen, losen Tref-

fen aus Qualitätszirkeln über genossenschaftlichen bzw. genossenschaftsähnlichen Einkaufsgemeinschaften bis hin zur Gründung von Gesundheitsunternehmen. Versorgungs-
bezogene Zielsetzungen sind ebenso zu finden wie ökonomische oder berufspolitische
Intentionen. Neben einem Zusammenschluss von Arztpraxen sind auch Verbünde mit
Krankenhäusern oder anderen Leistungsanbietern wie Apotheken oder Physiotherapeuten
möglich. Die Zusammenarbeit kann sowohl auf lokaler als auch auf regionaler Ebene organisiert sein. Praxisverbünde sind so verschieden ausgestaltet, dass sich kaum Erhebun-
gen hierzu finden. Praxisnetze können in den unterschiedlichsten Rechtsformen auftreten,
z. B. als eingetragener Verein (e. V.), Gesellschaft bürgerlichen Rechts (GbR), Genossenschaft oder auch in Form einer GmbH. Die Wahl der Rechtsform erfolgt jedoch nicht
ganz frei, Haftungsfragen und die jeweilige Berufsordnung spielen sind bei der Wahl der
Rechtsform von Bedeutung.

6.2.7 Integrierte Versorgung (§§ 140a ff. SGB V)

Ziel der Integrierten Versorgung (IV) ist eine Auflösung der starren Strukturen im Gesundheitswesen. Die medizinische Versorgung soll disziplin- und sektorenübergreifend
gestaltet werden. Erreicht wird dies durch die bessere Verzahnung des ambulanten und des
stationären Sektors. Ein wichtiger Aspekt der integrierten Versorgung ist auch die inter-
disziplinär-fachübergreifende Zusammenarbeit. Einige der oben genannten Kooperationsformen, z. B. Praxisnetze oder Medizinische Versorgungszentren, sind auch im Rahmen
der Integrierten Versorgung möglich.

6.2.8 Kooperationen mit Krankenhäusern

Mit Inkrafttreten des VÄndG ist die Grenze zwischen ambulanter und stationärer Behandlung durchlässiger geworden. Das VÄndG ermöglicht sowohl den Kliniken als auch
den Vertragsärzten mehr Raum bei der Patientenversorgung. Zur Optimierung von Be-
handlungsabläufen – insbesondere zur Effizienz- und Effektivitätssteigerung – bietet sich
die Zusammenarbeit von niedergelassenen Ärzten und Krankenhäusern an. Nachfolgend
werden gängige Kooperationsformen dargestellt:

Konsiliararzt
Konsiliarärzte können intern oder extern für ein Krankenhaus tätig werden. Sie können vom behandelnden Arzt hinzugezogen werden, wenn dieser eine Zweitmeinung zur
Überprüfung von Diagnostik und Therapie wünscht. Die Mitbehandlung eines Patienten
durch einen Konsiliararzt ist vor, während und nach dem Klinikaufenthalt möglich. Konsiliarärzte decken oft Fachgebiete ab, die nicht mit der entsprechenden Spezialisierung
im Krankenhaus vertreten sind. Der Konsiliararzt ist kein Angestellter des Krankenhau-

ses und daher weisungsfrei. Für Konsiliarärzte besteht die Möglichkeit das Personal, die Räumlichkeiten und die weiteren Einrichtungen des Krankenhauses zu nutzen.

Für Konsiliarärzte kann die Haftungsfrage eine bedeutende Rolle spielen. Es wird hierbei von der Rechtsprechung darauf abgestellt, dass der Begriff des Konsiliararztes nicht legal definiert ist. Je nach Aufgaben- und Vertragsgestaltung ist der Konsiliararzt nach der bisherigen Rechtsprechung häufig nicht als Erfüllungsgehilfe des auftraggebenden Arztes bzw. der auftraggebenden Klinik anzusehen. Dies gilt insbesondere, wenn zwischen dem Konsiliararzt und dem Patienten eine (weitere) vertragliche Beziehung zustande kommt, so dass die Faustregel anzuwenden ist, dass haftet, wer liquidiert (BGH, Urteil vom 21. Januar 2014, Az.: VI ZR 78/13).

Eine Tätigkeit als Konsiliararzt setzt eine Zulassung als Vertragsarzt voraus. Die konsiliarärztliche Tätigkeit am Krankenhaus darf maximal 13 Stunden pro Woche betragen.

Für eine Tätigkeit als Konsiliararzt sprechen der geringe Beratungsbedarf vor Aufnahme der Tätigkeit und die Möglichkeit zum intensiven interkollegialen Austausch. Negativ sind zur Beurteilen, dass durch die Tätigkeit als Konsiliararzt keine Kostenersparnis, keine Erweiterung des Leistungsspektrums und keine Vorteile hinsichtlich der Zukunftssicherung möglich sind. Die Flexibilität in der Gestaltung der Arbeitszeit ist als niedrig einzustufen.

Belegarzt

Ein Belegarzt ist ein niedergelassener Arzt, der einige Betten in einem Krankenhaus mit seinen Patienten belegen darf (§ 121 Abs. 2 SGB V). Meistens nimmt er Aufgaben im Rahmen der Grund- und Regelversorgung wahr.

Praxis am Krankenhaus

Ziel der Ansiedlung einer Praxis am Krankenhaus sind kurze Wege sowohl für Patienten als auch für Ärzte. Die Kooperation findet hier nicht im eigentlichen Bereich der Patientenversorgung statt. Heute finden sich überwiegend fachärztliche Praxen an Krankenhäusern. Voraussetzung für diese Kooperationsform ist die strikte Trennung der Räumlichkeiten von Praxis und Krankenhaus. Vorteile entstehen für die Ärzte vor allem dann, wenn sie als Belegärzte tätig sind oder Einrichtungen des Krankenhauses nutzen. Die Praxis am Krankenhaus trägt zu Effizienzsteigerungen bei, da die vorhandene Infrastruktur besser ausgelastet wird. Niedergelassene Chirurgen können auf diese Art die Operationssäle des Krankenhauses mitbenutzen und auf die Anschaffung eigener teurer Geräte verzichten. Optional wird häufig die Einsparung von Praxisfläche möglich. Das Krankenhaus verbessert seine Ertragssituation durch die Vereinnahmung zusätzlicher Nutzungsentgelte. Wirtschaftliche Vorteile bieten sich für die Vertragsärzte u.a. durch die Mitbenutzung von Einrichtungen wie z. B. der Wäscherei und des Facility-Managements. Auch können über diese Form der Zusammenarbeit günstige Einkaufskonditionen gesichert werden. Die Raumnutzung wird durch Mietverträge geregelt. Für die gemeinsame Benutzung von Personal, Material und Geräten ist auf klare vertragliche Vereinbarungen zu achten. Dies

gilt ebenfalls für die Behandlung stationärer Patienten in der ambulanten Praxis. Vertragsärzte mit Praxen in oder an Krankenhäusern benötigen als niedergelassene Ärzte eine
Zulassung. Besondere spezifische Zulassungen bzgl. der Kooperationsform sind nicht
nötig. Die Verlagerung der Praxis an ein Krankenhaus ist beim Zulassungsausschuss zu
beantragen. Eine solche Verlagerung ist möglich, solange am bisherigen Praxisort keine
Unterversorgung entsteht. Die Vergütung einer Vetragsarztpraxis am Krankenhaus erfolgt
analog einer Einzelpraxis. Leistungen die der Arzt darüber hinaus für das Krankenhaus
erbringt, werden über das Budget für die stationäre Versorgung abgerechnet. Die Sekto-
rentrennung bleibt bzgl. der Abrechnung erhalten.

Übernahme vor- und nachstationärer Leistungen durch den Vertragsarzt
Vor- und nachstationäre Behandlungen sind weder als stationäre noch als ambulante Versorgung im Krankenhaus einzuordnen. Sie bilden eine eigenständige Behandlungsform.
Vor- und nachstationäre Behandlungen werden vom Krankenhaus erbracht, können allerdings auch an Vertragsärtze delegiert werden. Die Einführung des Fallpauschalensystems
und die Regelungen für das ambulante Operieren haben Anreize für Krankenhäuser und
Klinken geschaffen, vor- und nachstationäre Leistungen in den ambulanten Bereich zu
verlagern. Dies führt zu einer Verkürzung der Liegezeiten und zielt auf einen Rückgang
der Wiedereinweisungen ab. Solche Behandlungsformen sind insbesondere dann sinnvoll,
wenn die Patienten nicht in der Nähe des Krankenhauses wohnen. Eine enge Absprache
zwischen Klinik und Arzt ist erforderlich, um die Qualität der Vor- und Nachsorge zu gewährleisten. Die vom Vertragsarzt erbrachten Leistungen sind vom Krankenhaus zu ver-
güten. Erfolgt keine Übernahme der Vergütung durch das Krankenhaus darf der Arzt den
Patienten zurückweisen. Die vor- und nachstationären Leistungen und deren Vergütung ist
sinnvollerweise in Einzelverträgen zu vereinbaren. Der nachbehandelnde Arzt sollte nach
erfolgter Entlassung des Patienten einen Arztbrief mit allen notwendigen Informationen
erhalten. Werden seitens des Arztes Teile des Versorgungsauftrages des Krankenhauses
übernommen steht dem Arzt hierfür eine Vergütung zu, welche mit dem Krankenhaus
auszuhandeln ist. Es ist vorzugswürdig, Pauschalen je Behandlungsfall, welche nach Diagnosen differenziert sind, zu verwenden. Dies ermöglicht es die Einnahmesituation vorab
genauer zu kalkulieren. Eine detaillierte Rechnungslegung ist nicht erforderlich. Die Pauschalen sind letztlich DRG finanziert. Die Erhebung von Zuschlägen z. B. für Laborleis-
tungen ist möglich. Es gilt das „Verbot von Zuweiserpauschalen", d. h. eine Vergütung der
Einweisung durch den Vertragsarzt entfällt. Leistungen, die auf Anforderung und Wunsch
des Krankenhauses nach der Einweisung erbracht werden, können extrabudgetär vergütet
werden. Zwischen dem ambulant tätigen Vertragsarzt, der die Nachsorge übernimmt und
dem Krankenhaus ist die Kostenübernahme durch das Krankenhaus abzuklären. Es darf
keine Doppelabrechnung erfolgen. Ein zwischen Krankenhaus und Vertragsarzt geschlos-
sener Einzelvertrag regelt die vor- und nachstationäre Versorgung. Eine Zustimmung der
Kassenärztlichen Vereinigung ist nicht erforderlich.

Anlaufpraxis

Anlaufpraxen können in unterschiedlichster Form auftreten. Sie werden häufig von mehreren Ärzten, der KV oder von Ärztenetzen organisiert. Anlaufpraxen befinden sich häufig in der Nähe von Krankenhäusern. Schwerpunkt ihrer Tätigkeit liegt in der Behandlung von Notfällen außerhalb der üblichen Sprechstundenzeiten. Anlaufpraxen, häufig auch als Notfallpraxen, Bereitschafts- oder Notfallambulanz bezeichnet, werden vertragsärztlich geführt. Die Anlaufpraxis konzentriert sich auf die Erstversorgung im Rahmen der gebotenen Sofortmaßnahmen. Die weiterführende Behandlung wird in den Folgetagen vom Hausarzt oder von niedergelassenen Fachärzten durchgeführt. Für Anlaufpraxen stehen unterschiedliche faktische Organisationsmöglichkeiten zur Verfügung:

Häufig ist das Modell einer alternierenden Anlaufpraxis in Praxisnetzen zu finden. Die einzelnen Praxen übernehmen hier die Funktion einer Anlaufpraxis. Nachteilig aus Sicht der Patienten ist, dass hier kein fester Anlaufpunkt existiert.

Ein anderes Modell ist die Wahl eines Standortes in unmittelbarer Nähe zum Krankenhaus. Dieses hat nennenswerte Vorteile. Da Krankenhäuser oft die erste Anlaufstelle bei Notfällen sind, werden die Patientenströme gebündelt sowie Doppeluntersuchungen und stationäre Einweisungen verringert.

Die Eröffnung einer Anlaufpraxis bedarf keiner Genehmigung durch die KV.

Wird die Anlaufpraxis von Vertragsärzten selbst geführt, so ist sie rechtlich einer Praxisgemeinschaft ähnlich. Häufig tritt sie in Rechtsform einer GbR auf, welche dann ggf. Mietverträge mit dem Krankenhaus abschließt. In Bezug auf das Haftungsrecht bestehen keine Unterschiede zur Vertragsarztpraxis außerhalb des Krankenhauses. Die Einnahmen erzielt die Anlaufpraxis hauptsächlich durch Abrechnung mit der KV. Für die ordnungsgemäße vertragsärztliche Abrechnung der erbrachten Leistungen ist eine eigene Betriebsstättennummer bei der KV zu beantragen. Die Abrechnung erfolgt über die Abrechnungsnummer des einzelnen Arztes oder gemeinschaftlich über die gemeinsame Nummer der Anlaufpraxis. Bei Abrechnung über eine gemeinsame Nummer können innerhalb der Praxis eigene Vergütungsmodelle genutzt werden. Eine Abrechnung über eine gemeinsame Betriebsstättennummer ist ebenfalls möglich. Die Verteilung des Honorars nehmen die Mitglieder der Anlaufpraxis dann selbst vor. Weitere Einnahmen können durch die Liquidation privatärztlicher Leistungen und durch Abrechnungen mit Berufsgenossenschaften erzielt werden.

Mit Blick auf die Finanzierung ergibt sich folgendes Bild: Investitionen können von den Vertragsärzten selbst, den Kassenärztlichen Vereinigungen oder auch durch den Krankenhausträger übernommen werden. Ein Darlehen seitens der KV ist unter gewissen Voraussetzungen möglich.

In Anlaufpraxen kann der organisatorische Aufwand beim Erstellen von Dienstplänen, dem Aufstellen von Haushaltsplänen erhöht sein. Es sind vermehrt Abstimmungen und Verhandlungen mit dem Krankenhaus und der KV erforderlich.

6.3 Kooperations- und Konzentrationsformen in Märkten

Nachdem die Rechtsformen von Unternehmen und Kooperationsformen im Bereich der ambulanten und stationären Versorgung dargestellt wurden, werden nun Kooperations- und Konzentrationsformen zwischen Unternehmen in Märkten im Allgemeinen betrachtet. Während bei den Darstellung von Rechtsformen und Kooperationsformen in der Gesundheitsversorgung im Wesentlichen die Zusammenarbeit zwischen einzelnen Wirtschaftssubjekten und deren konkrete Rechtsbeziehung im Vordergrund standen, werden nun die Kooperationsformen mit Blick auf die Stärke der rechtlichen und wirtschaftlichen Verflechtung untersucht. Dies ist deshalb von Bedeutung, da die Stärke solcher Verflechtungen Auswirkungen auf die Marktmacht und auf den Wettbewerb, das Verhalten der Konkurrenzunternehmen haben und gerade Konzentrationsformen eine Basis für Wettbewerbsverzerrungen bilden und Ursachen für Marktversagen darstellen können (Abb. 6.5).

Unternehmen können mit einander auf unterschiedlichste Weise zusammenarbeiten. Ist sowohl die rechtliche als auch die wirtschaftliche Verflechtung der Unternehmen eher als gering einzustufen, spricht man von Kooperationsformen. Zu den Kooperationsformen zählen Interessengemeinschaften, Konsortien, Einkaufsgenossenschaften und Franchisesysteme.

Interessengemeinschaften sind Zusammenschlüsse unterschiedlichster natürlicher oder juristischer Personen zu Verfolgung eines gemeinsamen Zwecks. Die rechtliche Qualifikation hängt von der konkreten Ausgestaltung ab. Es kann sich u. a. um Vereine und Verbände, aber auch um Gemeinnützige Organisationen handeln. Ferner kommt die GbR als Rechtsform in Betracht.

Einkaufsgenossenschaften sind genossenschaftliche Zusammenschlüsse mit dem Ziel der Erhöhung der Wirtschaftlichkeit. Ziel ist durch koordinierten gemeinsamen Einkauf von Roh-, Hilfs-, Betriebsstoffen, Handelswaren oder Anlagen günstigere Einkaufskonditionen zu erlangen und Lagerkosten einzusparen. Wird dieses Ziel nicht in der Form einer Genossenschaft verfolgt, spricht man bei losen Zusammenschlüssen auch von Einkaufsgemeinschaften.

Konsortien sind Unternehmenszusammenschlüsse mehrerer rechtlich und wirtschaftlich selbständiger Unternehmen zur zeitlich begrenzten Durchführung eines vereinbarten Geschäftszwecks. Durch die Bildung eines Konsortiums können Geschäftsrisiken für Unternehmen gemindert werden. Konsortien bilden rechtlich gesehen eine GbR. Die Mitglieder eines Konsortiums werden als Konsorten bezeichnet. Das Unternehmen, das eine führende Rolle im Konsortium übernimmt wird Konsortialführer genannt.

Franchising ist nach Definition des „Deutschen Franchise-Verbandes" ein auf Partnerschaft basierendes Absatzsystem mit dem Ziel der Verkaufsförderung. Der sog. Franchisegeber übernimmt die Planung, Durchführung und Kontrolle eines erfolgreichen Betriebstyps. Er erstellt ein unternehmerisches Gesamtkonzept, das von seinen Geschäftspartnern, den Franchisenehmern, selbstständig an ihrem Standort umgesetzt wird. Franchise erfolgt in der Form, dass ein Franchisegeber einem Franchisenehmer gegen Gebühr die Nutzung seiner Marke, seines Absatzsystems, seiner Symbolik, Logos o. ä. über lässt, die dieser

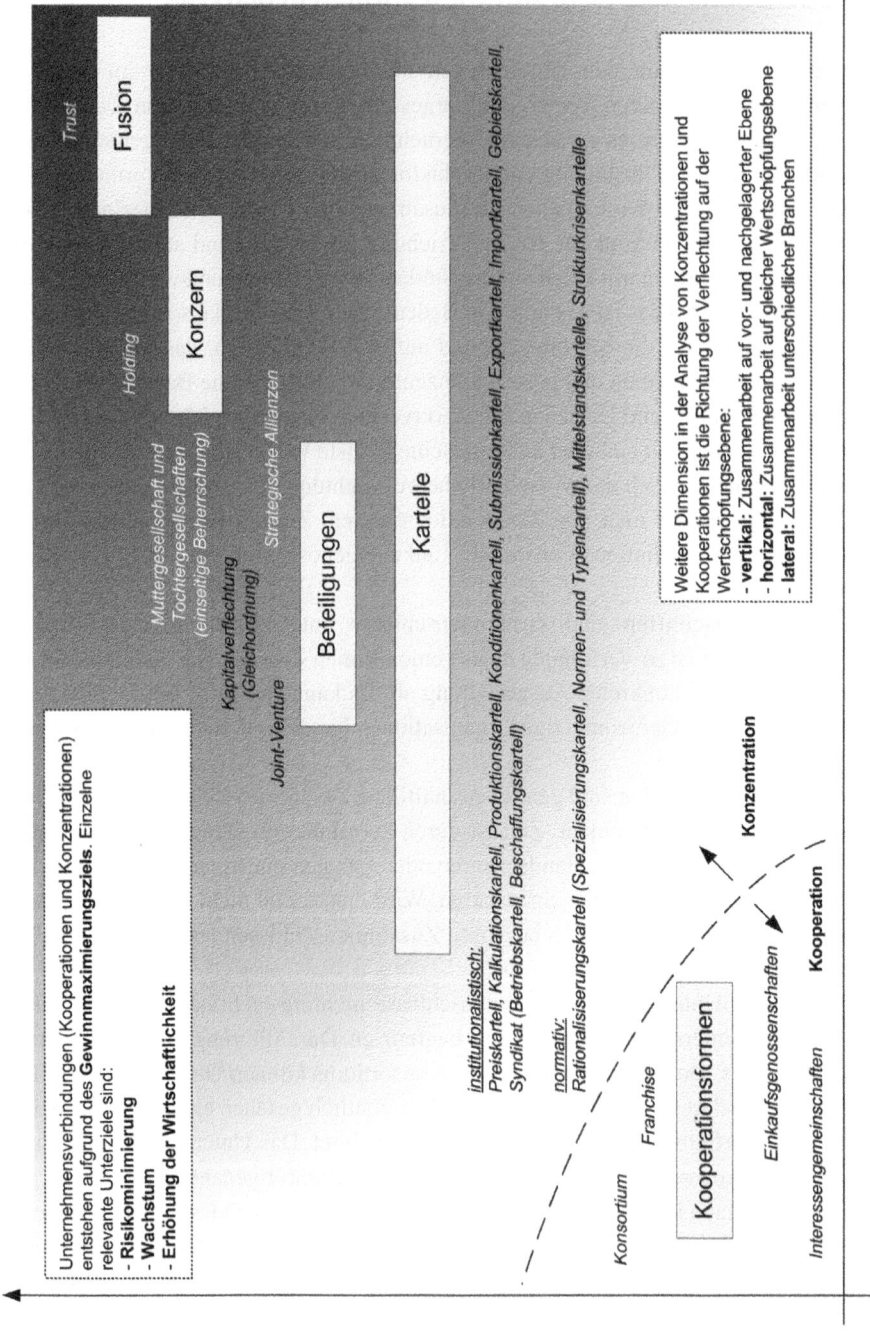

Abb. 6.5 Kooperations- und Konzentrationsformen in Märkten

dann eigenverantwortlich und rechtlich selbständig vertreibt. Der Franchisenehmer ist folglich rechtlich Händler im eigenen Namen und auf eigene Rechnung. Franchise-Unternehmen findet man u. a. bei Mc Donalds, Burger King und Subway.

Neben den Kooperationsformen gibt es zahlreiche Konzentrationsformen. Konzentrationsformen sind dadurch gekennzeichnet, dass die rechtliche oder wirtschaftliche Verflechtung zwischen den Unternehmen bereits hoch ist bzw. durch sich abzeichnende Maßnahmen anwächst. Konzentrationen können in Form von Kartellen, Beteiligungen, Konzernen bzw. Konzernverflechtungen und Fusionen vorliegen.

Beteiligungen liegen vor, wenn Gesellschaften sich am Kapital anderer Unternehmen beteiligen. Sie bilden die Grundlage für die Bildung von Konzernen.

Konzerne sind Zusammenschlüsse, bei denen beteiligten Unternehmen zwar rechtlich selbständig bleiben, aber ihre wirtschaftliche Selbständigkeit aufgeben und dabei unter eine einheitliche Leitung gestellt werden. Hierbei können drei Grundtypen von kapitalmäßigen Verflechtungen differenziert werden: Gleichordnungskonzerne, auch Kapitalverflechtung genannt, einseitig beherrschte Konzerne bzw. Unterordnungskonzerne und Holding. Im **Gleichordnungskonzern** sind die beteiligten Unternehmen wechselseitig miteinander am Kapital beteiligt und unter einer einheitlichen Leitung gleichgeordnet. Eine andere Form bildet der **Unterordnungskonzern.** In einem Unterordnungskonzern übt ein Unternehmen durch seine kapitalmäßige Bindung die Herrschaft über die anderen Unternehmen aus und unterstellt die anderen damit der einheitlichen Leitung. Man spricht von einem Konzern in Form von Mutter- und Tochtergesellschaften. Von einer **Holdinggesellschaft** wird gesprochen, wenn für mehrere Unternehmen eine Leitungsgesellschaft errichtet wird, die kapitalmäßig an den einzelnen Unternehmen beteiligt ist, aber für diese nur Verwaltungs- und Organisationsaufgaben wahrnimmt. Die Holding besitzt also kein eigentliches operatives Kerngeschäft mehr. Die Holding wird auch als Dachgesellschaft bezeichnet.

Unter einem **Kartell** versteht man einen Vertrag oder Beschluss zwischen selbstständig bleibenden Unternehmen oder sonstigen Marktakteuren der gleichen Marktseite zur Beschränkung ihres Wettbewerbs (§ 1 GWB). Es handelt sich somit meist um Konkurrenzunternehmen, die durch konzertiertes Vorgehen den Wettbewerb in ihrem Markt zu ihrem eigenen Nutzen einschränken möchten. Der Gesetzgeber hat zum Schutz gegen Kartelle das Gesetz gegen Wettbewerbsbeschränkungen (GWB) erlassen. Das Gesetz verbietet Kartelle, lässt sie jedoch in einigen Ausnahmen zu. Dies ist dann der Fall, wenn die Wettbewerbsbeschränkung gesamtwirtschaftlich sinnvoll und wünschenswert erscheint. Über die Einhaltung des GWB wacht das Bundeskartellamt.

Fusionen werden auch als Trust bezeichnet. Sie entstehen durch den Zusammenschluss von Unternehmen, die ihre rechtliche und wirtschaftliche Selbstständigkeit aufgeben. Dabei entsteht durch Verschmelzung ein neues Unternehmen mit einiger neuer Rechtspersönlichkeit. Fusionen müssen vor der Durchführung beim Bundeskartellamt angemeldet werden. Sie sind erst nach der Genehmigung durch diese Behörde zu vollziehen (§ 39 Abs. 1 GWB).

Weiterführende Literatur

1. Wehrlin, U. (2013). *Unternehmensrechtsformen: Darstellung Vergleich und Auswahl der Rechtsform.* Saarbrücken: Lehrbuchverlag.
2. Wehrlin, U. (2010). *Wirtschaftsstandorte und Unternehmensrechtsformen: Internationale Wettbewerbsfähigkeit – Rechtsformen Standorte – Vergleich Deutschland/EU.* München: AVM.
3. Michels, R., & Möller, K.-H. (2014). *Ärztliche Kooperationen: Rechtliche und steuerliche Beratung, Berufsrecht, Vertragsarztrecht, Praxisbeispiele und Beispiele.* Neuwied: nwb.
4. Stiller, T. C. (2013). *Übernahme und Gründung einer Arztpraxis: Entscheidungsfindung, Organisation, Kooperationen, EDV, Finanzen, Recht.* Wiesbaden: Springer.
5. Birk, D., Desens, M., & Tape, H. (2014). *Steuerrecht (2013)* (17. Aufl.). Heidelberg: C.F. Müller.

Steuern

Im externen Rechnungswesen, bei der Wahl der Rechtsform eines Unternehmens und auch bei etlichen Beschaffungs- und Absatzvorgänge im Unternehmen spielen Steuern eine wesentliche Rolle. Sie sind buchhalterisch richtig zu erfassen und haben Auswirkungen auf die Ertragslage des Unternehmens. Daher ist ein Überblick über betrieblich relevante Steuerarten und deren Abgrenzung zu verwandten Begriffen, wie Gebühren und Beiträgen wesentlich.

7.1 Abgrenzung zwischen Gebühren, Beiträgen und Steuern

Gebühren, Steuern und Beiträge können unter dem Oberbegriff Abgaben zusammengefasst werden. Unter Abgaben sind materielle Aufwendungen zu verstehen, die eine zur Abgabeleistung verpflichtete Person an eine empfangsberechtigte Person oder Institution abzuführen hat. Kapitalgesellschaften zahlen Körperschaftsteuern – eine Ertragsteuer, die an das Finanzamt abzuführen ist. Mitglieder in Vereinen zahlen Vereinsbeiträge und für die Inanspruchnahme kassenärztlicher Leistungen wurde von gesetzlich Versicherten bis Ende 2012 eine Praxisgebühr erhoben. Diese Beispiele zeigen auf, dass in vielen Bereichen des täglichen Alltags Abgaben eine große Bedeutung zukommt. Eine entscheidende Gemeinsamkeit aller Abgaben ist, dass sie regelmäßig auf Geldleistungen gerichtet sind.

Gebühren sind eine Form der öffentlichen Abgabe. Sie sind Zahlungen für besondere Leistungen einer öffentlichen Körperschaft oder für die freiwillige oder erzwungene Inanspruchnahme von öffentlichen Einrichtungen. Beispiele sind allgemein: Verwaltungsgebühren, Rundfunkgebühren, Abwassergebühren etc. Im Gesundheitswesen kann die bis Ende 2012 erhobene Praxisgebühr, auch Kassengebühr genannt, als Beispiel angeführt werden. Gesetzliche Grundlage war § 28 Abs. 4 SGB V. Die Praxisgebühr stellte eine

© Springer Fachmedien Wiesbaden 2016
A. Ampofo, *Betriebswirtschaftliche Grundlagen für Mediziner und medizinisches Fachpersonal,* DOI 10.1007/978-3-658-10470-2_7

vom Patienten in der Gesetzlichen Krankenversicherung zu leistende Selbstbeteiligung
bei der Inanspruchnahme von Gesundheitsdienstleistung eines Vertragsarztes dar und kam
unmittelbar den Krankenkassen zugute. Sie sollte der Kostendämpfung dienen und die
Ausgaben der Kostenträger verringern.

Steuern sind Geldleistungen, die nicht eine Gegenleistung für eine besondere Leistung
darstellen und von einem öffentlich-rechtlichen Gemeinwesen zur Erzielung von Einnahmen allen auferlegt werden, bei denen der Tatbestand zutrifft, an den das Gesetz die
Leistungspflicht knüpft; die Erzielung von Einnahmen kann Nebenzweck sein. Zölle und
Abschöpfungen sind Steuern im Sinne dieses Gesetzes. Die Legaldefinition des Steuer-
begriffes findet sich in § 3 Abs. 1 der AO.

Merkmale von Steuern:

- Steuern sind Geldleistungen ohne Anspruch auf Gegenleistungen
- die Hauptfinanzierungsquelle des Staates
- ein wichtiges Instrument zur Finanzierung staatlicher Ausgaben
- die Erhebung erfolgt gegenüber allen juristischen und natürlichen Personen
- keine Steuer wird zwangsläufig zweckgebunden ausgegeben.

Steuern können nach verschiedenen Aspekten systematisiert werden. Nach Ertragshoheit
wird zwischen Ländersteuern, Bundessteuer und Gemeinschaftssteuern unterschieden.
Stellt man auf die Erhebungsform an, so gibt es direkte Steuern und indirekte Steuern.
Bzgl. des Steuergegenstandes wird zwischen Besitzsteuern, Verkehrssteuern und Ver-
brauchssteuer unterschieden. Besitzsteuern sind solche Steuern, die den Besitz eines Gutes sowie Einkommen, Erträge und Vermögen besteuern. Bei Verkehrssteuern knüpft die
Steuer an einen Vorgang im Rechtsverkehr an. Bei Verbrauchssteuern wird der Verbrauch
oder Konsum eines Gutes besteuert. Substanzsteuern sind solche Steuern, die auf das In-
nehaben von Vermögensgegenständen erhoben werden.

Beiträge werden für die Bereitstellung einer besonderen Gegenleistung (Geld) erhoben, so dass die Möglichkeit der Benutzung besonderer Einrichtungen zur Verfügung gestellt werden kann. Sie werden unabhängig von der tatsächlichen Inanspruchnahme der
Leistung erhoben. Mit der Zahlung des Beitrages hat man einen Anspruch auf die für
die Mitglieder satzungsgemäß allgemein bereitgestellten Leistungen, jedoch nicht auf
eine speziell bereitzustellende Leistung. Häufig gibt es gesetzliche Vorgaben bzgl. der
satzungsgemäßen oder vertraglichen Leistungen. So wird bei den privaten Krankenversicherungen z. B. ein vertraglicher Mindestversicherungsschutz vorgeschrieben, oder den
gesetzlichen Krankenversicherungen ein gesetzlicher Leistungskatalog vorgegeben. Für
Beiträge ergibt sich das gruppenmäßige Kostendeckungsprinzip. Es hat zum Ziel, dass
die Kosten durch die erzielten Beitragseinnahmen gedeckt werden sollen. Beispiele für
Beiträge sind: Krankenkassenbeiträge, Vereinsbeiträge, IHK-Beitrag, Beiträge zur gesetzlichen Pflegeversicherung und Arbeitslosen- und Rentenversicherung und Sozialversiche-
rungsbeiträge im Allgemeinen.

7.2 Einkommensteuer

Viele Unternehmen in Gesundheitswesen sind Einzelunternehmen, dies trifft beispielsweise auf niedergelassene Ärzte in Einzelpraxen zu. Andere sind an Personengesellschaften wie GbR und Partnerschaftsgesellschaften beteiligt. Hier muss jeder Gesellschafter selbst sein Einkommen versteuern. Daher ist es grundsätzlich von Interesse, sich mit dem Steuerobjekt der Einkommenssteuer zu beschäftigen.

Das Steuerobjekt der Einkommenssteuer ist das Einkommen. Das Einkommensteuerrecht in Deutschland unterscheidet zwischen Einnahmen, Einkünften, Einkommen und zu versteuerndem Einkommen. **Einnahmen** sind bei Arbeitnehmern das Bruttoarbeitsentgelt, bei Selbstständigen die Erlöse. **Einkünfte** ergeben sich, wenn die notwendigen Kosten – Werbungskosten bei Arbeitnehmern, Betriebsausgaben bei Selbstständigen – von den Einnahmen abgezogen werden. Dieses Prinzip wird als objektives Nettoprinzip bezeichnet. **Einkommen** ergibt sich nach Abzug von Freibeträgen wie Sonderausgaben, Vorsorgeaufwand und außergewöhnlichen Belastungen. Dieses Prinzip bezeichnet man als subjektives Nettoprinzip. Zu **versteuerndes Einkommen** heißt die Bemessungsgrundlage für den Einkommensteuertarif und ist meist wertmäßig mit dem Einkommen gleich, außer beim Abzug von Kinderfreibeträgen.

Ausgangspunkt für die Ermittlung des zu versteuernden Einkommens ist die Ermittlung der Einkünfte aus den **sieben Einkunftsarten**. § 2 Abs. 1 EStG unterscheidet zwischen folgenden Einkunftsarten:

1. Einkünfte aus Land- und Forstwirtschaft,
2. Einkünfte aus Gewerbebetrieb,
3. Einkünfte aus selbständiger Arbeit,
4. Einkünfte aus nichtselbständiger Arbeit,
5. Einkünfte aus Kapitalvermögen,
6. Einkünfte aus Vermietung und Verpachtung,
7. sonstige Einkünfte im Sinne des § 22

Die ersten drei Einkunftsarten Einkünfte aus Land- und Forstwirtschaft, Einkünfte aus Gewerbebetrieb und Einkünfte aus selbständiger Arbeit werden als **Gewinneinkunftsarten** bezeichnet.

Die vier weiteren Einkunftsarten Einkünfte aus nichtselbständiger Arbeit, solche aus Kapitalvermögen, Vermittlung und Verpachtung sowie die sonstigen Einkünfte nach § 22 EStG werden als **Überschusseinkünfte** bezeichnet.

Von diesen Einkunftsarten kann für Unternehmer im Gesundheitswesen zwar jede einzelne, je nach individueller Situation, große Bedeutung erlangen. Die für Freiberufler wichtigste Einkunftsart in dieser Funktion sind die Einkünfte aus selbstständiger Arbeit (§ 18 EStG). Abhängig von der Rechtsform können aber auch regelmäßig Einkünfte aus Gewerbebetrieben und Kapitalgesellschaften erzielt werden.

7.2.1   Einkünfte aus selbständiger Arbeit – § 18 EStG

Einkünfte aus selbständiger Arbeit sind Einkünfte aus freiberuflicher Tätigkeit. Zu der freiberuflichen Tätigkeit gehören nach § 18 EStG die selbständig ausgeübte wissenschaftliche, künstlerische, schriftstellerische, unterrichtende oder erzieherische Tätigkeit, die selbständige Berufstätigkeit der **Ärzte, Zahnärzte**, Tierärzte, Rechtsanwälte, Notare, Patentanwälte, Vermessungsingenieure, Ingenieure, Architekten, Handelschemiker, Wirtschaftsprüfer, Steuerberater, beratenden Volks- und Betriebswirte, vereidigten Buchprüfer, Steuerbevollmächtigten, **Heilpraktiker, Dentisten, Krankengymnasten**, Journalisten, Bildberichterstatter, Dolmetscher, Übersetzer, Lotsen **und ähnlicher Berufe**. Ein Angehöriger eines freien Berufs ist auch dann freiberuflich tätig, wenn er sich der Mithilfe fachlich vorgebildeter Arbeitskräfte bedient; Voraussetzung ist, dass er aufgrund eigener Fachkenntnisse leitend und eigenverantwortlich tätig wird. Eine Vertretung im Fall vorübergehender Verhinderung steht der Annahme einer leitenden und eigenverantwortlichen Tätigkeit nicht entgegen.

7.2.2   Einkünfte aus Gewerbebetrieb – § 15 EStG

Einkünfte aus Gewerbebetrieb erzielt eine natürliche Person dann, wenn sie als Einzelunternehmer oder in Mitunternehmerschaft eine selbständige Betätigung nachhaltig ausübt, mit Gewinnerzielungsabsicht ausübt, sich dabei am allgemeinen wirtschaftlichen Verkehr beteiligt und wenn die Betätigung weder als Ausübung von Land- und Forstwirtschaft noch als Ausübung eines freien Berufs oder einer anderen selbständigen Arbeit noch als bloße Vermögensverwaltung anzusehen ist.

Eine **selbständige Betätigung** liegt vor, wenn die Tätigkeit eigenverantwortlich, auf eigene Rechnung (Unternehmerrisiko) und Gefahr (Unternehmerinitiative) ausgeübt wird. Den Steuerpflichtigen müssen der Erfolg bzw. Misserfolg und das wirtschaftliche Risiko seiner Tätigkeit treffen.

Weiter wird vorausgesetzt, dass eine **nachhaltige Betätigung** vorliegt. Eine Tätigkeit ist nachhaltig, wenn sie auf Wiederholung ausgerichtet ist; die Wiederholungsabsicht ist anhand der tatsächlichen Umstände zu beurteilen. Das Merkmal Nachhaltigkeit ist erfüllt, wenn eine Mehrzahl gleichartiger Handlungen vorgenommen wurde. Nachhaltigkeit liegt bereits dann vor, wenn eine Tätigkeit von vornherein mit der Absicht unternommen wird, sie bei sich bietender Gelegenheit zu wiederholen.

Eine Person, die Einkünfte aus Gewerbetrieb erzielt, muss in **Gewinnerzielungsabsicht** handeln. Die Tätigkeit muss auf der Erzielung eines angemessenen Gewinns ausgerichtet sein, ein Gewinn darf nicht von vornherein mit hoher Wahrscheinlichkeit ausgeschlossen sein. Die Gewinnerzielungsabsicht kann Nebenzweck sein. Eine Gewinnerzielungsabsicht liegt dann nicht vor, wenn die Tätigkeit ihren Ursprung in den persönlichen Neigungen des Steuerpflichtigen hat (sog. Liebhaberei).

Einkünfte aus Gewerbebetrieb können nur dann angenommen werden, wenn eine Teilnahme des Steuerpflichtigen mit seiner Tätigkeit am **allgemeinen wirtschaftlichen Verkehr** vorliegt. Entscheidend ist, dass der Steuerpflichtige nach außen in Erscheinung tritt. Eine Beteiligung am allgemeinen wirtschaftlichen Verkehr liegt dann vor, wenn der Gewerbebetrieb für Dritte erkennbar am Markt seine Leistungen gegen Entgelt anbietet. Sie wird bereits dann angenommen, wenn der Gewerbetreibende für nur einen Auftraggeber tätig wird.

Ausgangsgröße für die Ermittlung der Einkünfte aus Gewerbebetrieb ist der **Gewinn**. Dieser wird entweder durch Betriebsvermögensvergleich oder durch Einnahmenüberschussrechnung ermittelt. Für die Ableitung der Einkünfte aus dem Gewinn sind verschiedene Sondervorschriften zu beachten, z. B. die nichtabzugsfähigen Betriebsausgaben oder der Investitionsabzugsbetrag.

7.2.3 Einkünfte aus Kapitalvermögen – § 20 EStG

Der Art nach gehören zu den Einkünften aus Kapitalvermögen alle Entgelte aus der Nutzungsüberlassung von (Geld-)Kapital, das heißt die Früchte aus der Kapitalnutzung. Es kommt nicht auf die Bezeichnung der Nutzungsentgelte an, sondern ausschließlich auf deren wirtschaftlichen Gehalt als Gegenleistung für die Nutzung fremden Geldkapitals.

Neben natürlichen Personen können auch bestimmte Körperschaften, z. B. eingetragene Vereine, Einkünfte aus Kapitalvermögen erzielen – dies gilt insbesondere aber nicht für Kapitalgesellschaften, welche ausschließlich gewerbliche Einkünfte erzielen können. Diese Einkünfte sind als Einkünfte aus Kapitalvermögen i. S. d. Einkommensteuergesetz zu berechnen. Allerdings ist für Steuerbefreiungen, z. B. Schachteldividenden, und für den Steuertarif ausschließlich das Körperschaftsteuergesetz anzuwenden; die folgenden Ausführungen zum gesondertem Steuertarif sind daher bei Körperschaften nicht anwendbar.

Mit dem Unternehmenssteuerreformgesetz 2008 wurde die Besteuerung von Kapitaleinkünften grundlegend reformiert. Ein wichtiger Punkt war die Einführung eines gesonderten Steuertarifs für Einkünfte aus Kapitalvermögen nach § 32d EStG. Dieser ermöglichte aufgrund seiner proportionalen Ausgestaltung und der Unabhängigkeit von anderen Einkünften die Einführung einer Abgeltungsteuer.

Diese Änderungen bedeuteten einen Systemwechsel von der synthetischen Einkommensteuer (alle Einkunftsarten werden mit dem gleichen Steuersatz besteuert) hin zu einer dualen Einkommensteuer (Erwerbs- und Kapitaleinkommen unterliegen unterschiedlichen Steuersätzen). Die dabei entstehende Beschränkung des Werbungskostenabzugs bedeutet eine Abkehr vom Nettoprinzip.

Die Abgeltungswirkung erlaubt, dass die entsprechenden Kapitaleinkünfte nicht mehr in die Veranlagung einbezogen werden müssen. Sie tauchen daher auch nicht in der Einkommensteuerstatistik auf.

Einkünfte aus Kapitalvermögen sind in dem Jahr zu versteuern, in dem sie zugeflossen sind. Zugeflossen sind Einkünfte, wenn der Steuerpflichtige über sie verfügen kann, z. B., wenn sie auf dem Konto gutgeschrieben worden sind.

Die Einkünfte aus Kapitalvermögen sind in § 20 Abs. 1, 2 und 3 EStG abschließend aufgeführt. Sofern diese Art von Einkünften zu den Einkünften aus Land- und Forstwirtschaft, aus Gewerbebetrieb, aus selbständiger Arbeit oder aus Vermietung und Verpachtung gehören, sind sie diesen Einkünften zuzurechnen (Subsidiaritätsprinzip des § 20 Abs. 8 EStG).

Unter Beachtung des Subsidiaritätsprinzips gehören somit folgende Einkünfte dazu:

- Einnahmen aus der Nutzung eines Geldkapitals nach § 20 Abs. 1 EStG:
  - Einnahmen aus Dividenden und vergleichbare Einkünfte (§ 20 Abs. 1 Nr. 1, 2 und 9 EStG),
  - Einnahmen als (typisch) stiller Gesellschafter (§ 20 Abs. 1 Nr. 3 EStG), atypisch stille Gesellschafter erzielen Gewinneinkünfte (z. B. aus Gewerbebetrieb),
  - Einnahmen aus partiarischen Darlehen (§ 20 Abs. 1 Nr. 3 EStG),
  - Einnahmen aus Zinsen und vergleichbare Einkünfte (§ 20 Abs. 1 Nr. 5 und 7 EStG),
  - Ertragsanteil aus Versicherungsleistungen, sofern sie nicht den sonstigen Einkünften zuzuordnen sind; bestimmte Versicherungen unterliegen sogar nur dem hälftigen Ertragsanteil (§ 20 Abs. 1 Nr. 6 EStG),
  - Einnahmen aus der Diskontierung von Wechseln (§ 20 Abs. 1 Nr. 8 EStG),
  - Einnahmen aus Leistungen eines Betriebes gewerblicher Art von juristischen Personen des öffentlichen Rechts (§ 20 Abs. 1 Nr. 10 EStG),
  - Einnahmen aus dem Schreiben von Optionen (§ 20 Abs. 1 Nr. 11 EStG),
- Leistungen aus Veräußerungsgeschäften und Termingeschäften nach § 20 Abs. 2 EStG:
  - Gewinne aus der Veräußerung von Anteilen einer Körperschaft (insb. GmbH-Anteile, Aktien, Genossenschaftsanteile) und vergleichbare Einkünfte (§ 20 Abs. 2 Nr. 1, 2 a) und 8 EStG),
  - Gewinne aus der Veräußerung von Zinsscheinen und sonstigen zinsbringenden Wertpapieren und vergleichbare Einkünfte (§ 20 Abs. 2 Nr. 2b, 5 und 7 EStG),
  - Gewinne aus Termingeschäften und vergleichbare Einkünfte (§ 20 Abs. 2 Nr. 3 EStG),
  - Gewinne aus der Veräußerung von (typisch) stillen Gesellschaften und partiarischen Darlehen (§ 20 Abs. 2 Nr. 4 EStG),
  - Gewinne aus der Veräußerung aus solchen Versicherungsverträgen, welche bei Auszahlung ebenfalls Einkünfte aus Kapitalvermögen erzielen (§ 20 Abs. 2 Nr. 6 EStG),
- Daneben gehören auch besondere Entgelte und Vorteile zu den Einkünften aus Kapitalvermögen, wenn sie im Zusammenhang mit den oben genannten Einnahmen erzielt werden (z. B. Schadenersatz und Kulanzerstattungen im Zusammenhang mit bestimmten Kapitalanlagen) (§ 20 Abs. 3 EStG).

Nicht zu den Einkünften aus Kapitalvermögen gehören Veräußerungen von Anteilen von Kapitalgesellschaften bei einer Beteiligung im Privatvermögen von mind. 1 % (§ 17 EStG). Dividendenerträge solcher Beteiligungen gehen allerdings zu den Einkünften aus Kapitalvermögen.

Sofern es sich nicht um abstrakte Devisentermingeschäfte (ohne tatsächliche Lieferung) handelt, gehören Gewinne und Verluste aus Fremdwährungsgeschäften nicht zu Einkünften aus Kapitalvermögen, sondern (vorbehaltlich des Subsidiaritätsprinzips) zu den sonstigen privaten Veräußerungsgeschäften, sofern sie innerhalb der einjährigen Spekulationsfrist ausgeführt worden sind.

Die Unterscheidung zwischen einer stillen Gesellschaft und einem partiarischen Darlehen hat für die Besteuerung der Einkünfte aus Kapitalvermögen im Inland faktisch keine Bedeutung, da eine Besteuerung sowohl für den stillen Gesellschafter als auch das partiarische Darlehen über § 20 Abs. 1 Nr. 4 EStG herbeigeführt wird. Die Unterscheidung ist jedoch wichtig für eine Behandlung im Rahmen von Doppelbesteuerungsabkommen.

7.3 Umsatzsteuer

Die Umsatzsteuer ist eine der wichtigsten Steuerarten im Tagesgeschäft. Sie wird durch das Umsatzsteuergesetz (UStG) geregelt. Die Umsatzsteuer wird auf Lieferungen und Leistungen erhoben, die ein Unternehmen im Rahmen seines Unternehmens ausführt. Auch Ärzte sind, wenn sie selbständig tätig sind, Unternehmer i. S. § 2 UStG. Sie werden vielleicht trotzdem bisher kaum in Berührung mit dieser Steuerart gekommen sein, da viele Leistungen, die von Ärzten erbracht werden, zwar grundsätzlich steuerbare Umsätze darstellen, jedoch nach § 4 Nr. 14 UStG von der Umsatzsteuer befreit sind. **§ 4 Nr. 14** UStG befreit von der Umsatzsteuer:

a) Heilbehandlungen im Bereich der Humanmedizin, die im Rahmen der Ausübung der Tätigkeit als Arzt, Zahnarzt, Heilpraktiker, Physiotherapeut, Hebamme oder einer ähnlichen heilberuflichen Tätigkeit durchgeführt werden. Satz 1 gilt nicht für die Lieferung oder Wiederherstellung von Zahnprothesen (aus Unterpositionen 9021 21 und 9021 29 00 des Zolltarifs) und kieferorthopädischen Apparaten (aus Unterposition 9021 10 des Zolltarifs), soweit sie der Unternehmer in seinem Unternehmen hergestellt oder wiederhergestellt hat;

b) Krankenhausbehandlungen und ärztliche Heilbehandlungen einschließlich der Diagnostik, Befunderhebung, Vorsorge, Rehabilitation, Geburtshilfe und Hospizleistungen sowie damit eng verbundene Umsätze, die von Einrichtungen des öffentlichen Rechts erbracht werden. Die in Satz 1 bezeichneten Leistungen sind auch steuerfrei, wenn sie von

aa) zugelassenen Krankenhäusern nach § 108 des Fünften Buches Sozialgesetzbuch,

bb) Zentren für ärztliche Heilbehandlung und Diagnostik oder Befunderhebung, die an der vertragsärztlichen Versorgung nach § 95 des Fünften Buches Sozialgesetz-

buch teilnehmen oder für die Regelungen nach § 115 des Fünften Buches Sozialge-
setzbuch gelten,

cc) Einrichtungen, die von den Trägern der gesetzlichen Unfallversicherung nach
§ 34 des Siebten Buches Sozialgesetzbuch an der Versorgung beteiligt worden sind,

dd) Einrichtungen, mit denen Versorgungsverträge nach den §§ 111 und 111a des
Fünften Buches Sozialgesetzbuch bestehen,

ee) Rehabilitationseinrichtungen, mit denen Verträge nach § 21 des Neunten Buches
Sozialgesetzbuch bestehen,

ff) Einrichtungen zur Geburtshilfe, für die Verträge nach § 134a des Fünften Buches
Sozialgesetzbuch gelten,

gg) Hospizen, mit denen Verträge nach § 39a Abs. 1 des Fünften Buches Sozialge-
setzbuch bestehen, oder

hh) Einrichtungen, mit denen Verträge nach § 127 in Verbindung mit § 126 Absatz
3 des Fünften Buches Sozialgesetzbuch über die Erbringung nichtärztlicher Dialy-
seleistungen bestehen, erbracht werden und es sich ihrer Art nach um Leistungen
handelt, auf die sich die Zulassung, der Vertrag oder die Regelung nach dem Sozial-
gesetzbuch jeweils bezieht, oder

ii) von Einrichtungen nach § 138 Abs. 1 Satz 1 des Strafvollzugsgesetzes erbracht
werden;

c) Leistungen nach den Buchstaben a und b, die von aa)
Einrichtungen, mit denen Verträge zur hausarztzentrierten Versorgung nach § 73b
des Fünften Buches Sozialgesetzbuch oder zur besonderen ambulanten ärztlichen
Versorgung nach § 73c des Fünften Buches Sozialgesetzbuch bestehen, oder

bb) Einrichtungen nach § 140b Absatz 1 des Fünften Buches Sozialgesetzbuch, mit
denen Verträge zur integrierten Versorgung nach § 140a des Fünften Buches Sozial-
gesetzbuch bestehen, erbracht werden;

d) sonstige Leistungen von Gemeinschaften, deren Mitglieder Angehörige der in Buch-
stabe a bezeichneten Berufe oder Einrichtungen im Sinne des Buchstaben b sind,
gegenüber ihren Mitgliedern, soweit diese Leistungen für unmittelbare Zwecke der
Ausübung der Tätigkeiten nach Buchstabe a oder Buchstabe b verwendet werden und
die Gemeinschaft von ihren Mitgliedern lediglich die genaue Erstattung des jeweiligen
Anteils an den gemeinsamen Kosten fordert,

e) die zur Verhütung von nosokomialen Infektionen und zur Vermeidung der Weiter-
verbreitung von Krankheitserregern, insbesondere solcher mit Resistenzen, erbrachten
Leistungen eines Arztes oder einer Hygienefachkraft, an in den Buchstaben a, b und d
genannte Einrichtungen, die diesen dazu dienen, ihre Heilbehandlungsleistungen ord-
nungsgemäß unter Beachtung der nach dem Infektionsschutzgesetz und den Rechtsver-
ordnungen der Länder nach § 23 Absatz 8 des Infektionsschutzgesetzes bestehenden
Verpflichtungen zu erbringen;

Allerdings ist zu beachten, dass das UStG die gesamte unternehmerische Tätigkeit des
Arztes erfasst. Es ist somit möglich, dass einige Lieferungen oder Leistungen, die durch
Ärzte erbracht werden, der Umsatzsteuer unterliegen. Dies ist insbesondere dann der Fall,

wenn die Umsätze als gewerblich zu qualifizieren sind. Freiberuflich tätige Ärzte können neben Einkünften aus selbständiger Tätigkeit (§ 18 EStG) auch Einkünfte aus Gewerbebetrieb erzielen. Gewerblich oder beruflich ist jede nachhaltige Tätigkeit zur Erzielung von Einnahmen, auch wenn die Absicht, Gewinn zu erzielen, fehlt oder eine Personenvereinigung nur gegenüber ihren Mitgliedern tätig wird. Einkünfte aus Gewerbebetrieb fallen beispielsweise dann an, wenn Augenärzte Kontaktlinsen, Gynäkologen Spiralen oder Internisten Nahrungsergänzungsmittel verkaufen. Besondere Beachtung verdienen auch die Umsätze, die durch die Erstellung ärztlicher Gutachten erzielt werden. Ärztliche Gutachten sind dann von der Umsatzsteuer befreit, wenn ein therapeutisches Ziel im Vordergrund steht. Hierunter fallen beispielsweise Gutachten über den Kausalzusammenhang zwischen einem rechterheblichen Tatbestand und einer Gesundheitsstörung. Andere Gutachten, wie z. B. Gutachten über die pharmakologische Wirkung eines Medikamentes beim Menschen, also Studien für die Pharmaindustrie oder dermatologische Untersuchungen von kosmetischen Stoffen, sind nicht von der Umsatzsteuer befreit.

Steuerpflichtige Umsätze werden mit einem Steuersatz von derzeit 19 % (§ 12 Abs. 1 UStG) bzw. mit dem ermäßigtem Steuersatz von 7 % (§ 12 Abs. 2 UStG) versteuert. Unter den Voraussetzungen des § 15 UStG kann der Unternehmer bei von anderen Unternehmen bezogenen Lieferungen und Leistungen die ihm in Rechnung gestellte Umsatzsteuer als Vorsteuer zum Abzug bringen. Dies setzt allerdings eine ordnungsgemäße Rechnung i. S. d. § 14 UStG voraus. Unter Inanspruchnahme der Regelung des § 19 Abs. 1 UStG zur „Besteuerung von Kleinstunternehmern" kann auf die Erhebung der Umsatzsteuer abgesehen werden, wenn der steuerpflichtige Umsatz zuzüglich der darauf entfallenden Steuer im vorangegangenen Kalenderjahr 17.500 € nicht überstiegen hat und im laufenden Kalenderjahr 50.000 € voraussichtlich nicht übersteigen wird. In diesem Fall kann allerdings auch keine Vorsteuer geltend gemacht werden.

Der Unternehmer hat gemäß § 18 Abs. 3 UStG für das Kalenderjahr oder für den kürzeren Besteuerungszeitraum eine Steuererklärung nach amtlich vorgeschriebenem Vordruck abzugeben, in dem er die zu entrichtende Steuer oder den Überschuss, der sich zu seinen Gunsten ergibt, selbst zu berechnen hat. Wenn andere Einkunftsarten hinzukommen, kann es sogar sein, dass monatliche Umsatzsteuervoranmeldungen erstellt werden müssen. Beträgt die Umsatzsteuer für das vorangegangene Kalenderjahr mehr als 6136 €, ist der Kalendermonat Voranmeldungszeitraum (Abb. 7.1 und 7.2).

7.4 Körperschaftsteuer

Die Körperschaftsteuer, abgekürzt KSt, ist die Steuer, die auf das Einkommen von inländischen juristischen Personen wie beispielsweise Kapitalgesellschaften, Genossenschaften oder Vereinen erhoben wird. Sie beträgt 15 % des zu versteuernden Einkommens. Auf Basis der Steuerbilanz wird durch verschiedene Korrekturen, welche die Steuergesetze vorgeben, das maßgebliche Einkommen ermittelt. Es muss jährlich mit der

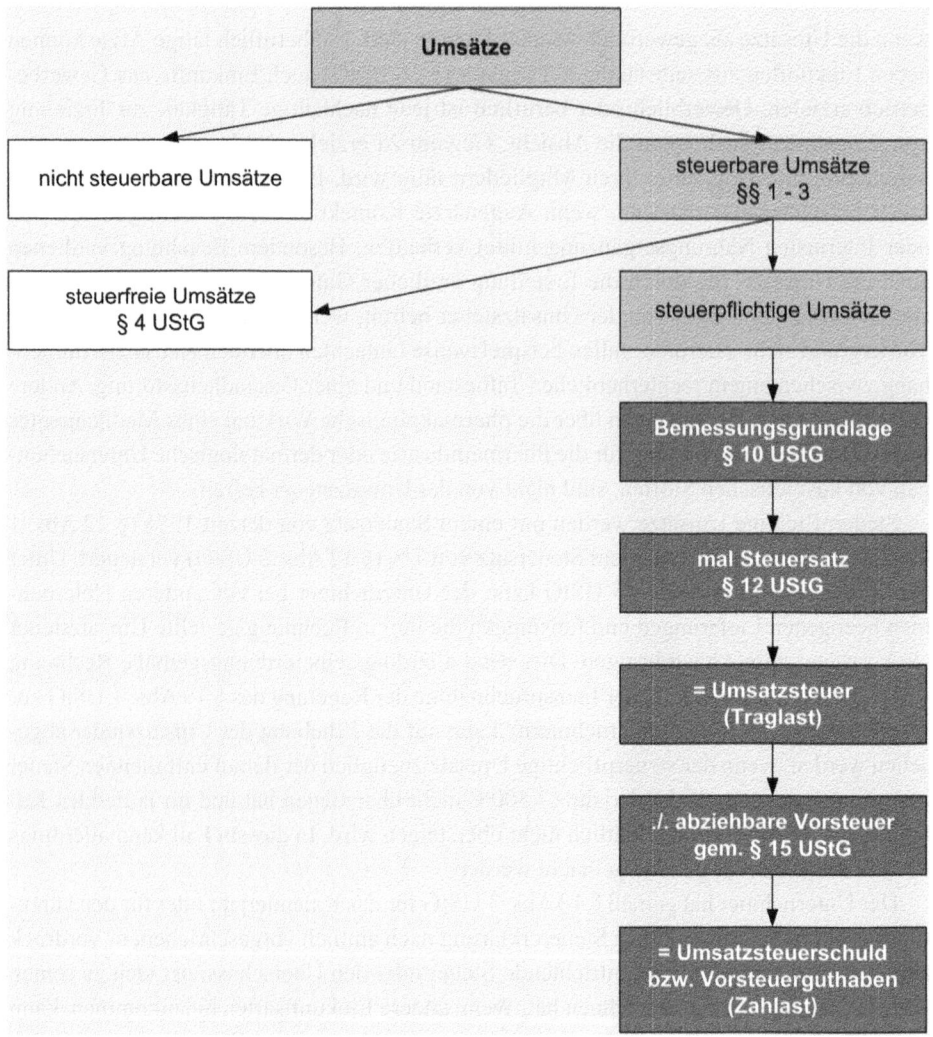

Abb. 7.1 Vereinfachtes Prüfungsschema zur Umsatzsteuer

Körperschaftsteuererklärung beim zuständigen Finanzamt gemeldet werden. Die Körperschaftsteuer ist nicht die einzige Unternehmensteuer. Sie wird durch die Gewerbesteuer
und die Einkommensteuer auf unternehmerische Einkünfte ergänzt.

Wie bei der Einkommensteuer ist bei der Körperschaftsteuer zwischen unbeschränkter
und beschränkter Steuerpflicht zu unterscheiden.

Nach § 1 Abs. 1 KStG sind **Steuersubjekte der Körperschaftssteuer** bestimmte Körperschaften, Personenvereinigungen und Vermögensmassen unbeschränkt körperschaft-
steuerpflichtig, wenn sie ihre Geschäftsleitung (§ 10 AO) oder ihren Sitz (§ 11 AO) im
Inland haben. Somit wird eine Doppelbesteuerung von ausländischen Gesellschaften
vermieden. Die der Körperschaftsteuer unterliegenden Gesellschaften sind in § 1 Abs. 1

Stufe	Rechnung [Euro]		USt (Traglast) [Euro]	Vorsteuerabzug [Euro]	USt-Schuld (Zahllast) [Euro]	Wertschöpfung (Mehrwert) [Euro]
Urerzeuger	Nettopreis + 19% USt = Verkaufspreis	100,00 19,00 119,00	19,00	-	19,00	100,00
Produzent	Nettopreis + 19% USt = Verkaufspreis	300,00 57,00 357,00	57,00	19,00	38,00	200,00
Händler	Nettopreis + 19% USt = Verkaufspreis	450,00 85,50 535,50	85,50	57,00	28,50	150,00
	Summe der Umsatzsteuerschulden über alle Stufen sowie die gesamte Wertschöpfung über alle Stufen beträgt:				85,50	450,00
Endver-braucher	zahlt Verkaufspreis in Höhe von **535,50** Euro inkl. USt		trägt **85,50** USt	**kein Vorsteuerabzug möglich**		

Abb. 7.2 Berechnungsbeispiel zur Umsatzsteuer und Vorsteuerabzug

Nr. 1–6 KStG aufgezählt, wobei die Aufzählung im Klammerzusatz des § 1 Abs. 1 Nr. 1 KStG seit der Änderung durch Art. 3 Nr. 2 SEStEG nicht mehr abschließend ist. Eine Erweiterung der unbeschränkten Körperschaftsteuerpflicht im Wege der Auslegung ist gemäß R 2 Abs. 1 KStR 2004 unzulässig.

Die unbeschränkte Körperschaftsteuerpflicht erstreckt sich nach § 1 Abs. 2 KStG auf sämtliche Einkünfte. Es gilt das Welteinkommensprinzip. Ist weder die Geschäftsleitung noch der Sitz im Inland gelegen, so sind Körperschaften, Personenvereinigungen und Vermögensmassen mit ihren inländischen Einkünften beschränkt steuerpflichtig (§ 2 Nr. 1 KStG, § 8 Abs. 1 KStG i. V. m. § 49 EStG). Zu beachten sind Doppelbesteuerungsabkommen.

Ferner sind Körperschaften des öffentlichen Rechts mit ihren kapitalertragssteuerpflichtigen Einnahmen, also zum Beispiel Zinserträgen, beschränkt steuerpflichtig (§ 2 Nr. 2 KStG). Sie müssen keine Körperschaftsteuererklärung abgeben, mit dem Abzug von Abgeltungsteuer ist das Besteuerungsverfahren abgeschlossen. Für die beschränkt steuerpflichtigen Gesellschaften gilt ein ermäßigter Abgeltungssteuersatz von 15 % analog dem Steuersatz für andere juristische Personen.

Von der Körperschaftsteuer befreit sind unter anderem Unternehmen des Bundes, politische Parteien im Sinne des § 2 PartG sowie gemeinnützigen, mildtätigen oder kirchlichen Zwecken dienende Körperschaften, wenn kein wirtschaftlicher Geschäftsbetrieb unterhalten wird (§ 5 Abs. 1 KStG, §§ 51 ff. AO).

Diese subjektiven Steuerbefreiungen gelten jedoch nicht für inländische Einkünfte, die dem Steuerabzug unterliegen. Deswegen werden die steuerbefreiten Körperschaften auch als „partiell steuerpflichtig" bezeichnet.

Die Befreiungen gelten zudem nicht für beschränkt Steuerpflichtige (§ 2 Abs. 1 KStG, § 5 Abs. 2 Nr. 2 KStG), mit Ausnahme von beschränkt steuerpflichtigen Körperschaften, die gemeinnützigen, mildtätigen oder kirchlichen Zwecken dienen (§ 5 Abs. 1 Nr. 9 KStG), nach den Rechtsvorschriften eines EU-/EWR-Mitglieds gegründete Gesellschaften (Art. 54 AEUV/Art. 34 EWR-Vertrag) sind und ihren Sitz sowie ihre Geschäftsleitung in einem Mitgliedsstaat haben, mit dem ein Amtshilfeabkommen besteht.

Der Steuersatz beträgt laut § 23 Abs. 1 KStG 15 % des zu versteuernden Einkommens, der Steuerbetrag wird auf volle Euro abgerundet. Zusätzlich werden 5,5 % von diesem Steuerbetrag als Solidaritätszuschlag erhoben, so dass der Steueranteil insgesamt einheitlich 15,825 % des zu versteuernden Einkommens beträgt. Somit entspricht die Ermittlung des zu zahlenden Körperschaftsteuerbetrags einem proportionalen Tarif, was einen wesentlichen Unterschied zur Einkommensteuer mit Steuerprogression darstellt.

Gemäß § 7 Abs. 1 KStG bemisst sich die Körperschaftsteuer nach dem zu versteuernden Einkommen. Der Gewinn der Steuerbilanz dient als Basis für die Einkommensermittlung. Grundsätzlich erfolgt diese nach den Vorschriften des EStG, besondere Regelungen des KStG gehen aber als „lex specialis" vor (§ 7 Abs. 2 KStG i. V. m. § 8 Abs. 1 KStG). Eine Liste der relevanten Vorschriften aus dem Einkommensteuergesetz findet sich in R 32 KStR 2004. Der ausgewiesene Gewinn in der Handelsbilanz ist eventuell zu korrigieren und ein ausgewiesener Bilanzgewinn, in dem auch Gewinn- oder Verlustvorträge des Vorjahres enthalten sind, und muss in den Jahresüberschuss umgerechnet werden. Dies ist beispielsweise dann erforderlich, wenn Unterschiede zwischen Handels- und Steuerrecht in der Bewertung des Anlagevermögens auftreten. Unterjährige Gewinnausschüttungen sind hinzuzurechnen und müssen natürlich ebenfalls versteuert werden.

7.5 Gewerbesteuer

Die Gewerbesteuer (GewSt) wird als Gewerbeertragsteuer auf die objektive Ertragskraft eines Gewerbebetriebes in Höhe von mindestens 7 % des Ertrags erhoben.

Eine ertragsunabhängige Besteuerung der Substanz des Gewerbebetriebs erfolgte bis 1997 mit der Gewerbekapitalsteuer, seitdem nur noch in den Gewinnhinzurechnungen, die bestimmte Finanzierungskosten in die gewerbesteuerliche Bemessungsgrundlage einbeziehen. Mit der Unternehmenssteuerreform 2008 wurde diese Komponente ausgeweitet. Ziel war es, das Gewerbesteueraufkommen zu verstetigen.

Die Gewerbesteuer ist die wichtigste originäre Einnahmequelle der Gemeinden in Deutschland. Sie ist eine deutsche Ausnahmeerscheinung und im Ausland in vergleichbarer Form nicht anzutreffen. Es handelt sich nach § 3 Abs. 2 AO um eine Realsteuer oder Sachsteuer, auch wenn diese Einordnung nach der Abschaffung der Gewerbekapitalsteuer und der Lohnsummensteuer umstritten ist. Die Gewerbesteuer zählt zu den Gemeindesteuern und den Objektsteuern. Rechtsgrundlage ist das Gewerbesteuergesetz (GewStG), die Gewerbesteuer-Durchführungsverordnung sowie als allgemeine Verwaltungsvorschriften die Gewerbesteuer-Richtlinien.

Besteuert werden Gewerbebetriebe, die entweder über ihre Rechtsform als Kapitalgesellschaft oder über ihre gewerbliche Tätigkeit im Sinne des Einkommensteuerrechts (Einzelunternehmen und Personengesellschaften) erfasst werden. Dabei wird für natürliche Personen und Personengesellschaften ein Freibetrag von 24.500 € gewährt (§ 11 Abs. 1 Nr. 1 GewStG). Für sonstige juristische Personen des privaten Rechts (z. B. Vereine) und nichtrechtsfähige Vereine, soweit sie einen wirtschaftlichen Geschäftsbetrieb (ausgenommen Land- und Forstwirtschaft) unterhalten, gilt ein Freibetrag von 5000 € (§ 11 Abs. 1 Nr. 2 GewStG). Freiberufliche oder andere nichtgewerbliche selbstständige Tätigkeiten unterliegen nicht der Gewerbesteuer. Land- und forstwirtschaftliche Betriebe werden nur besteuert, wenn sie im Handelsregister eingetragen sind oder der Umsatz, der mit gewerblichen Dienstleistungen erzielt wird, 5000 € übersteigt.

Ausgangsbasis für die Bemessung der Gewerbesteuer ist der Gewerbeertrag. Dies ist der nach Einkommensteuer- bzw. Körperschaftsteuerrecht zu bestimmende Gewinn. Im Regelfall wird der Gewinn bzw. Verlust übernommen und im Einzelfall um bestimmte Beträge erhöht (Hinzurechnungen, § 8 GewStG) oder vermindert (Kürzungen, § 9 GewStG). Sowohl Hinzurechnungen als auch Kürzungen verfolgen verschiedene Ziele, die teilweise damit begründet werden, dass die Bemessungsgrundlage die objektive Ertragskraft – von der Finanzierungsentscheidung des Unternehmers im Einzelfall unabhängiger, realer Gewerbeertrag – eines Gewerbebetriebs abbilden soll. Nach der ursprünglichen Vorstellung des Gesetzgebers arbeitet ein angenommener fiktiver Standardbetrieb mit eigenem Kapital, mit eigenen Maschinen, jedoch in fremden (angemieteten) Räumen. Die Vorschriften über Hinzurechnungen und Kürzungen haben sich jedoch auch aus fiskalischen Gründen mehrfach geändert, so dass umstritten bleibt, welche Hinzurechnungen bzw. Kürzungen mit diesem Ziel begründet werden können.

7.6 Gemeinnützigkeit

Die Gemeinnützigkeit definiert sich in Deutschland aus § 52 Abgabenordnung (AO).
Nach § 52 Abs. 2 AO sind u. a. folgende Ziele als gemeinnützig anzuerkennen:

- die Förderung von Wissenschaft und Forschung
- die Förderung von Bildung und Erziehung
- die Förderung von Kunst und Kultur
- die Förderung von Völkerverständigung
- die Förderung des Denkmalschutzes und der Denkmalpflege
- die Förderung des Naturschutzes und der Landschaftspflege
- die Förderung des Heimatgedankens
- die Förderung des traditionellen Brauchtums
- die Förderung des Tierschutzes
- die Förderung des Sportes

- die Förderung der Entwicklungszusammenarbeit
- die Förderung des bürgerschaftlichen Engagements zugunsten gemeinnütziger, mild-
tätiger und kirchlicher Zwecke (seit 1. Januar 2007)

Bei der Gründung einer steuerbegünstigten Körperschaft empfiehlt sich eine frühzeiti-
ge Abstimmung der Satzung (Verein) oder des Gesellschaftsvertrages (GmbH) mit dem
Finanzamt. Nach der Gründung kann beim Finanzamt die Ausstellung einer vorläufigen
Bescheinigung über die Steuerbegünstigung beantragt werden. Diese vorläufige Bescheinigung bestätigt jedoch nur, dass die satzungsmäßigen Voraussetzungen für die Steuerbegünstigung vorliegen. Danach prüft das Finanzamt turnusmäßig alle drei Jahre, ob die
Gemeinnützigkeitsgrundsätze eingehalten werden und erteilt dann einen Freistellungsbe-
scheid (Anwendungserlass zu § 59 Abgabenordnung). Dieser berechtigt dann höchstens
fünf Jahre lang zur Ausstellung von Zuwendungsbestätigungen (Spendenbescheinigungen).

Die Anerkennung als gemeinnützig kann rückwirkend unter den Voraussetzungen der
§§ 61, 64 AO entzogen werden.

Für viele Unternehmen im Gesundheitswesen, wie z. B. Pflege- und Betreuungsein-
richtungen, Ausbildungsbetriebe und auch Forschungseinrichtungen kann die Beantragung der Gemeinnützigkeit von Interesse sein.

Bzgl. der Körperschaftsteuer führt die Gemeinnützigkeit zu einigen Vorteilen. Einnahmen sind bis zu einem Betrag von 35.000 € jährlich steuerunschädlich (§ 64 Abs. 3
AO). Liegen die Einnahmen über dieser Grenze, entfällt die steuerliche Privilegierung, es
sei denn die Einnahmeerzielung gehört notwendigerweise zur gemeinnützigen Tätigkeit,
dann liegt ein sog. Zweckbetrieb vor. In der Praxis sind lediglich die in §§ 66 bis § 68
AO benannten Zweckbetriebe von Bedeutung, z. B. Krankenhäuser, Wohlfahrtspflegeein-
richtungen, Wissenschaft, Bildung und Kultur unter den jeweiligen besonderen Voraussetzungen.

Hinsichtlich der Umsatzsteuer treten ebenfalls einige steuerrechtliche Erleichterungen
ein. Das Umsatzsteuergesetz sieht einige Befreiungen von der Umsatzsteuer vor – so z. B.
in den Fällen der § 4 Nr. 12 UStG, § 4 Nr. 18 UStG, § 4 Nr. 20 a UStG, § 4 Nr. 22a UStG,
§ 4 Nr. 22 b UStG, § 4 Nr. 23 UStG und § 4 Nr. 25 UStG. Wenn die Körperschaft zur Erreichung ihrer gemeinnützigen Zwecke unternehmerisch tätig wird und die erbrachten Leistungen nicht nach § 4 UStG von der Umsatzsteuer befreit sind, unterliegen die Leistungen
der Umsatzsteuer. Ein steuerpflichtiger wirtschaftlicher Geschäftsbetrieb kann u. U. zum
ermäßigten Steuersatz § 12 Abs. 2 Nr. 8 UStG erfolgen.

Weiterführende Literatur

1. Seltenreich, S. (2014). *Besteuerung von Ärzten, Zahnärzten und ärztlichen Kooperationen:
Steuerliche und betriebswirtschaftliche Beratung, Finanzierung, Gestaltungspraxis.* Stuttgart:
Schäfer-Poeschel.

2. Land, H.-U., Burhoff, A., et al. (2013). *Besteuerung der Ärzte, Zahnärzte und sonstiger Heilberufe: mit Vertragsmustern und Arbeitshilfen.* Neuwied: nwb.
3. Lewejohann, D., & Morton, A. (2011). *Kauf und Bewertung einer Arztpraxis: Rechtliche Rahmenbedingungen. Steuerrechtliche Konsequenzen. Bilanzielle Aspekte. Arztpraxisbewertung.* Neuwied: nwb.

Aufgaben und Wiederholungsfragen 8

8.1 Aufgaben zum Rechnungswesen

Aufgabe 1: Bilanz und GuV – Zuordnen von Positionen
Ordnen Sie folgende Positionen einer Position in der Bilanz oder GuV zu.

a. Raumkosten (Miete)
b. Bürobedarf
c. Verbandsmaterial
d. Röntgengerät
e. Bank
f. Löhne und Gehälter
g. Telefonkosten
h. Kasse
i. Betriebsausstattung
j. Körperschaftsteuerrückstellung
k. Markenname
l. Blutdruckmessgerät
m. Verluste durch außergewöhnliche Schadensfälle
n. Zinsen für ein von uns an einem Mitarbeiter gewährtes Darlehen
o. Zinsen für Bankdarlehen zur Finanzierung von Betriebskosten
p. Darlehen an einen Gesellschafter
q. EDV-Software
r. Beitrag für die Berufshaftpflichtversicherung
s. Einbehaltene Umsatzsteuer
t. Abzugsfähige Vorsteuer
u. Pipetten

© Springer Fachmedien Wiesbaden 2016
A. Ampofo, *Betriebswirtschaftliche Grundlagen für Mediziner
und medizinisches Fachpersonal*, DOI 10.1007/978-3-658-10470-2_8

Aufgabe 2: Wesentliche Strukturmerkmale und Grundbegriffe
Beantworten Sie die folgenden Fragen:

a. Beschreiben Sie grundlegend den Unterschied zwischen internem und externem Rechnungswesen.
b. Definieren und erklären Sie die Grundbegriffe: Einzahlung, Auszahlung, Einnahme, Ausgabe, Ertrag, Aufwand, Leistung, Kosten.
c. Nach welchen Kriterien gliedert sich die Bilanz?
d. Welche Verfahren kennen Sie zur Gliederung der Gewinn- und Verlustrechnung?

Aufgabe 3: KHBV – Kontenrahmen
In Kliniken kommt im Rahmen der Buchführung der spezielle Kontenrahmen der KHBV zum Einsatz. Finden Sie die Kontenklasse und die entsprechende Nummer des Kontos:

a. Bebaute Grundstücke
b. Erlöse aus tagesgleichen Pflegesätze
c. Erlöse aus Fallpauschalen
d. Vorräte an medizinischem Bedarf
e. Vorräte an Verwaltungsbedarf
f. Disagio
g. Nutzungsentgelte der Belegärzte
h. Jahresüberschuss/Jahresfehlbetrag
i. Verbindlichkeiten nach dem KHG
j. Periodenfremde Erträge

Aufgabe 4: Buchungssätze
Sie planen umfangreiche Webeaktionen für die Krankenversicherung. Hierbei fallen folgende Geschäftsvorfälle an, die verbucht werden müssen:

a. Wir beauftragen eine Werbeagentur mit der Gestaltung einer Homepage und eines Content-Managementsystems für 35.000 €. Diese Leistung wird uns zzgl. 19 % MwSt. in Rechnung gestellt.
b. Wir müssen 13 Hilfskräfte beschäftigen. Je Hilfskraft entsteht uns ein Personalaufwand von 675 €. Nehmen Sie an, dass der Gesamtbetrag in einer Sammelbuchung unserem Geschäftsgirokonto belastet wird.
c. Es muss Büromaterial im Wert von 2.689 € inkl. MwSt. 19 % beschafft werden. Dies wird in der Mailingaktion sofort verbraucht.
d. Bei Semesterbeginn wirbt ihre Versicherung an 55 deutschen Universitäten um neue Studenten als Versicherungsmitglieder. Ihr Budget sieht hierfür 123.000 € vor. Diese Leistung haben Sie ebenfalls an eine Werbeagentur vergeben, die nun eine Rechnung über 130.000 € zzgl. MwSt 19 % stellt.

e. Sie müssen einen neuen Messestand anschaffen. Dieser gehört ab sofort Ihrer Versicherung und wird jährlich auf vielen Messen eingesetzt. Die Kosten hierfür belaufen sich auf 45.000 € inkl. 19% MwSt.

f. Die Krankenversicherung spendet 60.000 € an die Kinderkrebshilfe.

Hinweis: Ihnen stehen folgende Konten zur Verbuchung zur Verfügung: Fuhrpark, Immaterielle VG, VSt., USt., Fremdleistungen, BGA, Spende, Verb. aLL, Bank, Kasse, Personalaufwand, Bürobedarf, Verb. gg. Kreditinstituten.

Aufgabe 5: Erfolgsneutrale und erfolgswirksame Buchungsvorgänge
Bei welchen Buchungen aus Aufgabe 4 handelt es sich um erfolgsneutrale, bei welchen um erfolgswirksame Buchungen?

Aufgabe 6: Aufwand bzw. Kosten
Bei welchen der Geschäftsvorfällen handelt es sich um Kosten?

Aufgabe 7: Umsatzsteuer und Vorsteuer
Wir hoch ist der Saldo Ihres Umsatzsteuer- bzw. Vorsteuerkontos?

Hinweis: Ob die Vorsteuer tatsächlich in einem Versicherungsunternehmen zum Abzug gebracht werden kann, sei für die Ersterfassung in der Buchführung nicht relevant. Nehmen Sie an, dass über eine Umbuchung eine nachgelagerte Stelle entscheidet.

Aufgabe 8: Jahresabschluss

a. Was sind die wesentlichen Bestandteile des Jahresabschlusses?
b. Wie gliedert sich die Bilanz?

Aufgabe 9: Weitere Kostenbegriffe
Definieren bzw. erklären Sie kurz folgende Kostenbegriffe:

a. Plankosten
b. Sollkosten
c. Istkosten
d. Normalkosten

Aufgabe 10: Medical ONE AG – ein Krankenhaus
Die Medical ONE AG betreibt Krankenhäuser mit 300 Betten. Sie sind in der Abteilung Rechnungswesen tätig.

a. Ist die Medical ONE AG buchführungspflichtig? Begründen Sie ihre Antwort.
b. Welche wesentlichen gesetzlichen Grundlagen sind in der Finanzbuchhaltung zu berücksichtigen?
c. Welche Bücher gibt es in der Buchführung? (Nennen Sie die 3 wesentlichen Begriffe)
d. Welche wesentlichen Bestandteile hat der Jahresabschluss?
e. Was ist der Unterschied zwischen internem und externem Rechnungswesen?
f. Sie sollen dem Controller bei einigen Tätigkeiten behilflich sein. Sie wissen noch aus Ihrer Ausbildung, dass Art und Umfang des internen Rechnungswesens in das Ermessen des Betriebes gestellt ist. Gilt dies auch für die Medical ONE AG?

Aufgabe 11: Buchen im Kontenplan der KHBV
Nachfolgend ist eine Reihe von Geschäftsvorfällen aufgeführt:

a. Richten Sie die Konten ein.
b. Eröffnen sie die Bestandskonten
c. Buchen Sie die Geschäftsvorfälle sowie die Abschlussangaben in das Grund- und Hauptbuch
d. Führen Sie den Abschluss durch.

Geschäftsvorfälle

1) Banküberweisung an die Zentralwäscherei	15.000
2) Zieleinkauf von Lebensmitteln zum sofortigen Verbrauch	149.000
3) Bareinkauf eines Karteischranks	1.500
4) Darlehensaufnahme bei der Bank	300.000
5) Lohnzahlung durch Banküberweisung	199.000
6) Banküberweisung der Grundsteuer	7.000
7) Bankscheck der AOK Rheinland-Pfalz für Erlöse aus DRGs	635.000
8) Banküberweisung der Gehälter	64.000
9) Zieleinkauf von Arzneimitteln zu Lagerung	35.200
10) Barabhebung von der Bank	20.600
11) Barzahlung von Chemikalien für den Wasseraufbereitung	3.130
12) Banküberweisung für den Strom- und Gasverbrauch	19.100
13) Bankscheck der Berufsgenossenschaft	346.000
14) Banküberweisung der Zinsen für Betriebsmittelkredite	121.000
15) Einkauf von OP-Bedarf zum sofortigen Einsatz im OP	177.000
16) Barzahlung der BEK für den Ausgleich von Rechnungskürzungen	8.500

Anfangsbestände

Bebaute Grundstücke mit Betriebsbauten	320.000
Technische Anlagen	55.000
Einrichtung und Ausstattung	45.000

Forderungen aLL	26.000
Bank	150.000
Kasse	8.400
Eigenkapital	608.000
Darlehensschulden	250.000
Verbindlichkeiten aLL	45.600

Folgende Konten stehen ihnen zur Verfügung 010 Bebaute Grundstücke, 060 Betriebsbauten, 070 Einrichtung und Ausstattung in Betriebsbauten, 101 Vorräte medizinischer Bedarf, 12 Forderungen aLL, 131 Kasse, 135 Bank. 20 Eigenkapital, 32 Verbindlichkeiten aLL, 34 Verbindlichkeiten gg. Kreditinstituten, 408 Erlöse aus DRG-Fallpauschalen, 60 Löhne und Gehälter, 65 Lebensmittel und bezogene Leistungen, 66 Medizinischer Bedarf, 67 Wasser, Energie, Brennstoffe, 70 Aufwendungen für zentrale Dienstleistungen, 730 Steuern, 74 Zinsen und ähnliche Aufwendungen, 850 Eröffnungsbilanzkonto, 857 G+V-Konto, 8580 SBK (Schlussbilanzkonto)

Aufgabe 12

Sie sind im Rechnungswesen tätig und sollen die nachfolgenden Sachverhalte im Hinblick auf folgende Begriffe untersuchen: Einzahlung, Auszahlung, Einnahmen, Ausgabe, Ertrag, Aufwand, Leistung, Kosten. Es soll zu Vereinfachung davon ausgegangen werden, dass keine Umsatzsteuer anfällt.

a. A betreibt sein Labor in der Rechtsform einer GmbH. Er kaufte am 06.11.13. 10.000 l einer Chemikalie zur weiteren Verarbeitung in seinem Betreib für 15.000 €. Der Lieferant gewährt ihm ein Zahlungsziel von 4 Wochen. Am 07.12.13 überweist er den Betrag.

b. A kauft am 26.11.13 Büromaterial bar für 260 €.

c. A benötigt eine Spezialmaschine. Im Internet findet er den Hersteller K. Laut Internet kostet die Maschine 6.000 €. Er sendet eine Bestellung über das Internet.

d. K zahlt am 01.11.13 das Oktobergehalt für seinen angestellten Zahnarzt L aus.

e. L fährt auf eine Wochenendfortbildung und bucht ein Hotel. Er bleibt 2 Tage länger und besucht während dieser Zeit seine alten Freunde. Er erhält eine Woche später die Rechnung über 4 Übernachtungen je 100 € (Summe 400 €). Er überweist die Rechnung umgehend am 03.11.13.

f. Z zahlt eine KSt-Nachzahlung 2012 von 2.500 € am 06.06.13

g. A kauft ein Grundstück im angrenzenden Neubaugebiet in der Absicht, dieses nächstes Jahr an einen Bekannten weiter zu verkaufen. Das Geschäft wickelt A über seine Firma (Labor) ab. Er zahlt eine Maklerprovision in Höhe von 2.000 €.

Aufgabe 13

Ordnen Sie folgende Sachverhalten den folgenden Begriffen zu: neutraler Aufwand, periodenfremder, betriebsfremder, außerordentlicher Aufwand, ordentlicher Ertrag, Zweckaufwand, Grundkosten, Anderskosten, kalkulatorische Kosten, Zusatzkosten.

a. F stellt seiner Praxis, die er im Erdgeschoss seines Mehrfamilienhauses betreibt, die Betriebsräumlichkeiten unentgeltlich zur Verfügung. Er möchte allerdings in seiner Kalkulation 900 € hierfür ansetzen.

b. B ist Allgemeinmediziner. Er kann sich derzeit nur ein geringes Gehalt von 2.000 € aus seinem Betrieb auszahlen. Er rechnet allerdings mit 4.000 €.

c. K wird konfrontiert mit einer Steuernachzahlung von 2.689 €.

d. Ein Mitarbeiter hat sich aus der Barkasse Ihres Unternehmens „bedient" (Diebstahl). Es fehlen 5.600 €.

e. Eine Maschine wird durch Hochwasser vollständig zerstört.

Aufgabe 14

Ordnen Sie zu: Primärkosten, Sekundärkosten, Gemeinkosten, Einzelkosten, Fixkosten, variable Kosten.

a. Gehalt für eine Bürokraft

b. Aufwendung für Brücke (Zahnersatz)

c. Akkordlohn eines Fließbandarbeiters

d. Fixum eines Vertriebsmitarbeiters

e. Aufwendungen für den Röntgenfilm

f. Aufwendungen für die Heizung (Gas) der Fertigungshalle

g. Abwasser

h. Feuerversicherung

i. Fahrtkosten eines Außendienstmitarbeiters

j. Miete für das Büro

8.2 Betriebliche Organisation und Rechtsformen

Aufgabe 1: Rechtsformen – Grundlagen

a. Welche Aspekte beeinflussen die Entscheidung bei der Wahl der Rechtsform?

b. Nennen Sie wesentliche Merkmale, die Personen- und Kapitalgesellschaften voneinander unterscheiden.

c. Wodurch ist eine Fusion gekennzeichnet?

d. Nennen Sie Gründe für Fusionen.

e. Nennen Sie 2 weitere Konzentrationsformen.

f. Wieso sind Fusionen für den Wettbewerb schädlich? Nennen Sie 3 Argumente.

g. Welche Behörde wacht über Fusionen?

Aufgabe 2: Rechtsformen – Eigenschaften

Jogi (J), Tom (T) und Samu (S) haben vor, einen Handel mit Fitness- und Wellnessartikeln zu eröffnen. Sie können als Kapital maximal 25.000 € aufbringen.

a. Nennen Sie 4 mögliche Rechtsformen, die Jogi, Tom und Samu für ihr Unternehmen wählen könnten. Hinweis: Es soll sich um deutsche Rechtsformen handeln.
b. Nennen sie zu jeder der genannten Rechtsformen 3 Eigenschaften bzw. Charakteristika

Aufgabe 3: Gewinnverteilung in Rechtsformen
J, T und S gründen das Unternehmen und bringen folgende Einlagen

J: 12.500 €
T: 6.725 €
S: 6.725 €

Es wird ein Gewinn im ersten Jahr von 70.000 € erwirtschaftet. Wie viel Euro erhält jeder Gesellschafter wenn:

a. J, T, S eine GbR gegründet haben.
b. J, T, S eine OHG gegründet haben. Für diesen Fall soll angenommen werden, dass T bereits für seine Tätigkeit als Geschäftsführer 50.000 € erhalten und dieser Betrag bereits den Gewinn gemindert hat.

Aufgabe 4: Rechtsformen und Kooperationsformen in der ambulanten Versorgung
Dr. Müller, Dr. Meier und Dr. Schulze sind Ärzte und wollen gemeinsam niedergelassen praktizieren. Sie überlegen, eine Praxisgemeinschaft bzw. eine Berufsausübungsgemeinschaft zu bilden.

a. Nennen Sie wesentliche Unterschiede zwischen beiden Kooperationsformen.
b. Nennen Sie einige Voraussetzungen, die gegeben sein müssten, damit für die drei Ärzte die Gründung eines MVZ in Betracht käme.

Aufgabe 5: Kooperations- und Konzentrationsformen
Sie haben Kooperationsformen und Konzentrationsformen im Markt kennengelernt. Kennzeichnen Sie die Konzentrationsformen mit (A) und die Kooperationsformen mit (B).

– Konzern
– Einkaufsgenossenschaft
– Franchise
– Trust
– Kartelle
– Interessengemeinschaft
– Konsortium

8.3 Multiple-Choice-Fragen

1. Ein Arzt ist grundsätzlich nach HGB buchführungspflichtig.
   ☐ richtig
   ☐ falsch

2. In der KHBV und in der PBV gibt es keine Vorschrift, die grundsätzlich eine Kosten-Leistungsrechnung vorschreibt.
   ☐ richtig
   ☐ falsch

3. Für Krankenhäuser gilt nach der KHBV im Hinblick auf die Buchführung das Kalenderjahr als Geschäftsjahr.
   ☐ richtig
   ☐ falsch

4. Das externe Rechnungswesen erfolgt freiwillig. Es gibt keine gesetzlichen Vorgaben.
   ☐ richtig
   ☐ falsch

5. Eine Überweisung von bzw. auf ein Girokonto kann weder eine Einzahlung noch eine Auszahlung darstellen, da keine Barzahlung stattfindet.
   ☐ richtig
   ☐ falsch

6. Die Abgrenzungsverordnung (AbgrV) bezieht sich auf Pflegeeinrichtungen.
   ☐ richtig
   ☐ falsch

7. Folgende Adressaten gelten im Hinblick auf das Rechnungswesen als interne Adressaten:
   ☐ Betriebsführung
   ☐ Gesellschafter
   ☐ Mitarbeiter
   ☐ Kunden

8. Folgende Aufwendungen gehören zum neutralen Aufwand:
   ☐ betriebsfremder Aufwand
   ☐ Zweckaufwand
   ☐ periodenfremder Aufwand
   ☐ Anderskosten

9. Ein Betriebsinhaber überweist am 03.06.13 die Gewerbesteuer für das Jahr 2011. Es handelt sich um:
   □ einen neutralen Aufwand
   □ Anderskosten
   □ kalkulatorische Zinsen
   □ periodenfremden Aufwand

10. Die Kostenrechnung ist Teil des internen Rechnungswesens. Ihre Teilbereiche sind:
    □ Kostenartenrechnung
    □ Kostenstellenrechnung
    □ Kostenplanrechnung

11. KHG und KHBV sehen vor, dass die Investitionskosten von den Krankenkassen getragen werden und die pflegesatzfähigen Kosten generell von den Ländern getragen werden.
    □ richtig
    □ falsch

12. Welche der folgenden Merkmale treffen auf das Rechnungswesen zu?
    □ Ausschließlich vergangenheitsorientiert
    □ Lückenhafte Dokumentation
    □ Ist auch Informationsverarbeitung
    □ Kennt sowohl externe als auch interne Adressaten

13. Die externe Rechnungswesen beinhaltet u. a.:
    □ Inventar
    □ Jahresabschluss
    □ Kostenträgerrechnung
    □ Betriebsstatistik
    □ Sonderbilanzen

14. Susi K. arbeitet in einer Werkstatt. Sie kauft am 01.06.13 Ersatzteile auf Rechnung. Die Ware erhält sie sofort. Der Lieferant gewährt ihr ein Zahlungsziel von 3 Monaten. Sie zahlt am 01.09.13. Der Geschäftsvorfall vom 01.06.13 ist eine:
    □ Auszahlung
    □ Ausgabe
    □ Aufwand
    □ Kosten

15. Sie betreiben ein Handelsgeschäft und erbringen am 06.06.13 eine (Dienst)Leistung. Die Rechnung wird noch am selben Tage erstellt und dem Kunden zugesandt. Die Rechnung ist zur sofortigen Zahlung fällig. Der Geschäftsvorfall ist:
    □ Einzahlung
    □ Einnahme
    □ Ertrag
    □ Leistung

16. Die externe Rechnungslegung nach dem Handelsrecht hat keinen Einfluss auf die Rechnungslegung im Rahmen des Steuerrechts. Beide Gebiete sind völlig unabhängig voneinander.
    □ richtig
    □ falsch

17. §§ 140, 141 AO regeln grundlegend, wer nach dem Steuerrecht Bücher zu führen hat.
    □ richtig
    □ falsch

18. Zu den Grundsätzen der ordnungsgemäßen Buchführung gehören:
    □ Übersichtliche Gliederung des Jahresabschluss
    □ Aufwendungen und Erträge sind zu verrechnen.
    □ Belege müssen laufend nummeriert und geordnet aufbewahrt werden.
    □ Die Handelsbilanz ist maßgeblich für die Steuerbilanz.

19. Freiberufler bestimmen ihren Gewinn durch vollständigen Betriebsvermögensvergleich.
    □ richtig
    □ falsch

20. Wesentliche Freie Berufe sind in § 18 EStG aufgeführt. Zu den Freiberuflern gehören:
    □ Ärzte
    □ Rechtsanwälte
    □ Gärtner
    □ Biologen
    □ Geografen
    □ Bauingenieure

21. Das Gesamtdeckungsprinzip ist ein Grundsatz der Kameralistik. Er besagt, dass
    □ alle Einnahmen zur Deckung aller Schulden dienen.
    □ alle Einnahmen zur Deckung aller Ausgaben dienen.
    □ ausschließlich die Doppik in der öffentlichen Verwaltung zur Anwendung gelangt.
    □ einzelne Einnahmequellen für spezifische Ausgabenzwecke gebunden sind.

22. Folgende Aussagen zur Einnahmeüberschussrechnung sind richtig:

☐ Sie ist in § 238 HGB geregelt.

☐ Grundsätzlich können auch Physiotherapeuten nach ihr den Gewinn ermitteln.

☐ Es gilt das Zufluss-/Abflussprinzip.

☐ Nur Aufwendungen und Erträge werden erfasst.

☐ Ist kompliziert und sollte nur von großen Betrieben angewandt werden.

☐ Sie wird auch „4/3 Rechnung" genannt.

23. Folgende Bestandteile gehören zum (Einzel-)Jahresabschluss nach HGB:

☐ Bilanz

☐ GuV

☐ ggf. (kein) Anhang

☐ Konzernlagebericht

24. Das HGB regelt die Einnahmeüberschussrechnung und den Betriebsvermögensvergleich.

☐ richtig

☐ falsch

25. Der Maßgeblichkeitsgrundsatz kann so verstanden werden, dass die Handelsbilanz maßgeblich für die Steuerbilanz ist.

☐ richtig

☐ falsch

26. Nach HGB buchführungspflichtige Kaufleute können eine Einheitsbilanz zur Erfüllung ihrer Rechnungslegungsverpflichtungen im Rahmen der Besteuerung erstellen

☐ richtig

☐ falsch

27. Zu den Nachteilen der Kameralistik zählen:

☐ zu große Flexibilität

☐ Ausgeschöpfte Budgets führen in der Regel zu Kürzung in den Folgejahren

☐ keine Anreize für sparsames Wirtschaften

☐ Dezemberfieber

28. Zu den Grundsätzen der ordnungsgemäßen Buchführung zählen:

☐ Lückenhafte Ablage der Belege

☐ Klarheit

☐ Vollständigkeit

☐ Vielfältigkeit

☐ kein Konto ohne Buchung

29. Auf der Seite der Aktiva sind folgende Bilanzpositionen aufgeführt:
    □ Umlaufvermögen
    □ Immaterielle Vermögensgegenstände
    □ Aufwendungen für Instandhaltung
    □ Sonstige betriebliche Erträge
    □ Forderungen
    □ Verbindlichkeiten

30. Positionen der GuV können sein:
    □ Rückstellungen für latente Steuern
    □ Umsatzerlöse
    □ Personalaufwand
    □ Anlagenbestand
    □ Bankguthaben

31. Eine GmbH muss grundsätzlich ins Handelsregister eingetragen werden.
    □ richtig
    □ falsch

32. Grundsätze der ordnungsgemäßen Buchführung sind vollständig und abschließend in Gesetzen niedergeschrieben.
    □ richtig
    □ falsch

33. Folgende Verfahren sind für den Aufbau der GuV geeignet:
    □ UKV
    □ PKV
    □ GKV
    □ PKH

34. Nach § 247 Abs. 2 HGB sind im Anlagevermögen nur die Gegenstände auszuweisen, die
    □ vorübergehend dazu bestimmt sind, dem Betrieb zu dienen.
    □ dauerhaft dazu bestimmt sind, dem Betrieb zu dienen.
    □ für mehr als 10 Jahre dazu bestimmt sind, dem Betrieb zu dienen.
    □ nur dem eigentlichen Betriebszweck dienen.

35. Verbindlichkeiten eines Unternehmens können begründet werden durch:
    □ die Aufnahme eines Darlehens für betriebliche Zwecke
    □ die Aufnahme eines Kredites für private Zwecke
    □ den Einkauf von Rohstoffen auf Ziel
    □ die Vornahme einer Abschreibung auf Güter des Anlagevermögen

36. Folgende Kriterien treffen auf die Bilanzpositionen auf der Aktivseite zu:
   ☐ maßgeblich orientiert an der Mittelherkunft
   ☐ maßgeblich orientiert an der Mittelverwendung
   ☐ geordnet nach Fälligkeit
   ☐ geordnet nach Flüssigkeit

37. Folgende Kriterien treffen auf die Bilanzpositionen auf der Passivseite zu:
   ☐ maßgeblich orientiert an der Mittelherkunft
   ☐ maßgeblich orientiert an der Mittelverwendung
   ☐ geordnet nach Fälligkeit
   ☐ geordnet nach Flüssigkeit

38. Positionen, die in der Bilanz dem Eigenkapital zuzuordnen sind, sind:
   ☐ Verbindlichkeiten aus Lieferungen und Leistungen
   ☐ Gezeichnetes Kapital
   ☐ Gewinn-/Verlustvortrag
   ☐ Jahresüberschuss/Jahresfehlbetrag
   ☐ drohende Verluste aus schwebenden Geschäften
   ☐ Verbindlichkeiten gegenüber Kreditinstituten

39. Die Bilanz können Sie nach der Kontenform oder der Staffelform gliedern.
   ☐ richtig
   ☐ falsch

40. Die GuV können Sie nach der Konten- oder der Staffelform gliedern.
   ☐ richtig
   ☐ falsch

41. PBV und KHBV enthalten einen eigenen Kontenrahmen für Pflegeeinrichtungen bzw. für Krankenhäuser.
   ☐ richtig
   ☐ falsch

42. Der Kontenrahmen nach KHBV ordnet den angegebenen Nummern folgende Konten zu.
   ☐ 350 Verbindlichkeiten nach dem KHG
   ☐ 400 Erlöse aus tagesgleichen Pflegesätzen
   ☐ 4003 Erlöse aus Pflegesätzen, teilstationär
   ☐ 29 Rechnungsabgrenzungsposten
   ☐ 765 Abschreibungen auf Sachanlagen

43. Krankenhäuser können einen vom Kontenrahmen der KHBV abweichenden Kontenrahmen verwenden, solange:
   ☐ eine Inventur durchgeführt wurde.
   ☐ die GuV in Form des UKV gegliedert ist.
   ☐ ein ordnungsgemäßes Überleitverfahren existiert.
   ☐ die Umschlüsselung gewährleistet ist.
   ☐ Profitcenter im Krankenhaus eingerichtet wurden.
   ☐ die Klinik Fördermittel für Investitionen nach dem KHG erhält.

44. Auch Pflegeeinrichtungen können bei Vorliegen gewisser Voraussetzungen vom in
   der PBV vorgeschriebenen Kontenrahmen abweichen.
   ☐ richtig
   ☐ falsch

45. Welche Unternehmensformen sind Kapitalgesellschaften?
   ☐ KG
   ☐ OHG
   ☐ GmbH
   ☐ eK
   ☐ AG

46. Welche Unternehmensformen sind Personengesellschaften
   ☐ KG
   ☐ OHG
   ☐ GmbH
   ☐ eK
   ☐ GmbH & Co. KG

47. Die Inventur ist gesetzlich geregelt in:
   ☐ § 240 HGB
   ☐ § 241 HGB
   ☐ § 266 HGB
   ☐ § 264a HGB

48. Es gibt keine steuerrechtlichen Vorschriften zur Inventur.
   ☐ richtig
   ☐ falsch

49. Folgende Positionen gehören zum Umlaufvermögen:
   ☐ Kasse
   ☐ Bank
   ☐ Schecks

☐ Grundstücke

☐ Maschinen

50. Die Kostenrechnung ist Teil des externen Rechnungswesen.
    ☐ richtig
    ☐ falsch

51. Das Rechnungswesen wird auch als Management Accounting bezeichnet.
    ☐ richtig
    ☐ falsch

52. Aus Sicht der Kostenrechnung stellt die Leistung an einem Patienten einen Kosten-
    träger dar.
    ☐ richtig
    ☐ falsch

53. Folgende Aussagen zur „gGmbH" sind zutreffend
    ☐ Die Gemeinnützigkeit entsteht durch Erklärung gegenüber dem Gewerbeamt.
    ☐ Sie ist gemeinnützig und damit keine juristische Person.
    ☐ Sie ist keine Kapitalgesellschaft.
    ☐ Die Gemeinnützigkeit muss durch das Finanzamt anerkannt werden.

54. Für die Inventur sind folgende Grundsätze zu beachten:
    ☐ GoI
    ☐ GoB
    ☐ umgekehrte Maßgeblichkeitsprinzip

55. Krankenhäuser müssen sich nach KHBV nicht an die Regeln des HGB zur Inventur
    halten.
    ☐ richtig
    ☐ falsch

56. Teilgebiete des externen Rechnungswesen sind:
    ☐ FiBu und Bilanz
    ☐ Betriebsstatistik
    ☐ Vergleichsrechnung
    ☐ Planungsrechnung
    ☐ Kostenrechnung

57. Teilgebiete des internen Rechnungswesen sind:
    ☐ FiBu und Bilanz
    ☐ Betriebsstatistik

☐ Vergleichsrechnung
☐ Planungsrechnung
☐ Kostenrechnung

58. Die GuV kann nach dem GKV und UKV aufgestellt werden.
   ☐ richtig
   ☐ falsch

59. Vorschriften speziell zur Gemeinnützigkeit finden sich in der Abgabenordnung unter:
   ☐ § 51 AO
   ☐ § 140 AO
   ☐ § 141 AO
   ☐ § 88 AO

60. Im Anlagenverzeichnis sind aufzunehmen:
   ☐ genaue Bezeichnung des Gegenstandes
   ☐ Tag der Anschaffung
   ☐ Nutzungsdauer
   ☐ Bilanzkonto
   ☐ Angaben zur steuerlichen Bewertung

61. Es sind folgende Arten der Inventur zu unterscheiden:
   ☐ Inventar
   ☐ Körperliche Inventur
   ☐ Buchinventur
   ☐ Anlageninventur
   ☐ Betriebsprüfung

62. Um eine sinnvolle Kostenrechnung durchführen zu können ist es zweckmäßig,
   ☐ Gemeinkosten über Kostenstellen auf die Kostenträger zu verrechnen.
   ☐ Einzelkosten über Kostenstellen auf die Kostenträger zu verrechnen.
   ☐ Einzelkosten direkt dem Kostenträger zuzuordnen.

63. Sie arbeiten in einem Krankenhaus. Ihre Abteilung erbringt eine Leistung für eine andere Abteilung. In ihrem Krankenhaus wird eine Kosten- und Leistungsrechnung eingeführt.
   ☐ Die andere Abteilung ist ein Kostenträger.
   ☐ Die andere Abteilung ist eine Kostenstelle.
   ☐ Die andere Abteilung ist eine Kostenart.

64. Sie sind in einem großen Unternehmen mit umfangreichen Waren- und Lagerbeständen tätig. Die Bestände der Rohstoffe und Waren unterliegen in ihrer Höhe durch den

ständigen Produktionsprozess starken Schwankungen. Welche Form der Inventur ist in der Regel am sinnvollsten?

☐ Stichtagsinventur

☐ Verlegte Inventur

☐ Permanente Inventur

65. Die Stichtagsinventur ist die schnellste und einfachste Inventurmethode und sollte daher immer angewandt werden.

☐ richtig

☐ falsch

66. Folgende Aussagen treffen auf das Inventar zu:

☐ Es wird durch eine Inventur ermittelt.

☐ Die Darstellung erfolgt in Staffelform.

☐ Die Aufbewahrungsfrist beträgt 5 Jahre.

☐ Mengen, Werte und Wiederbeschaffungswerte werden angegeben.

67. Ein Kollege konfrontiert sie mit folgender Definition des Rechnungswesens. Sie wissen, dass es unterschiedliche Definitionsmöglichkeiten gibt, die sich in ihrem Detaillierungsgrad unterscheiden. Ist die Definition des Kollegen vertretbar?

„Das Rechnungswesen erfasst nicht nur Veränderungen des Bestandes an Bargeld und Bankguthaben, sondern auch die des Bestandes an Forderungen und Verbindlichkeiten und des Sachvermögens sowie direkt durch den betrieblichen Leistungsprozess verursachte Aufwendungen. Dabei ist nur die Sicht der Unternehmensleitung entscheidend, andere Gesichtspunkte werden im Rechnungswesen nicht berücksichtigt."

☐ ja

☐ nein

68. Sie müssen in ihrem Betrieb Bestände an Waren, Vorräten, Verbindlichkeiten und Forderungen bestimmen. Sie können sich für die Stichtagsmethode, die verlegte Inventur oder die permanente Inventur oder das Stichprobenverfahren entscheiden. Folgende Aussagen sind richtig:

☐ Sie können sich nur für eine Methode entscheiden.

☐ Sie können je nach Bedarf und Zweckmäßigkeit für den jeweiligen Bereich eine Inventurmethode auswählen.

☐ Sie müssen in einem solchen Fall immer die Stichtagsinventur wählen.

69. Welche Arten der Abschreibungen gibt es u. a.:

☐ lineare Abschreibung

☐ gewillkürte Abschreibung

☐ geometrisch-degressive Abschreibung

☐ leistungsbezogene Abschreibung

70. Kapitalgesellschaften sind Formkaufmann und unterliegen auch der Buchführungs-
    pflicht nach HGB. Für die GmbH gibt es ergänzende Regelungen zur Buchführung
    und Bilanz in den folgenden §§:
    □ § 41 GmbHG
    □ § 13 GmbHG
    □ § 35 GmbHG
    □ § 42 GmbHG

71. Kapitalgesellschaften sind Formkaufmann und unterliegen auch der Buchführungs-
    pflicht nach HGB. Für die AG gibt es ergänzende Regelungen zur Buchführung und
    Bilanz/Jahresabschluss in den folgenden §§:
    □ § 90 AktG
    □ § 91 AktG
    □ § 101 AktG
    □ § 236 AktG

72. Bei der Einkommensteuer handelt es sich um eine Steuer mit folgenden Merkmalen:
    □ Personensteuer
    □ Verbrauchsteuer
    □ Quellensteuer
    □ Indirekte Steuer

73. Die Einkommensteuerpflicht knüpft an folgende Merkmale bezgl. des Steuerpflichti-
    gen an:
    □ Wohnsitz im Ausland
    □ Wohnsitz im Inland
    □ Ort des gewöhnlicher Aufenthalt in Deutschland
    □ Deutsche Staatsbürgerschaft

74. Es gibt folgende Gewinneinkunftsarten:
    □ Einkünfte aus Land- und Forstwirtschaft
    □ Einkünfte aus Gelegenheitsgeschäften
    □ Einkünfte aus selbständiger Arbeit
    □ Einkünfte aus Gewerbebetrieb
    □ Einkünfte aus internationalen Handelsgeschäften
    □ Einkünfte aus nicht selbständiger Arbeit

75. Folgende Einkünfte gehören zu den Überschusseinkünften
    □ Einkünfte aus heilberuflicher Tätigkeit
    □ Einkünfte aus nichtselbständiger Arbeit
    □ Einkünfte aus Erbschaften
    □ Einkünfte aus Schenkungen

☐ Einkünfte aus Vermietung und Verpachtung

☐ Einkünfte aus Kapitalvermögen

76. Der Lohn der ein Geschäftsführer einer GmbH erhält sind als Einkünfte aus selbständiger Arbeit zu qualifizieren.

☐ richtig

☐ falsch

77. Im Rahmen der Einkommensteuer ist lediglich das Einkommensteuergesetz zu berücksichtigen. Es gibt keine weiteren Rechtsvorschriften, die zu berücksichtigen sind.

☐ richtig

☐ falsch

78. Folgende Steuern sind Verbrauchsteuer:

☐ Mineralölsteuer

☐ Tabaksteuer

☐ Einkommensteuer

☐ Grunderwerbsteuer

79. Zu den Nebenbüchern in der Buchhaltung zählen:

☐ das Lagerbuch

☐ das Journal

☐ das Hauptbuch

☐ das Rechnungsausgangsbuch

80. Folgende Sätze zu der Einnahmeüberschussrechnung sind zutreffend:

☐ Eine Inventur ist jedes Jahr erforderlich.

☐ Sie gibt einen genauen Überblick über ihr Vermögen und ihre Schulden.

☐ Die Anschaffungskosten für Anlagegüter (Anlagevermögen) dürfen nicht bei Auszahlung als Ausgabe voll berücksichtigt werden, sondern nur in Höhe der AfA.

☐ Sie ist besser als die doppelte Buchführung für die Planung und Steuerung des Betriebes geeignet.

☐ Sie kann generell von jedem Unternehmen als Gewinnermittlungsform für das externe Rechnungswesen verwendet werden.

81. Welche Formen des Rechnungswesens sind dem Bereich der öffentlichen Verwaltung zuzuordnen:

☐ Kameralistik

☐ Doppik

☐ Doppelte Buchführung

☐ Einnahmeüberschussrechnung

82. Die Umsatzsteuer hat sowohl Merkmale einer Verkehrssteuer als auch einer Verbrauchsteuer.
    ☐ richtig
    ☐ falsch

83. Folgende Zahlungen werden bei der Ermittlung der Einkommensteuerzahllast an das Finanzamt berücksichtigt:
    ☐ bereits entrichtete Lohnsteuer
    ☐ Umsatzsteuer
    ☐ Zinsabschlagsteuer

84. Dr. Michael K ist Arzt. Er erzielt aus dieser Tätigkeit Einkünfte in Höhe von 150.000 € p.a. Nebenbei betreibt er mit seinem Bruder Otto M einen Handel mit Nahrungsergänzungsprodukten. Hierzu haben Sie die Rechtsform einer OHG gewählt. Hieraus erzielt er Einkünfte in Höhe von 20.000 € p.a. Michael K hat sich ebenfalls vor einigen Jahren ein kleines Appartement zugelegt, welches er nun vermietet. Er erzielt hier Einkünfte von 60.000 €. Welche der folgenden Aussagen sind richtig:
    ☐ Michael K erzielt 170.000 € im Bereich der Überschusseinkunftsarten.
    ☐ Michael K erzielt 170.000 € im Bereich der Gewinneinkunftsarten.
    ☐ Michael K erzielt 60.000 € im Bereich der Überschusseinkunftsarten.
    ☐ Michael K erzielt 230.000 € im Bereich Gewinneinkunftsarten.

85. Die Veranlagung ist das förmliche Verfahren, nach dem die Besteuerungsgrundlagen im Rahmen der Einkommensteuer ermittelt werden und die Steuerschuld fest gesetzt wird. Es ist geregelt in
    ☐ § 13 EStG
    ☐ § 15 EStG
    ☐ §§ 25 ff. EStG
    ☐ § 32 a EStG

86. Die Höhe der Abschreibung richtet sich nach der:
    ☐ Einschätzung des Praxisinhabers
    ☐ Nutzungsdauer
    ☐ Art der Buchführung
    ☐ Vorgabe der Ärztekammer
    ☐ Vorgabe durch den Steuerberater
    ☐ Art der Kostenrechnung

87. Sie betreiben in Ihrem Betrieb die doppelte Buchführung. Oft sind Ausgaben auch Kosten. In welchen der nachfolgenden Fälle ist dies nicht der Fall?
    ☐ Kreditrückzahlung
    ☐ Gehälter

☐ Reparatur eines Mikroskops

☐ Berufshaftpflichtversicherung eines Arztes

☐ Kauf eines Computers

88. Der Markt für Arzneimittel ist ein vollkommener Markt.

    ☐ richtig

    ☐ falsch

89. In welchen der folgenden Vereinigungen ist jeder Vertragsarzt Pflichtmitglied?

    ☐ Kassenärztliche Vereinigung

    ☐ Landesärztekammer

    ☐ AOK

    ☐ Ärztegenossenschaft

90. Die Krankenhausfinanzierung liefert das Investitionskapital und das Betriebskapital. Welche der Formen kommt in Deutschland heute regelmäßig zur Anwendung?

    ☐ duale Krankenhausfinanzierung durch zwei Finanzierungsströme

    ☐ monotone Finanzierung

    ☐ 3-Wege-Finanzierung

91. Güter sind Mittel zur Befriedigung von Bedürfnissen.

    ☐ richtig

    ☐ falsch

92. Welche der folgenden Beschreibungen trifft auf den Begriff „Skonto" zu?

    ☐ Preisnachlass bei der Erfüllung besonderer Voraussetzungen

    ☐ Prozentualer Abzug vom Rechnungsbetrag bei Bezahlung innerhalb einer gesetzten Frist

    ☐ Rückgängigmachung eines Kaufvertrages

    ☐ Verzinsung des Kaufpreises bei Zahlungsverzug

93. Konzerne stellen eine Konzentrationsform von Unternehmen dar. Ein horizontaler Konzern ist gekennzeichnet durch:

    ☐ Die Verflechtung mehrere Unternehmen auf derselben Wertschöpfungsebene

    ☐ Die Verflechtung mehrere Unternehmen auf unterschiedlichen Wertschöpfungsstufen

    ☐ Die Verflechtung mehrerer Unternehmen aus unterschiedlichsten Branchen

94. Das gerichtliche Mahnverfahren beginnt mit dem:

    ☐ Verzug

    ☐ Mahnung

    ☐ Inkassoschreiben

    ☐ Antrag auf Erlass eines Mahnbescheides

    ☐ Vollstreckungsbescheid

95. Fixkosten verändern sich nicht mit der produzierten Menge. Fixkosten ändern sich mit der Produktionskapazität.
    □ richtig
    □ falsch

96. Welche der folgenden Begriffe sind primär Begriffe des externen Rechnungswesens?
    □ Erträge
    □ Kosten
    □ Leistungen
    □ Aufwendungen
    □ Auszahlungen

97. Werden Unternehmensgewinne einbehalten, so spricht man von:
    □ Approximation
    □ Thesaurierung
    □ Evaluierung
    □ Factoring

98. Eine zweifelhafte Forderung liegt vor, wenn:
    □ der Kunde nicht zahlen möchte.
    □ ein Vergleichsverfahren vor Gericht eröffnet ist.
    □ ein Wechselprotest erfolgt.

99. Kosten für Produktionsfaktoren, die ein Unternehmen nicht selbst herstellt, sondern von Beschaffungsmärkten bezieht, sind:
    □ Sekundärkosten
    □ Primärkosten
    □ Einzelkosten
    □ Gemeinkosten

100. Kosten, die direkt einem Kostenträger zugerechnet werden können sind:
    □ Sekundärkosten
    □ Primärkosten
    □ Einzelkosten
    □ Gemeinkosten

Lösungen

9

9.1 Aufgaben zum Rechnungswesen

Aufgabe 1: Bilanz und GuV – Zuordnen von Positionen

Ordnen Sie folgende Positionen einer Position in der Bilanz oder GuV zu.

a. Raumkosten (Miete)
   Antwort: GuV, Aufwand, sonstige betriebliche Aufwendungen
b. Bürobedarf
   Antwort: GuV, Aufwand, sonstige betriebliche Aufwendungen
c. Verbandsmaterial
   Antwort: Aktiva, Umlaufvermögen, Vorräte
d. Röntgengerät
   Antwort: Aktiva, Anlagevermögen, Technische Anlagen oder Einrichtungen und Ausstattungen
e. Bank
   Antwort: Aktiva, Umlaufvermögen: Kassenbestand, Bundesbankguthaben, Guthaben bei Kreditinstitut...
f. Löhne und Gehälter
   Antwort: GuV, Aufwand, Personalaufwand
g. Telefonkosten
   Antwort: GuV, Aufwand, sonstige betriebliche Aufwendungen
h. Kasse
   Antwort: Aktiva, Umlaufvermögen: Kassenbestand
i. Betriebsausstattung
   Antwort: Aktiva, Anlagevermögen, Sachanlagevermögen, Einrichtungen und Ausstattungen

© Springer Fachmedien Wiesbaden 2016
A. Ampofo, *Betriebswirtschaftliche Grundlagen für Mediziner und medizinisches Fachpersonal*, DOI 10.1007/978-3-658-10470-2_9

j. Köperschaftsteuerrückstellung
    Antwort: Passiva, Rückstellungen, Steuerrückstellungen
k. Markenname
    Antwort: Aktiva, Anlagevermögen, immaterielles Anlagevermögen
l. Blutdruckmessgerät
    Antwort: Aktiva, Anlagevermögen, Einrichtungen und Ausstattungen
m. Verluste durch außergewöhnliche Schadensfälle
    Antwort: GuV, außerordentliche Aufwendungen
n. Zinsen für ein von uns an einem Mitarbeiter gewährtes Darlehen
    Antwort: GuV, Sonstige Zinsen und ähnliche Erträge
o. Zinsen für Bankdarlehen zur Finanzierung von Betriebskosten
    Antwort: GuV, Zinsen und ähnliche Aufwendungen
p. Darlehen an einen Gesellschafter
    Antwort: Aktiva, Forderungen bzw. sonstige Vermögensgegenstände
q. EDV-Software
    Antwort: Aktiva, Anlagevermögen, immaterielles Anlagevermögen
r. Beitrag für die Berufshaftpflichtversicherung
    Antwort: GuV, Aufwand, sonstige betriebliche Aufwendungen
s. Einbehaltene Umsatzsteuer
    Antwort: Passiva, Verbindlichkeiten, sonstige Verbindlichkeiten
t. Abzugsfähige Vorsteuer
    Antwort: Aktiva, Forderungen, sonstige Vermögensgegenstände
u. Pipetten
    Antwort: Aktiva, Umlaufvermögen, Vorräte

Aufgabe 2: Wesentliche Strukturmerkmale
Beantworten Sie die folgenden Fragen:

a. Beschreiben Sie grundlegend den Unterschied zwischen internem und externem Rechnungswesen?
    Externes und internes Rechnungswesen unterscheiden sich im Hinblick auf die Informationsadressaten, Aufgaben, Erfolgsgrößen, den Zeitbezug, die Bezugsgrößen und die geltenden Vorschriften.

Adressaten:
Externes Rechnungswesen: externe Adressaten: Eigenkapitalgeber, Kreditoren, Staat, Öffentlichkeit
Internes Rechnungswesen: Management

Aufgaben:
Externes Rechnungswesen liefert Informationen über die Führung des Unternehmens. Internes Rechnungswesen liefert Informationen zur Führung: planen, steuern, kontrollieren.

Erfolgsgrößen:
Externes Rechnungswesen: Aufwendungen und Erträge
Internes Rechnungswesen: Kosten und Leistungen

Zeitbezug:
Externes Rechnungswesen: vergangenheitsbezogen
Internes Rechnungswesen: zukunfts-, gegenwarts- und vergangenheitsbezogen

Ausrichtung:
Externes Rechnungswesen: Fokus auf das gesamte Unternehmen
Internes Rechnungswesen: differenziert, betrachtet auch Teilbereiche und Teilfunktionen des Unternehmens. So findet u. a. eine Betrachtung von Kostenstellen, Geschäftsprozessen, Kostenträger, Marktsegment und Ergebnisrechnung und Profitcenter statt.

Vorschriften:
Externes Rechnungswesen: zwingende gesetzliche Grundlagen, wie z. B. HGB, AO, EStG, KStG, KHG, KHBV, PBV
Internes Rechnungswesen: erfolgt in der Regel freiwillig, ist in das Ermessen des Betriebes gestellt. Der Nutzen der Information muss höher sein als die Kosten der Informationsgewinnung und Bereitstellung. Ausnahmen gibt es allerdings im Gesundheitswesen, z. B. § 8 KHBV.

b. Definieren und erklären Sie die Grundbegriffe: Einzahlung, Auszahlung, Einnahme, Ausgabe, Ertrag, Aufwand, Leistung, Kosten.
   Eine Einzahlung ist der Zufluss von liquiden Mitteln in einer Periode.
   Eine Auszahlung ist der Abfluss von liquiden Mitteln in einer Periode.
   Eine Einnahme ist der Wert aller veräußerten Leistungen in einer Periode.
   Eine Ausgabe ist der Wert aller zugegangen Güter- und Dienstleistungen in einer Periode.
   Der Aufwand ist der Wert aller verbrauchten Güter und Dienstleistungen in einer Periode nach handels- oder steuerrechtlichen Vorschriften.
   Ertrag ist der Wert aller erzeugten Güter und Dienstleistungen einer Periode nach steuer- und handelsrechtlichen Vorschriften.
   Kosten sind der bewertete Verbrauch von Güter und Dienstleistungen zur betrieblichen Leistungserstellung in einer Periode.
   Leistungen sind der Wert aller im Rahmen der eigentlichen betrieblichen Tätigkeit erzeugten Güter und Dienstleistungen in einer Periode.

c. Nach welchen Kriterien gliedert sich die Bilanz?
   Die Bilanz wird in Kontenform aufgestellt. Die linke Seite bildet die Aktiva, d. h. die Vermögenswerte ab. Auf der rechten Seite werden Passiva, d. h. das Kapital abgebildet. Die Seite der Aktiva gibt Auskunft darüber, in welche Vermögenswerte das Kapital

investiert wurde (Mittelverwendung). Die Passiva geben Auskunft über die Mittelher-
kunft. Das wesentliche Gliederungskriterium auf Seiten der Aktiva ist die Liquidität der
Vermögensgegenstände. Das wesentliche Ordnungskriterium auf der Passivseite ist die
Fälligkeit. Die wichtigsten Positionen auf der Seite der Aktiva lauten chronologisch:
Anlagevermögen, Umlaufvermögen, aktiver Rechnungsabgrenzungsposten. Die Posi-
tionen auf der Seite der Passiva lauten: Eigenkapital, Rückstellungen, Verbindlichkei-
ten und passiver Rechnungsabgrenzungsposten. Rückstellungen und Verbindlichkeiten
bilden zusammen das Fremdkapital.

d. Welche Verfahren kennen Sie zur Gliederung der Gewinn- und Verlustrechnung?
Die Gliederung der GuV wird in § 275 HGB geregelt. Es gibt zwei Gliederungsmöglich-
keiten für die Gestaltung der GuV. Es ist die Gliederung in Form des Gesamtkostenver-
fahrtens (GKV), möglich als auch eine Gliederung in Form des Umsatzkostenverfahrens
(UKV). In der Krankenhausbuchführung (nach KHBV) ist die Gliederung nach Gesamt-
kostenverfahren zwingend vorgeschrieben.

Aufgabe 3: KHBV – Kontenrahmen
In Kliniken kommt im Rahmen der Buchführung, der spezielle Kontenrahmen der KHBV
zum Einsatz. Finden Sie die Kontenklasse und die entsprechende Nummer des Kontos:
(Kontenrahmen, s. Anlage 2 zur KHBV)

a. Bebaute Grundstücke
   Kontenklasse 0, Nummer 030
b. Erlöse aus tagesgleichen Pflegesätze
   Kontenklasse 4, Nummer 400
c. Erlöse aus Fallpauschalen
   Kontenklasse 4, Nummer 4010
d. Vorräte an medizinischem Bedarf
   Kontenklasse 1, Nummer 101
e. Vorräte an Verwaltungsbedarf
   Kontenklasse 1, Nummer 104
f. Disagio
   Kontenklasse 1, Nummer 170
g. Nutzungsentgelte der Belegärzte
   Kontenklasse 4, Nummer 433
h. Jahresüberschuss/Jahresfehlbetrag
   Kontenklasse 2, Nummer 204
i. Verbindlichkeiten nach dem KHG
   Kontenklasse 3, Nummer 350
j. Periodenfremde Erträge
   Kontenklasse 5, Nummer 591

Aufgabe 4: Buchungssätze

Sie planen umfangreiche Webeaktionen für die Krankenversicherung. Hierbei fallen folgende Geschäftsvorfälle an, die verbucht werden müssen:

Hinweis: Ihnen stehen folgende Konten zur Verbuchung zur Verfügung: Fuhrpark, Immaterielle VG, VSt., USt., Fremdleistungen, BGA, Spende, Verb. aLL, Bank, Kasse, Personalaufwand, Bürobedarf, Verb. gg. Kreditinstituten

a. Wir beauftragen eine Werbeagentur mit der Gestaltung einer Homepage und eines Content-Managementsystems für 35.000 €. Diese Leistung wird uns zzgl. 19% MwSt. in Rechnung gestellt.

Immaterielle Vermögensgegenstände	*35.000*	*AN*	*Verb. aLL. 41.650*
VSt.	*6.650*		

b. Wir müssen 13 Hilfskräfte beschäftigen. Je Hilfskraft entsteht uns ein Personalaufwand von 675 €. Nehmen Sie an, dass der Gesamtbetrag in einer Sammelbuchung unserem Geschäftsgirokonto belastet wird.

Personalaufwand	*8.775*	*AN*	*Bank 8.775*

c. Es muss Büromaterial im Wert von 2689 € inkl. MwSt. 19% beschafft werden. Dies wird in der Mailingaktion sofort verbraucht.

Bürobedarf	*2.259,66*	*AN*	*Verb. aLL. 2.689*
VSt.	*429,34*		

d. Bei Semesterbeginn wirbt ihre Versicherung an 55 deutschen Universitäten um neue Studenten als Versicherungsmitglieder. Ihr Budget sieht hierfür 123.000 € vor. Diese Leistung haben Sie ebenfalls an eine Werbeagentur vergeben, die nun eine Rechnung über 130.000 € zzgl. MwSt 19% stellt.

Fremdleistungen	*130.000*	*AN*	*Verb. aLL 154.700*
VSt.	*24.700*		

e. Sie müssen einen neuen Messestand anschaffen. Dieser gehört ab sofort ihrer Versicherung und wird jährlich auf vielen Messen eingesetzt. Die Kosten hierfür belaufen sich auf 45.000 € inkl. 19% MwSt.

BGA	*37.815,13*	*AN*	*Verb. aLL 45.000*
VSt.	*7.184,87*		

f. Die Krankenversicherung spendet 60.000 € an die Kinderkrebshilfe.

Spende	*60.000*	*AN*	*Bank 60.000*

Aufgabe 5: Übung erfolgsneutrale und erfolgswirksame Buchungsvorgänge

Bei welchen Buchungen aus Aufgabe 4 handelt es sich um erfolgsneutrale, bei welchen um erfolgswirksame Buchungen?

Erfolgswirksame Buchungen sind: b, c, d, f.
Erfolgsneutrale Buchungen sind: a, e.

Aufgabe 6: Aufwand bzw. Kosten

Bei welchen der Geschäftsvorfällen handelt es sich um Kosten?

Bei den Geschäftsvorfällen a, c, d entstehen Kosten. Bei der Spende handelt es sich nicht um Kosten, da sie mit dem eigentlichen Betriebszweck nicht in Verbindung steht. Sie ist nicht sachzielbezogen.

Aufgabe 7: Umsatzsteuer und Vorsteuer

Wir hoch ist der Saldo Ihres Umsatzsteuer- bzw. Vorsteuerkontos?

Hinweis: Ob die Vorsteuer tatsächlich in einem Versicherungsunternehmen zum Abzug gebracht werden kann, sei für die Ersterfassung in der Buchführung nicht relevant. Nehmen Sie an, dass über eine Umbuchung eine nachgelagerte Stelle entscheidet.

> *Auf dem Umsatzsteuerkonto wurde nichts gebucht. Damit ergibt sich ein Saldo von 0 €.*
> *Auf dem Vorsteuerkonto ergibt sich ein Saldo von 38.964,21 €.*
> *Berechnung: 6.650 + 429,34 + 24.700 + 7.184,87 = 38.964,21 €*

Aufgabe 8 Übung erfolgsneutrale und erfolgswirksame Buchungsvorgänge

a. Was sind die wesentlichen Bestandteile des Jahresabschlusses?
    Bilanz, GuV, ggf. Anhang
b. Wie gliedert sich die Bilanz?
    Aktiva: Anlagevermögen, Umlaufvermögen, ARAP
    Passiva: Eigenkapital, Rückstellungen, Verbindlichkeiten, PRAP

Aufgabe 9: Weitere Kostenbegriffe

Definieren bzw. erklären Sie kurz folgende Kostenbegriffe:

a. Plankosten
    Plankosten sind die Kosten die für zukünftige Kosten geplant sind.

b. Sollkosten
Sollkosten sind diejenigen Kosten, die sich aus der tatsächlichen Beschäftigung, der Istbeschäftigung, bewertet mit dem im Voraus festgelegten Plankostensatz ergeben.

c. Istkosten
Istkosten sind die in einer vergangenen Abrechnungsperiode tatsächlich angefallenen Kosten.

d. Normalkosten
Normalkosten sind die durchschnittlichen Istkosten mehrerer vergangener Perioden. Die Betrachtung von Normalkosten soll die Nachteile von Zufallsschwankungen in der einperiodigen Istkostenrechnung ausgleichen.

Aufgabe 10
Die Medical ONE AG betreibt Krankenhäuser mit 300 Betten. Sie sind in der Abteilung Rechnungswesen tätig.

a. Ist die Medical ONE AG buchführungspflichtig? Begründen Sie ihre Antwort.
Ja, die Medical ONE AG ist eine AG. Sie ist eine Handelsgesellschaft und Formkaufmann. Sie ist damit buchführungspflichtig nach § 238 HGB. Für das Steuerrecht ergibt sich eine Buchführungspflicht aus § 140 AO. Ferner hat die Medical ONE AG die Vorschriften der KHBV zu berücksichtigen.

b. Welche wesentlichen gesetzlichen Grundlagen sind in der Finanzbuchhaltung sind zu berücksichtigen?
Zu den zu berücksichtigen gesetzlichen Grundlagen zählen: HGB, AO, KStG, diverse Steuergesetze (GewStG, UStG, EStG) und entsprechende Richtlinien und Verordnungen sind zu berücksichtigen. Speziell für Krankenhäuser gelten KHG, KHBV (KHEntG). Für die Aktiengesellschaft können sich auch direkt aus AktG Auswirkungen auf den Ansatz- und die Bewertung bilanzieller Positionen ergeben.

c. Welche Bücher gibt es in der Buchführung? (Nennen Sie die 3 wesentlichen Begriffe)
Zu unterscheiden ist das Grundbuch (Journal), das die Buchungssätze chronologisch erfasst und das Hauptbuch, in dem die Buchungen auf Kontenblättern abgebildet werden. Neben diesen eigentlichen Büchern gibt es Nebenbücher z. B. die Kreditoren, Debitoren oder das Lagerbuch.

d. Welche wesentlichen Bestandteile hat der Jahresabschluss?
Zu den Pflichtbestandteilen des Jahresabschlusses gehören nach § 242 abs. 3 HGB die Bilanz und die Gewinn- und Verlustrechnung. Die weiteren Bestandteile hängen von der Rechtsform und von der Kapitalmarktorientierung des Unternehmens ab. Kapitalgesellschaften müssen ihren Jahresabschluss um einen Anhang erweitern (s. §§ 264 Abs. 1 Satz 1 i.Vm. Satz 4 HGB).

e. Sie sollen dem Controller bei einigen Tätigkeiten behilflich sein. Sie wissen noch aus ihrer Ausbildung, dass Art und Umfang des internen Rechnungswesens in das Ermessen des Betriebes gestellt ist. Gilt dies auch für die Medical ONE AG?

Krankenhäuser, die dem KHG und damit der KHBV unterliegen, müssen nach § 8 KHBV eine Kosten- und Leistungsrechnung einführen. Das interne Rechnungswesen ist damit in diesem Fall nicht in das Ermessen des Betriebes gestellt, sonder, gesetzlich vorgeschrieben.

Aufgabe 11 (Abb. 9.1)

Aufgabe 12

Sie sind im Rechnungswesen tätig und sollen die nachfolgenden Sachverhalte im Hinblick auf folgende Begriffe untersuchen: Einzahlung, Auszahlung, Einnahmen, Ausgabe, Ertrag, Aufwand, Leistung, Kosten. Es soll zu Vereinfachung davon ausgegangen werden, dass keine Umsatzsteuer anfällt.

a. A betreibt sein Labor in der Rechtsform einer GmbH. Er kaufte am 06.11.13. 10.000 l einer Chemikalie, die sofort in seinem Betreib verarbeitet werden, für 15.000 €. Der Lieferant gewährt ihm ein Zahlungsziel von 4 Wochen. Am 07.12.13 überweist er den Betrag.
Am 06.11.13: Ausgabe, Aufwand, Kosten
Am 07.12.13: Auszahlung

b. A kauft am 26.11.13 Büromaterial bar für 260 €.
Auszahlung, Ausgabe, Aufwand, Kosten. (Aufwand und Kosten liegen vor, wenn man annimmt, das das Büromaterial im laufenden Geschäftsjahr verbraucht wird)

c. A benötigt eine Spezialmaschine. Im Internet findet er den Hersteller K. Laut Internet kostet die Maschine 6000 €. Er sendet eine Bestellung über das Internet.
Keiner der Begriffe ist erfüllt. Es ist kein Kaufvertrag abgeschlossen worden. Es besteht keine Lieferverpflichtung.

d. K zahlt am 01.11.13 das Oktobergehalt für seinen angestellten Zahnarzt L aus.
Im Oktober: Ausgabe, Aufwand, Kosten
Am 01.11.13: Auszahlung

e. L fährt auf eine Wochenendfortbildung und bucht ein Hotel. Er bleibt 2 Tage länger und besucht während dieser Zeit seine alten Freunde. Er erhält eine Woche später die Rechnung über 4 Übernachtungen je 100 € (Summe 400 €). Er überweist die Rechnung umgehend am 03.11.13.
Zum Zeitpunkt der Beherbergung: Ausgabe, Aufwand (200 € betriebsfremd, 200 € Zweckaufwand), Kosten (allerdings nur der Anteil von 200 € im Zeitraum der Fortbildung)
Am 03.11.13: Auszahlung

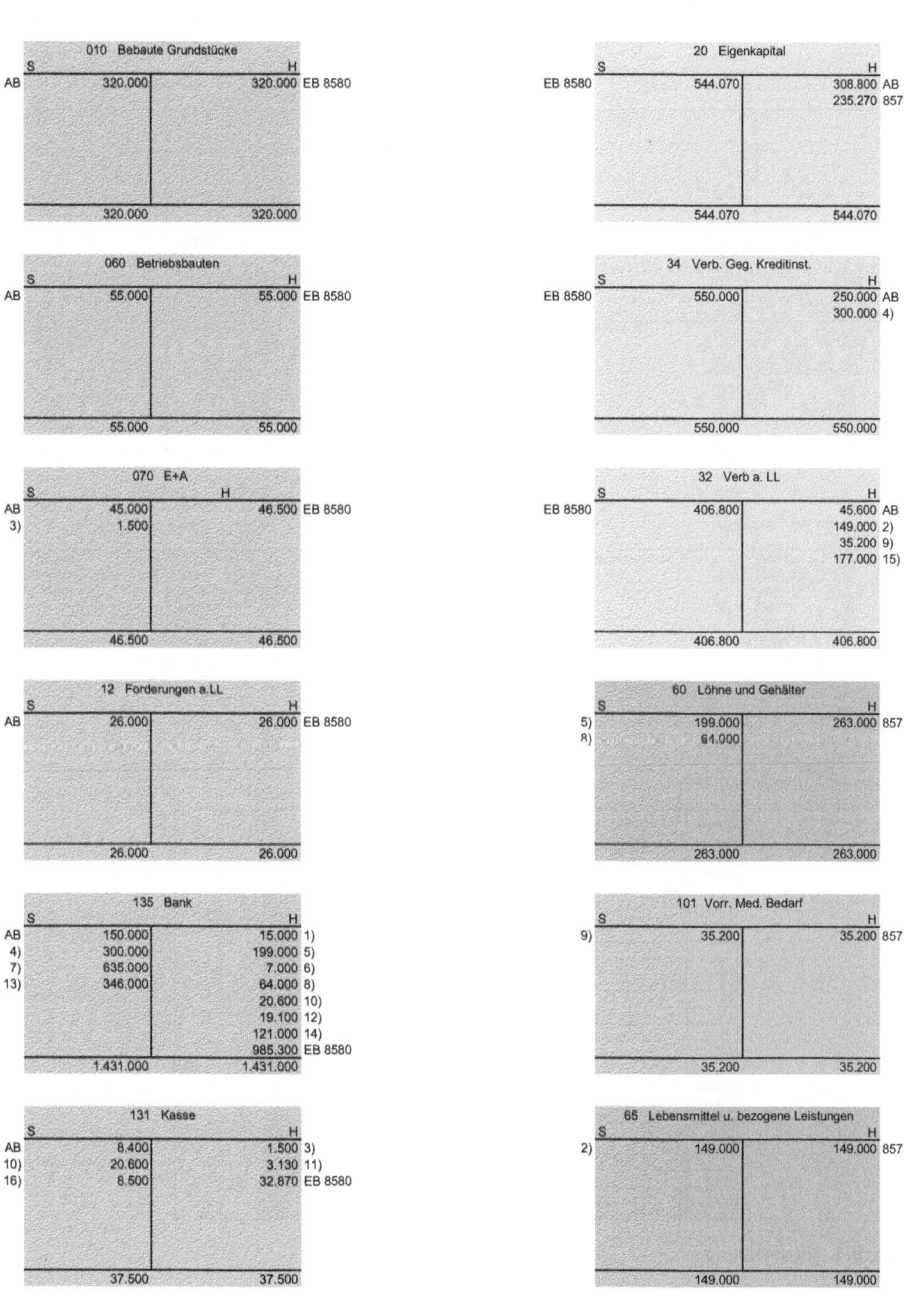

Abb. 9.1 Lösungsskizze

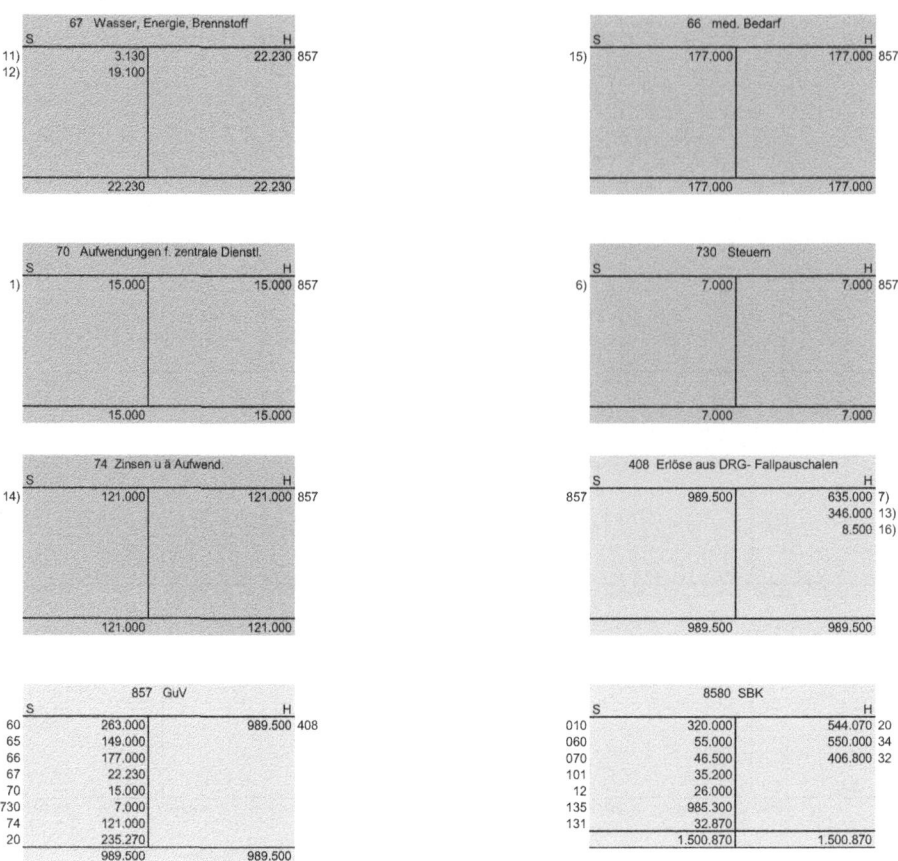

67 Wasser, Energie, Brennstoff

S		H	
11)	3.130	22.230	857
12)	19.100		
	22.230	22.230	

66 med. Bedarf

S		H	
15)	177.000	177.000	857
	177.000	177.000	

70 Aufwendungen f. zentrale Dienstl.

S		H	
1)	15.000	15.000	857
	15.000	15.000	

730 Steuern

S		H	
6)	7.000	7.000	857
	7.000	7.000	

74 Zinsen u ä Aufwend.

S		H	
14)	121.000	121.000	857
	121.000	121.000	

408 Erlöse aus DRG- Fallpauschalen

S		H	
857	989.500	635.000	7)
		346.000	13)
		8.500	16)
	989.500	989.500	

857 GuV

S		H	
60	263.000	989.500	408
65	149.000		
66	177.000		
67	22.230		
70	15.000		
730	7.000		
74	121.000		
20	235.270		
	989.500	989.500	

8580 SBK

S		H	
010	320.000	544.070	20
060	55.000	550.000	34
070	46.500	406.800	32
101	35.200		
12	26.000		
135	985.300		
131	32.870		
	1.500.870	1.500.870	

Journal

1.	70 AN 135	15.000	laufende Geschäftsvorfälle
2.	65 AN 32	149.000	
3.	070 AN 131	1.500	
4.	135 AN 34	300.000	
5.	60 AN 135	199.000	
6.	730 AN 135	7.000	
7.	135 AN 408	635.000	
8.	60 AN 135	64.000	
9.	101 AN 32	35.200	
10.	131 AN 135	20.600	
11.	67 AN 131	3.130	
12.	67 AN 135	19.100	
13.	135 AN 408	346.000	
14.	74 AN 135	121.000	
15.	66 AN 32	177.000	
16.	131 AN 408	8.500	
17.	857 AN 60	294.000	GuV
18.	857 AN 65	151.200	
19.	857 AN 66	168.940	
20.	857 AN 67	18.860	
21.	857 AN 70	25.000	
22.	857 AN 730	8.400	
23.	857 AN 74	140.000	
24.	857 AN 20	138.600	
25.	48 AN 857	9.450.000	

Abb. 9.1 (Fortsetzung)

26.	8580 AN 910	300.000
27.	8580 AN 060	45.000
28.	8580 AN 070	55.940
29.	8580 AN 101	33.600
30.	8580 AN 12	30.000
31.	8580 AN 135	617.200
32.	8580 AN 131	26.000
33.	20 AN 8580	569.380
34.	34 AN 8580	350.000
35.	32 AN 8580	388.360

| Aktiv Konten |
| Passiv Konten |
| Aufwandskonten |
| Ertragskonten |

Abb. 9.1 (Fortsetzung)

f. Z zahlt Beitrag für die Berufsgenossenschaft für 2014 von 2500 € am 06.06.15.
06.0615: Auszahlung, Ausgabe, periodenfremder Aufwand, (keine Kosten)

g. A kauft ein Grundstück im angrenzenden Neubaugebiet in der Absicht, dieses nächstes Jahr an einen Bekannten weiter zu verkaufen. Das Geschäft wickelt A über seine Firma (Labor) ab. Er zahlt eine Maklerprovision in Höhe von 2000 €.
Grundstück: Auszahlung, Ausgabe
Maklerprovision: Auszahlung, Ausgabe, (betriebsfremd) Aufwand, (keine Kosten)

Aufgabe 13
Ordnen Sie folgende Sachverhalten den folgenden Begriffen zu: neutraler Aufwand, periodenfremder, betriebsfremder, außerordentlicher Aufwand, ordentlicher Ertrag, Zweckaufwand, Grundkosten, Anderskosten, kalkulatorische Kosten, Zusatzkosten.

a. F stellt seiner Praxis, die er im Erdgeschoss seines Mehrfamilienhauses betreibt, die Betriebsräumlichkeiten unentgeltlich zur Verfügung. Er möchte allerdings in seiner Kalkulation 900 € hierfür ansetzen.
Zusatzkosten, kalkulatorische Miete

b. B ist Allgemeinmediziner. Er kann sich derzeit nur ein geringes Gehalt von 2.000 € aus seinem Betrieb auszahlen. Er rechnet allerdings mit 4.000 €.
Zweckaufwand (2.000 €), Anderskosten (4.000 €), kalkulatorischer Unternehmerlohn

c. K wird konfrontiert mit einer Steuernachzahlung von 2.689 €.
Periodenfremder Aufwand, neutraler Aufwand

d. Ein Mitarbeiter hat sich aus der Barkasse Ihres Unternehmens „bedient" (Diebstahl). Es fehlen 5.600 €.
Außerordentlicher Aufwand, neutraler Aufwand

e. Eine Maschine wird durch Hochwasser vollständig zerstört.
Außerordentlicher Aufwand, neutraler Aufwand

Aufgabe 14

Ordnen Sie zu: Primärkosten, Sekundärkosten, Gemeinkosten, Einzelkosten, Fixkosten, variable Kosten.

a. Gehalt für eine Bürokraft
   Primärkosten, Gemeinkosten, Fixkosten
b. Aufwendung für Brücke (Zahnersatz)
   Primärkosten, Einzelkosten, variable Kosten
c. Fixum eines Vertriebsmitarbeiters
   Primärkosten, Gemeinkosten, Fixkosten
d. Aufwendungen für den Röntgenfilme
   Primärkosten, (unechte) Gemeinkosten, variable Kosten
e. Aufwendungen für die Heizung (Gas) der Fertigungshalle
   Primärkosten, Gemeinkosten, variable Kosten
f. Abwasser
   Primärkosten, Gemeinkosten, variable Kosten
g. Feuerversicherung
   Primärkosten, Gemeinkosten, Fixkosten
h. Fahrtkosten eines Außendienstmitarbeiters
   Primärkosten, Gemeinkosten, variable Kosten
i. Miete für die Praxisräumlichkeiten
   Primärkosten, Gemeinkosten, Fixkosten

9.2   Betriebliche Organisation und Rechtsformen

Aufgabe 1: Rechtsformen – Grundlagen

a. Welche Aspekte beeinflussen die Entscheidung bei der Wahl der Rechtsform?
   * *Mitbestimmung der Mitarbeiter, Arbeitnehmermitbestimmung*
   * *Leitungsrechte*
   * *Kontrollrechte*
   * *Haftung*
   * *Mindestkapital, Einlage*
   * *Gewinnverteilung*
   * *Finanzierungsmöglichkeiten*
   * *Publizität und Prüfung*

b. Nennen Sie wesentliche Merkmale, die Personen- und Kapitalgesellschaften voneinander unterscheiden.

Von den nachstehend angegeben Merkmalen gibt es zahlreiche Ausnahmen. Sie stellen lediglich eine grundlegende Orientierung dar.

	Personengesellschaft	Kapitalgesellschaft
Art	Natürliche Person	Juristische Person
Haftung	Unbeschränkt	Beschränkt
Besteuerung	Jeder Gesellschafter für sich, i. d. R. Einkommenssteuer	Körperschaftssteuer
Leitung	Grundsätzlich jeder Gesellschafter	Über Organe: Vorstand, Geschäftsführung etc.
Handelsregister	Eintrag in Abteilung A	Eintrag in Abteilung B

c. Wodurch ist eine Fusion gekennzeichnet?
Zwei oder mehrere rechtlich selbständige Unternehmen gehen zusammen. Die alten Unternehmen gehen dabei völlig in einer neuen Gesellschaft auf. Sie hören auf zu existieren. Es entsteht ein neues Unternehmen. Es handelt sich um die stärkste Konzentrationsform. Fusion = Verschmelzung

d. Nennen Sie Gründe für Fusionen.
- *Gewinnmaximierung*
- *Marktmacht*
- *Kostensenkung*
- *Personaleinsparungen*
- *Risikominimierung*
- *Größendegressionsvorteile – Ausnutzung von Skaleneffekten*
- *Eintritt in neue Märkte – neue Märkte erschließen*

e. Nennen Sie 2 weitere Konzentrationsformen.
Kartelle, Beteiligungen, Konzerne

f. Wieso sind Fusionen für den Wettbewerb schädlich? Nennen Sie 3 Argumente.
- *Preisanstieg*
- *Bewegung in Richtung einer Monopolbildung*
- *Anstieg der Kosten für Externe (Unternehmen/Konsumenten)*
- *Qualitätseinbußen bei der Leistung*

g. Welche Behörde wacht über Fusionen?
Bundeskartellamt
Folgende Aufgaben gehören zu den Hauptaufgaben des Bundeskartellamts:
- *Missbrauchsaufsicht*
- *Kartellaufsicht*
- *Fusionskontrolle/Zusammenschlusskontrolle*

Aufgabe 2: Rechtsformen – Eigenschaften

Jogi (J), Tom (T) und Samu (S) haben vor einen Handel mit Fitness- und Wellnessartikeln zu eröffnen. Sie können als Kapital maximal 25.000 € aufbringen.

a. Nennen Sie 4 mögliche Rechtsformen, die Jogi, Tom und Samu für ihr Unternehmen wählen könnten. Hinweis: Es soll sich um deutsche Rechtformen handeln.
   UG, GmbH, GbR, OHG, KG

b. Nennen sie zu jeder der genannten Rechtsformen 3 Eigenschaften bzw. Charakteristika

UG:	Mindestkap. 1 €	haftungsbeschränkt	HRB.
GmbH:	Mindestkap. 25 T€	haftungsbeschränkt	HRB
GbR:	kein Mindestkap.	Vollhaftung	kein Eintrag ins HR
OHG:	kein Mindestkap.	Vollhaftung	HRA
KG:	kein Mindestkap.	Komplentär vollh, Kommandi-tist beschr.	HRA

Aufgabe 3: Gewinnverteilung in Rechtsformen

J, T und S gründen das Unternehmen und bringen folgende Einlagen

J: 12.500 €
T: 6.725 €
S: 6725 €

Es wird ein Gewinn im ersten Jahr von 70.000 € erwirtschaftet. Wie viel Euro erhält jeder Gesellschafter wenn:

a. J, T, S eine GbR gegründet haben.
   70.000/3 = 23.333,33 €

b. J, T, S eine OHG gegründet haben. Für diesen Fall soll angenommen werden, dass T bereits für seine Tätigkeit als Geschäftsführer 50.000 € erhalten hat und dieser Betrag bereits den Gewinn gemindert hat.

Tab. OHG – Gewinnverteilung

Gesellsch after	Kapital 1.1.	4%	Restgewinn	Gewinn-summe	Entnahme	Einlagen	Kapital 31.12.
J	12.500	500	39.654	40.154	50.000		2.654
T	6.725	269	39.654	39.923			46.648
S	6.725	269	39.654	39.923			46.648
Summe	25.950	1.038	118.962	120.000	50.000		95.950

Gewinnverteilung und Stand der Kapitalkonten (gem. § 121 Abs. 1 HGB), Angaben in EUR.

Aufgabe 4: Rechtsformen und Kooperationsformen in der ambulanten Versorgung
Dr. Müller, Dr. Meier und Dr. Schulze sind Ärzte und wollen gemeinsam niedergelassen praktizieren. Sie überlegen, eine Praxisgemeinschaft bzw. eine Berufsausübungsgemeinschaft zu bilden.

Nennen Sie wesentliche Unterschiede zwischen beiden Kooperationsformen.
Praxisgemeinschaft, meist GbR → Kostenreduktion, Teilen von Geräten bzw. Apparate – Apparategemeinschaft. Die Ärzte teilen sich zwar die Kosten, rechnen aber getrennt mit der KV ab. Eigene Patientenkartei je Arzt
Berufsausübungsgemeinschaft: Ärzte rechnen gemeinsam gegenüber der KV ab. Sie teilen sich eine Patientenkartei

Nennen Sie einige Voraussetzungen, die gegeben sein müssten, damit für die drei Ärzte die Gründung eines MVZ in Betracht käme.
Fachübergreifende Einrichtung zur ambulanten Versorgung unter einem Dach, aus einer Hand. Hier ist es notwendig, dass Ärzte unterschiedlicher Fachrichtungen zusammen praktizieren. Oft findet eine Beteiligung von Krankenhäusern statt.

Aufgabe 5: Kooperations- und Konzentrationsformen
Sie haben Kooperationsformen und Konzentrationsformen im Markt kennengelernt. Kennzeichnen Sie die Konzentrationsformen mit (A) und die Kooperationsformen mit (B).

Konzern	A
Einkaufsgenossenschaft	B
Franchise	B
Trust	A
Kartelle	A
Interessengemeinschaft	B
Konsortium	B

9.3 Multiple-Choice-Fragen

1. Ein Arzt ist grundsätzlich nach HGB buchführungspflichtig.
   ☐ richtig
   ☑ falsch

2. In der KHBV und in der PBV gibt es keine Vorschrift, die grundsätzlich eine Kosten-Leistungsrechnung vorschreibt.
   ☐ richtig
   ☑ falsch

3. Für Krankenhäuser gilt nach der KHBV im Hinblick auf die Buchführung das Kalenderjahr als Geschäftsjahr.
   ☑ richtig
   ☐ falsch

4. Das externe Rechnungswesen erfolgt freiwillig. Es gibt keine gesetzlichen Vorgaben.
   ☐ richtig
   ☑ falsch

5. Eine Überweisung von bzw. auf ein Girokonto kann weder eine Einzahlung noch eine Auszahlung darstellen, da keine Barzahlung stattfindet.
   ☐ richtig
   ☑ falsch

6. Die Abgrenzungsverordnung (AbgrV) bezieht sich auf Pflegeeinrichtungen.
   ☐ richtig
   ☑ falsch

7. Folgende Adressaten gelten im Hinblick auf das Rechnungswesen als interne Adressaten:
   ☑ Betriebsführung
   ☐ Gesellschafter
   ☐ Mitarbeiter
   ☐ Kunden

8. Folgende Aufwendungen gehören zum neutralen Aufwand:
   ☑ betriebsfremder Aufwand
   ☐ Zweckaufwand
   ☑ periodenfremder Aufwand
   ☐ Anderskosten

9. Ein Betriebsinhaber überweist am 03.06.13 die Gewerbesteuer für das Jahr 2011. Es handelt sich um:
   ☑ einen neutralen Aufwand
   ☐ Anderskosten
   ☐ kalkulatorische Zinsen
   ☑ periodenfremden Aufwand

10. Die Kostenrechnung ist Teil des internen Rechnungswesens. Ihre Teilbereiche sind:
    ☑ Kostenartenrechnung
    ☑ Kostenstellenrechnung
    ☐ Kostenplanrechnung

11. KHG und KHBV sehen vor, dass die Investitionskosten von den Krankenkassen getragen werden und die pflegesatzfähigen Kosten generell von den Ländern getragen werden.
    ☐ richtig
    ☑ falsch

12. Welche der folgenden Merkmale treffen auf das Rechnungswesen zu?
    ☐ Ausschließlich vergangenheitsorientiert
    ☐ Lückenhafte Dokumentation
    ☑ Ist auch Informationsverarbeitung
    ☑ Kennt sowohl externe als auch interne Adressaten

13. Die externe Rechnungswesen beinhaltet u. a.:
    ☑ Inventar
    ☑ Jahresabschluss
    ☐ Kostenträgerrechnung
    ☐ Betriebsstatistik
    ☑ Sonderbilanzen

14. Susi K. arbeitet in einem Labor. Sie kauft Chemikalien am 01.06.13 auf Rechnung. Die Substanzen erhält sie sofort und setzt sie gleich im Rahmen einer Analyse ein. Der Lieferant gewährt ihr ein Zahlungsziel von 3 Monaten. Sie zahlt am 01.09.13. Der Geschäftsvorfall vom 01.06.13 stellt eine:
    ☐ Auszahlung
    ☑ Ausgabe
    ☑ Aufwand
    ☑ Kosten

15. Sie betreiben ein Handelsgeschäft und erbringen am 06.06.13 eine (Dienst)Leistung. Die Rechnung wird noch am selben Tage erstellt und dem Kunden zu gesandt. Die Rechnung ist zur sofortigen Zahlung fällig. Der Geschäftsvorfall ist:
    ☐ Einzahlung
    ☑ Einnahme
    ☑ Ertrag
    ☑ Leistung

16. Die externe Rechnungslegung nach dem Handelsrecht hat keinen Einfluss auf die Rechnungslegung im Rahmen des Steuerrechts. Beide Gebiete sind völlig unabhängig voneinander.
    ☐ richtig
    ☑ falsch

17. §§ 140, 141 AO regeln grundlegend wer nach dem Steuerrecht Bücher zu führen hat.
    ☑ richtig
    ☐ falsch

18. Zu den Grundsätzen der ordnungsgemäßen Buchführung gehören:
    ☑ Übersichtliche Gliederung des Jahresabschluss
    ☐ Aufwendungen und Erträge sind zu verrechnen.
    ☑ Belege müssen laufend nummeriert und geordneter aufbewahrt werden.
    ☐ Die Handelsbilanz ist maßgeblich für die Steuerbilanz.

19. Freiberufler bestimmen ihren Gewinn durch vollständigen Betriebsvermögensvergleich.
    ☐ richtig
    ☑ falsch

20. Wesentliche Freie Berufe sind in § 18 EStG aufgeführt. Zu den Freiberuflern gehören:
    ☑ Ärzte
    ☑ Rechtsanwälte
    ☐ Gärtner
    ☑ Biologen
    ☑ Geografen
    ☑ Bauingenieure

21. Das Gesamtdeckungsprinzip ist ein Grundsatz der Kameralistik. Er besagt, dass
    ☐ alle Einnahmen zur Deckung aller Schulden dienen.
    ☑ alle Einnahmen zur Deckung aller Ausgaben dienen.
    ☐ ausschließlich die Doppik in der öffentlichen Verwaltung zur Anwendung gelangt.
    ☐ einzelne Einnahmequellen für spezifische Ausgabenzwecke gebunden sind.

22. Folgende Aussagen zur Einnahmeüberschussrechnung sind richtig:
    ☐ Sie ist in § 238 HGB geregelt.
    ☑ Grundsätzlich können auch Physiotherapeuten nach ihr den Gewinn ermitteln.
    ☑ Es gilt das Zufluss-/Abflussprinzip.
    ☐ Nur Aufwendungen und Erträge werden erfasst.
    ☐ Ist kompliziert und sollte nur von großen Betrieben angewandt werden.
    ☑ Wird auch 4/3 Rechnung genannt.

23. Folgende Bestandteile gehören zum (Einzel-)Jahresabschluss nach HGB:
    ☑ Bilanz
    ☑ GuV
    ☑ ggf. Anhang
    ☐ Konzernlagebericht

24. Das HGB regelt die Einnahmeüberschussrechnung und den Betriebsvermögensvergleich.
    ☐ richtig
    ☑ falsch

25. Der Maßgeblichkeitsgrundsatz kann so verstanden werden, dass die Handelsbilanz maßgeblich für die Steuerbilanz ist.
    ☑ richtig
    ☐ falsch

26. Nach HGB buchführungspflichtige Kaufleute können eine Einheitsbilanz zur Erfüllung ihrer Rechnungslegungsverpflichtungen im Rahmen der Besteuerung erstellen.
    ☑ richtig
    ☐ falsch

27. Zu den Nachteilen der Kameralistik zählen:
    ☐ zu große Flexibilität
    ☐ Ausgeschöpfte Budgets führen in der Regel zu Kürzungen in den Folgejahren.
    ☑ keine Anreize für sparsames Wirtschaften
    ☑ Dezemberfieber

28. Zu den Grundsätzen der ordnungsgemäßen Buchführung zählen:
    ☐ Lückenhafte Ablage der Belege
    ☑ Klarheit
    ☑ Vollständigkeit
    ☐ Vielfältigkeit
    ☐ Kein Konto ohne Buchung

29. Auf der Seite der Aktiva sind folgende Bilanzpositionen aufgeführt:
    ☑ Umlaufvermögen
    ☑ Immaterielle Vermögensgegenstände
    ☐ Aufwendungen für Instandhaltung
    ☐ Sonstige betriebliche Erträge
    ☑ Forderungen
    ☐ Verbindlichkeiten

30. Positionen der GuV können sein:
    ☐ Rückstellungen für latente Steuern
    ☑ Umsatzerlöse
    ☑ Personalaufwand
    ☐ Anlagenbestand
    ☐ Bankguthaben

31. Eine GmbH muss grundsätzlich ins Handelsregister eingetragen werden.
    ☑ richtig
    ☐ falsch

32. Grundsätze der ordnungsgemäßen Buchführung sind vollständig und abschließend in Gesetzen niedergeschrieben.
    ☐ richtig
    ☑ falsch

33. Folgende Verfahren sind für den Aufbau der GuV geeignet:
    ☑ UKV
    ☐ PKV
    ☑ GKV
    ☐ PKH

34. Nach § 247 Abs. 2 HGB sind im Anlagevermögen nur die Gegenstände auszuweisen, die
    ☐ vorübergehend dazu bestimmt sind dem Betrieb zu dienen.
    ☑ dauerhaft dazu bestimmt sind dem Betrieb zu dienen.
    ☐ für mehr als 10 Jahre dazu bestimmt sind dem Betrieb zu dienen.
    ☐ nur dem eigentlichen Betriebszweck dienen.

35. Verbindlichkeiten eines Unternehmen können begründet werden durch:
    ☑ die Aufnahme eines Darlehens für betriebliche Zwecke
    ☐ die Aufnahme eines Kredites für private Zwecke
    ☑ den Einkauf von Rohstoffen auf Ziel
    ☐ die Vornahme einer Abschreibung auf Güter des Anlagevermögen

36. Folgende Kriterien treffen auf die Bilanzpositionen auf der Aktivseite zu:
    ☐ maßgeblich orientiert an der Mittelherkunft
    ☑ maßgeblich orientiert an der Mittelverwendung
    ☐ geordnet nach Fälligkeit
    ☑ geordnet nach Flüssigkeit

37. Folgende Kriterien treffen auf die Bilanzpositionen auf der Passivseite zu:
    ☑ maßgeblich orientiert an der Mittelherkunft
    ☐ maßgeblich orientiert an der Mittelverwendung
    ☑ geordnet nach Fälligkeit
    ☐ geordnet nach Flüssigkeit

38. Positionen, die in der Bilanz dem Eigenkapital zuzuordnen sind, sind:
    ☐ Verbindlichkeiten aus Lieferungen und Leistungen
    ☑ Gezeichnetes Kapital
    ☑ Gewinn-/Verlustvortrag
    ☑ Jahresüberschuss/Jahresfehlbetrag
    ☐ Drohende Verluste aus schwenden Geschäften
    ☐ Verbindlichkeiten gegenüber Kreditinstituten

39. Die Bilanz können Sie nach der Kontenform oder der Staffelform gliedern.
    ☐ richtig
    ☑ falsch

40. Die GuV können Sie nach der Konten oder der Staffelform gliedern.
    ☑ richtig
    ☐ falsch

41. PBV und KHBV enthalten einen eigenen Kontenrahmen für Pflegeeinrichtungen
    bzw. für Krankenhäuser.
    ☑ richtig
    ☐ falsch

42. Der Kontenrahmen nach KHBV ordnet den angegebenen Nummern folgende Konten
    zu.
    ☑ 350 Verbindlichkeiten nach dem KHG
    ☑ 400 Erlöse aus tagesgleichen Pflegesätzen
    ☐ 4003 Erlöse aus Pflegesätzen, teilstationär
    ☐ 29 Rechnungsabgrenzungsposten
    ☐ 765 Abschreibungen auf Sachanlagen

43. Krankenhäuser können einen vom Kontenrahmen der KHBV abweichenden Konten-
    rahmen verwenden, solange:
    ☐ eine Inventur durchgeführt wurde.
    ☐ die GuV in Form des UKV gegliedert ist.
    ☑ ein ordnungsgemäßes Überleitverfahren existiert.
    ☑ die Umschlüsselung gewährleistet ist.
    ☐ Profitcenter im Krankenhaus eingerichtet wurden.
    ☐ die Klinik Fördermittel für Investitionen nach dem KHG erhält.

44. Auch Pflegeeinrichtungen können bei Vorliegen gewisser Voraussetzungen vom in
    der PBV vorgeschriebenen Kontenrahmen abweichen.
    ☑ richtig
    ☐ falsch

45. Welche Unternehmensformen sind Kapitalgesellschaften?
    ☐ KG
    ☐ OHG
    ☑ GmbH
    ☐ eK
    ☑ AG

46. Welche Unternehmensformen sind Personengesellschaften
    ☑ KG
    ☑ OHG
    ☐ GmbH
    ☐ eK
    ☑ GmbH & Co. KG

47. Die Inventur ist gesetzlich geregelt in:
    ☑ § 240 HGB
    ☑ § 241 HGB
    ☐ § 266 HGB
    ☐ § 264a HGB

48. Es gibt keine steuerrechtlichen Vorschriften zur Inventur.
    ☐ richtig
    ☑ falsch

49. Folgende Positionen gehören zum Umlaufvermögen:
    ☑ Kasse
    ☑ Bank
    ☑ Schecks
    ☐ Grundstücke
    ☐ Maschinen

50. Die Kostenrechnung ist Teil des externen Rechnungswesen
    ☐ richtig
    ☑ falsch

51. Das Rechnungswesen wird auch als Management Accounting bezeichnet.
    ☐ richtig
    ☑ falsch

52. Aus Sicht der Kostenrechnung stellt die Leistung an einem Patienten einen Kosten-
    träger dar.
    ☑ richtig
    ☐ falsch

53. Folgende Aussagen zur „gGmbH" sind zutreffend:
    ☐ Die Gemeinnützigkeit entsteht durch Erklärung gegenüber dem Gewerbeamt.
    ☐ Sie sind gemeinnützig und damit keine juristische Person.
    ☐ Sie ist keine Kapitalgesellschaft.
    ☑ Die Gemeinnützigkeit muss durch das Finanzamt anerkannt werden.

54. Für die Inventur sind folgende Grundsätze zu beachten:
    ☑ GoI
    ☑ GoB
    ☐ umgekehrtes Maßgeblichkeitsprinzip

55. Krankenhäuser müssen sich nach KHBV nicht an die Regeln des HGB zur Inventur halten.
    ☐ richtig
    ☑ falsch

56. Teilgebiete des externen Rechnungswesen sind:
    ☑ FiBu und Bilanz
    ☐ Betriebsstatistik
    ☐ Vergleichsrechnung
    ☐ Planungsrechnung
    ☐ Kostenrechnung

57. Teilgebiete des internen Rechnungswesen sind:
    ☐ FiBu und Bilanz
    ☑ Betriebsstatistik
    ☑ Vergleichsrechnung
    ☑ Planungsrechnung
    ☑ Kostenrechnung

58. Die GuV kann nach dem GKV und UKV aufgestellt werden.
    ☑ richtig
    ☐ falsch

59. Vorschriften speziell zur Gemeinnützigkeit finden sich in der Abgabenordnung unter:
    ☑ § 51 AO
    ☐ § 140 AO
    ☐ § 141 AO
    ☐ § 88 AO

60. Im Anlagenverzeichnis sind aufzunehmen:
    ☑ genaue Bezeichnung des Gegenstandes
    ☑ Tag der Anschaffung
    ☑ Nutzungsdauer
    ☐ Bilanzkonto
    ☐ Angaben zur steuerlichen Bewertung

61. Es sind folgende Arten der Inventur zu unterscheiden:
    ☐ Inventar
    ☑ Körperliche Inventur
    ☑ Buchinventur
    ☑ Anlageninventur
    ☐ Betriebsprüfung

62. Um eine sinnvolle Kostenrechnung durchführen zu können, ist es zweckmäßig,
    ☑ Gemeinkosten über Kostenstellen auf die Kostenträger zu verrechnen.
    ☐ Einzelkosten über Kostenstellen auf die Kostenträger zu verrechnen.
    ☑ Einzelkosten direkt dem Kostenträger zuzuordnen.

63. Sie arbeiten in einem Krankenhaus. Ihre Abteilung erbringt eine Leistung für eine
    andere Abteilung. In ihrem Krankenhaus wird eine Kosten- und Leistungsrechnung
    eingeführt.
    ☐ Die andere Abteilung ist ein Kostenträger.
    ☑ Die andere Abteilung ist eine Kostenstelle.
    ☐ Die andere Abteilung ist eine Kostenart.

64. Sie sind in einem großen Unternehmen mit umfangreichen Waren- und Lagerbe-
    ständen tätig. Die Bestände der Rohstoffe und Waren sind in ihrer Höhe durch den
    ständigen Produktionsprozess starken Schwankungen unterlegen: Folgende Form der
    Inventur ist in der Regel am sinnvollsten:
    ☐ Stichtagsinventur
    ☐ Verlegte Inventur
    ☑ Permanente Inventur

65. Die Stichtagsinventur ist die schnellste und einfachste Inventurmethode und sollte
    daher immer angewandt werden.
    ☐ richtig
    ☑ falsch

66. Folgende Aussagen treffen auf das Inventar zu:
    ☑ Es wird durch eine Inventur ermittelt.
    ☑ Die Darstellung erfolgt in Staffelform.
    ☐ Die Aufbewahrungsfrist beträgt 5 Jahre.
    ☐ Mengen, Werte und Wiederbeschaffungswerte werden angegeben.

67. Ein Kollege konfrontiert sie mit folgender Definition des Rechnungswesens. Sie wissen, dass es unterschiedliche Definitionsmöglichkeiten gibt, die sich in ihrem Detaillierungsgrad unterscheiden. Ist die Definition des Kollegen vertretbar?

Das Rechnungswesen erfasst nicht nur Veränderungen des Bestandes an Bargeld und Bankguthaben, sondern auch die des Bestandes an Forderungen und Verbindlichkeiten und des Sachvermögens sowie direkt durch den betrieblichen Leistungsprozess verursachte Aufwendungen. Dabei ist nur die Sicht der Unternehmensleitung entscheidend, andere Gesichtspunkte werden im Rechnungswesen nicht berücksichtigt.

☐ ja

☑ nein, die hier gegebene Definition ist unvollständig und zu eng. Es werden nicht nur Bestandsgrößen in der Bilanz, sondern auch Strömungsgrößen (Erträge und Aufwendungen) in der GuV erfasst. Ferner ist nicht nur die interne Perspektive der Unternehmensleitung maßgeblich. Es gibt gerade im externen Rechnungswesen rechtliche Vorgaben, u. a. die des HGB und der AO, die einzuhalten sind, ohne dass es auf die subjektive Sicht der Unternehmensleitung ankommt.

68. Sie müssen in Ihrem Betrieb Bestände an Waren, Vorräten, Verbindlichkeiten und Forderungen bestimmen. Sie können sich für die Stichtagsmethode, die verlegte Inventur oder die permanente Inventur oder das Stichprobenverfahren entscheiden. Folgende Aussagen sind richtig:

☐ Sie können sich nur für eine Methode entscheiden

☑ Sie können je nach Bedarf und Zweckmäßigkeit für den jeweiligen Bereich eine Inventurmethode auswählen.

☐ Sie müssen in einem solchen Fall immer die Stichtagsinventur wählen.

69. Welche Arten der Abschreibungen gibt es u. a.:

☑ lineare Abschreibung

☐ gewillkürte Abschreibung

☑ geometrisch-degressive Abschreibung

☑ leistungsbezogene Abschreibung

70. Kapitalgesellschaften sind Formkaufmann und unterliegen auch der Buchführungspflicht nach HGB. Für die GmbH gibt es ergänzende Regelungen zur Buchführung und Bilanz in den folgenden §§:

☑ § 41 GmbHG

☐ § 13 GmbHG

☐ § 35 GmbHG

☑ § 42 GmbHG

71. Kapitalgesellschaften sind Formkaufmann und unterliegen auch der Buchführungs-
    pflicht nach HGB. Für die AG gibt es ergänzende Regelungen zur Buchführung und
    Bilanz/Jahresabschluss in den folgenden §§:
    ☐ § 90 AktG
    ☐ § 91 AktG
    ☐ § 101 AktG
    ☑ § 236 AktG

72. Bei der Einkommensteuer handelt es sich um eine Steuer mit folgenden Merkmalen:
    ☑ Personensteuer
    ☐ Verbrauchsteuer
    ☐ Quellensteuer
    ☐ Indirekte Steuer

73. Die Einkommensteuerpflicht knüpft an folgende Merkmale bezgl. des Steuerpflichti-
    gen an:
    ☐ Wohnsitz im Ausland
    ☑ Wohnsitz im Inland
    ☑ Ort des gewöhnlicher Aufenthalt in Deutschland
    ☐ Deutsche Staatsbürgerschaft

74. Es gibt folgende Gewinneinkunftsarten:
    ☑ Einkünfte aus Land- und Forstwirtschaft
    ☐ Einkünfte aus Gelegenheitsgeschäften
    ☑ Einkünfte aus selbständiger Arbeit
    ☑ Einkünfte aus Gewerbebetrieb
    ☐ Einkünfte aus internationalen Handelsgeschäften
    ☐ Einkünfte aus nicht selbständiger Arbeit

75. Folgende Einkünfte gehören zu den Überschusseinkünften:
    ☐ Einkünfte aus heilberuflicher Tätigkeit
    ☑ Einkünfte aus nichtselbständiger Arbeit
    ☐ Einkünfte aus Erbschaften
    ☐ Einkünfte aus Schenkungen
    ☑ Einkünfte aus Vermietung und Verpachtung
    ☑ Einkünfte aus Kapitalvermögen

76. Der Lohn, den ein Geschäftsführer einer GmbH erhält, ist als Einkünfte aus selbstän-
    diger Arbeit zu qualifizieren.
    ☐ richtig
    ☑ falsch

77. Im Rahmen der Einkommensteuer ist lediglich das Einkommensteuergesetz zu berücksichtigen. Es gibt keine weiteren Rechtsvorschriften, die zu berücksichtigen sind.
    ☐ richtig
    ☑ falsch

78. Folgende Steuern sind Verbrauchsteuer:
    ☑ Mineralölsteuer
    ☑ Tabaksteuer
    ☐ Einkommensteuer
    ☐ Grunderwerbsteuer

79. Zu den Nebenbüchern in der Buchhaltung zählen:
    ☑ das Lagerbuch
    ☐ das Journal
    ☐ das Hauptbuch
    ☑ das Rechnungsausgangsbuch

80. Folgende Sätze zu der Einnahmeüberschussrechnung sind zutreffend:
    ☐ Eine Inventur ist jedes Jahr erforderlich.
    ☐ Sie gibt einen genauen Überblick über ihr Vermögen und ihre Schulden.
    ☑ Die Anschaffungskosten für Anlagegüter (Anlagevermögen) dürfen nicht bei Auszahlung als Ausgabe voll berücksichtigt werden, sondern nur in Höhe der AfA.
    ☐ Sie ist besser als die doppelte Buchführung für die Planung und Steuerung des Betriebes geeignet.
    ☐ Sie kann generell von jedem Unternehmen als Gewinnermittlungsform für das externe Rechnungswesen verwendet werden.

81. Welche Formen des Rechnungswesens sind dem Bereich der öffentlichen Verwaltung zuzuordnen:
    ☑ Kameralistik
    ☑ Doppik
    ☐ Doppelte Buchführung
    ☐ Einnahmeüberschussrechnung

82. Die Umsatzsteuer hat sowohl Merkmale einer Verkehrssteuer als auch einer Verbrauchsteuer.
    ☑ richtig
    ☐ falsch

83. Folgende Zahlungen werden bei der Ermittlung der Einkommensteuerzahllast an das Finanzamt berücksichtigt:
    ☑ Bereits entrichtete Lohnsteuer
    ☐ Umsatzsteuer
    ☑ Zinsabschlagsteuer

84. Dr. Michael K ist Arzt. Er erzielt aus dieser Tätigkeit Einkünfte in Höhe von 150.000 €
p.a. Nebenbei betreibt er mit seinem Bruder Otto M einen Handel mit Nahrungsergänzungsprodukten. Hierzu haben Sie die Rechtsform einer OHG gewählt. Hieraus
erzielt er Einkünfte in Höhe von 20.000 € p.a. Michael K hat ebenfalls sich vor eini-
gen Jahren ein kleines Appartement zugelegt, welches er nun vermietet. Er erzielt hier
Einkünfte von 60.000 €. Welche der folgenden Aussagen sind richtig:
☐ Michael K erzielt 170.000 € im Bereich der Überschusseinkunftsarten.
☑ Michael K erzielt 170.000 € im Bereich der Gewinneinkunftsarten.
☑ Michael K erzielt 60.000 € im Bereich der Überschusseinkunftsarten.
☐ Michael K erzielt 230.000 € im Bereich Gewinneinkunftsarten.

85. Die Veranlagung ist das förmliche Verfahren, nach dem die Besteuerungsgrundlagen
im Rahmen der Einkommensteuer ermittelt werden und die Steuerschuld fest gesetzt
wird. Es ist geregelt in
☐ § 13 EStG
☐ § 15 EStG
☑ §§ 25 ff. EStG
☐ § 32 a EStG

86. Die Höhe der Abschreibung richtet sich nach der:
☐ Einschätzung des Praxisinhabers
☑ Nutzungsdauer
☐ Art der Buchführung
☐ Vorgabe der Ärztekammer
☐ Vorgabe durch den Steuerberater
☐ Art der Kostenrechnung

87. Sie betreiben in Ihrem Betrieb die doppelte Buchführung. Oft sind Ausgaben auch
Kosten. In welchen der nachfolgenden Fälle ist dies nicht der Fall?
☑ Kreditrückzahlung
☐ Gehälter
☐ Reparatur eines Mikroskops
☐ Berufshaftpflichtversicherung eines Arztes
☑ Kauf eines Computers

88. Der Markt für Arzneimittel ist ein vollkommener Markt.
☐ richtig
☑ falsch

89. In welchen der folgenden Vereinigungen ist jeder Vertragsarzt Pflichtmitglied?
☑ Kassenärztliche Vereinigung
☑ Landesärztekammer
☐ AOK
☐ Ärztegenossenschaft

90. Die Krankenhausfinanzierung liefert das Investitionskapital und das Betriebskapital.
    Welche der Formen kommt in Deutschland heute regelmäßig zur Anwendung?
    ☑ duale Krankenhausfinanzierung durch zwei Finanzierungsströme
    ☐ monotone Finanzierung
    ☐ 3-Wege-Finanzierung

91. Güter sind Mittel zur Befriedigung von Bedürfnissen.
    ☑ richtig
    ☐ falsch

92. Welche der folgenden Beschreibungen trifft auf den Begriff „Skonto" zu?
    ☐ Preisnachlass bei der Erfüllung besonderer Voraussetzungen
    ☑ Prozentualer Abzug vom Rechnungsbetrag bei Bezahlung innerhalb einer gesetz-
      ten Frist
    ☐ Rückgängigmachung eines Kaufvertrages
    ☐ Verzinsung des Kaufpreises bei Zahlungsverzug

93. Konzerne stellen eine Konzentrationsform von Unternehmen dar. Ein horizontaler
    Konzern ist gekennzeichnet durch:
    ☑ Die Verflechtung mehrerer Unternehmen auf derselben Wertschöpfungsebene
    ☐ Die Verflechtung mehrerer Unternehmen auf unterschiedlichen Wertschöpfungsstufen
    ☐ Die Verflechtung mehrerer Unternehmen aus unterschiedlichsten Branchen.

94. Das gerichtliche Mahnverfahren beginnt mit dem:
    ☐ Verzug
    ☐ Mahnung
    ☐ Inkassoschreiben
    ☑ Antrag auf Erlass eines Mahnbescheides
    ☐ Vollstreckungsbescheid

95. Fixkosten verändern sich nicht mit der produzierten Menge. Fixkosten ändern sich
    mit der Produktionskapazität.
    ☑ richtig
    ☐ falsch

96. Welche der folgenden Begriffe sind primär Begriffe des externen Rechnungswesens?
    ☑ Erträge
    ☐ Kosten
    ☐ Leistungen
    ☑ Aufwendungen
    ☐ Auszahlungen

97. Werden Unternehmensgewinne einbehalten, so spricht man von:
    ☐ Approximation
    ☑ Thesaurierung
    ☐ Evaluierung
    ☐ Factoring

98. Eine zweifelhafte Forderung liegt vor, wenn
    ☐ der Kunde nicht zahlen möchte.
    ☑ ein Vergleichsverfahren vor Gericht eröffnet ist.
    ☐ ein Wechselprotest erfolgt.

99. Kosten für Produktionsfaktoren, die ein Unternehmen nicht selbst herstellt, sondern
    von Beschaffungsmärkten bezieht, sind:
    ☐ Sekundärkosten
    ☑ Primärkosten
    ☐ Einzelkosten
    ☐ Gemeinkosten

100. Kosten, die direkt einem Kostenträger zugerechnet werden können, sind:
    ☐ Sekundärkosten
    ☐ Primärkosten
    ☑ Einzelkosten
    ☐ Gemeinkosten

The manufacturer's authorised representative in the EU is Springer
Nature Customer Service Centre GmbH, Europaplatz 3, 69115 Heidelberg,
Germany. If you have any concerns regarding our products, please
contact ProductSafety@springernature.com

Printed and bound by CPI Group (UK) Ltd, Croydon, CR0 4YY
26/04/2026
02097302-0009